2016

中国科技统计年鉴

CHINA STATISTICAL YEARBOOK ON SCIENCE AND TECHNOLOGY

国家统计局社会科技和文化产业统计司
科 学 技 术 部 创 新 发 展 司 编

Compiled By

Department of Social,Science and Technology,and Cultural Statistics National Bureau of Statistics

Department of Innovation & Development Ministry of Science and Technology

图书在版编目（C I P）数据

中国科技统计年鉴. 2016 : 汉英对照 / 国家统计局社会科技和文化产业统计司, 科学技术部创新发展司编. -- 北京 : 中国统计出版社, 2016.11
ISBN 978-7-5037-8032-5

Ⅰ. ①中… Ⅱ. ①国… ②科… Ⅲ. ①科技统计－中国－2016－年鉴－汉、英 Ⅳ. ①G322-66

中国版本图书馆 CIP 数据核字(2016)第 254214 号

中国科技统计年鉴-2016

作　　者/国家统计局社会科技和文化产业统计司　科学技术部创新发展司
责任编辑/徐　涛　焦智康
封面设计/李雪燕　张　冰
出版发行/中国统计出版社
通信地址/北京市丰台区西三环南路甲 6 号　邮政编码/100073
电　　话/邮购（010）63376909　书店（010）68783171
网　　址/ http://www.zgtjcbs.com
印　　刷/河北鑫宏源印刷包装有限责任公司
经　　销/新华书店
开　　本/880mm×1230mm　1/16
字　　数/544 千字
印　　张/17
版　　别/2016 年 11 月第 1 版
版　　次/2016 年 11 月第 1 次印刷
定　　价/260.00 元

本书附同版本 CD-ROM 一张，光盘内容以书面文字为准。
如有印装差错，由本社发行部调换。

《中国科技统计年鉴-2016》
编辑委员会和编辑部

CHINA STATISTICAL YEARBOOK ON SCIENCE AND TECHNOLOGY—2016
Editorial Board and Editorial Staff

编 者 说 明

《中国科技统计年鉴－2016》是国家统计局社会科技和文化产业统计司和科技部创新发展司共同编辑的反映我国科技活动情况的统计资料书，收录了全国 31 个省、自治区、直辖市以及国务院有关部门 2015 年度科技统计数据。

全书内容分为九个部分。第一部分为反映全社会科技活动的综合统计资料。第二、三、四部分分别为工业企业、研究与开发机构和高等学校科技活动统计资料，其中工业企业的口径为规模以上工业企业，指年主营业务收入为 2000 万元及以上的法人工业企业；研究与开发机构的口径为地级及以上独立核算的政府属科学研究与技术开发机构、科学技术信息和文献机构；高等学校包括全日制高校及其附属医院。第五部分为高技术产业发展统计资料。第六部分为国家科技计划统计资料。第七部分为科技活动成果统计资料。第八部分为综合技术服务部门和科协活动有关资料。第九部分为国际科技统计资料。最后附有主要统计指标解释。

本书有关符号说明："空格"表示该项统计指标数据不足本表最小单位数、不详或无该项数据；"#"表示是其中的主要项；"*"或"①"表示本表下有注解。

本书中因小数取舍而产生的误差均未做配平处理。

参与本书编辑的单位还有教育部、国防科技工业局、财政部、人力资源和社会保障部、国土资源部、商务部、国家质量监督检验检疫总局、国家知识产权局、中国科学院、中国工程院、中国地震局、中国气象局、国家海洋局、国家测绘地理信息局、中国科协。我们对上述单位有关人员在本书的编辑过程中给予的大力支持与合作，表示衷心感谢。

FOREWORD

China Statistical Yearbook on Science and Technology-2016 is prepared jointly by the Department of Social,Science and Technology, and Cultural Statistics National Bureau of Statistics and the Department of Innovation & Development Ministry of Science and Technology. The Yearbook, which covers data series at the national, provincial and local levels, and autonomous regions, as well as departments directly under the State Council, reports on the development of China's science and technology activities.

The yearbook contains the following nine parts. The first part reflects general science and technology(S&T) information on whole society; The second part, the third part and the forth part reflect respectively S&T information about Industrial Enterprises, Independent Research Institutions and Institutions of Higher Education. Industrial Enterprises cover Industrial Enterprises above Designated Size, with the sales revenue above 20 million RMB; Independent Research Institutions cover the municipal and above and independent accounting scientific research and technological development institutions which belong to government; Institutions of Higher Education cover Institutions of Higher Education and affiliated hospitals. The fifth part contains information on High Technology Industry. The sixth part contains information on National Program for Science and Technology. The seventh part contains information on results of S&T activities. The eighth part covers Scientific and Technologic Service and S&T activities of China Associations for S&T. The ninth part contains information on the international comparisons.

Notations used in this book:"(blank space)"indicates that the figure is not large enough to be measured with the smallest unit in the table or data are unknown or are not available; "#" indicates a major breakdown of the total; and "*" or "①" indicates footnotes at the end of the table.

Statistical discrepancies due to rounding are not adjusted in the yearbook.

The institutions participating editing this volume include: Ministry of Education, Sate Administration of Science, Technology and Industry for National Defense, Ministry of Finance, Ministry of Human Resources and Social Security,Ministry of Land and Resources, Ministry of Commerce, General Administration of Quality Supervision, Inspection and Quarantine, State Intellectual Property Office, Chinese Academy of Sciences, Chinese Academy of Engineering, China Earthquake Administration, China Meteorological Administration, State Oceanic Administration,National Administration of Surveying, Mapping and Geoinformation, China Association for Science and Technology. We would like to express our gratitude to these institutions of the State Council for their cooperation and support in sparing no effort to provide all the required data.

目 录 Contents

一、综合

General

二、工业企业
Industrial Enterprises

三、研究与开发机构
R&D Institutions

四、高等学校

Higher Education

五、高技术产业
High-tech Industry

六、国家科技计划

National Program for Science and Technology Development

七、科技活动成果

Results of Science and Technology Activities

八、科技服务

Scientific and Technologic Services

九、国际比较

International Comparison

一、综合
General

1-1 研究与试验发展(R&D)人员(2015年)
R&D Personnel (2015)

单位：人 (person)

项 目	Item	R&D人员 Total	#女性 Female	#全时人员 Full-time Equivalent	#博士毕业 Doctor	#硕士毕业 Master	#本科毕业 Under-graduate
全 国	**National Total**	**5482528**	**1456276**	**3511277**	**357146**	**804867**	**1605228**
按执行部门分	**by Performer**						
企 业	Enterprises	4017913	891201	2792354	42950	303520	1185992
#规上工业企业	Industrial Enterprises above Designated Size	3645948	822710	2532755	34419	249329	1073315
研究与开发机构	R&D Institutions	436284	142578	346545	73416	146329	148892
高等学校	Higher Education	838786	347313	310685	230928	324311	239966
其 他	Others	189545	75184	61693	9852	30707	30378
按地区分	**by Region**						
东部地区	Eastern Region	3447546	897545	2303373	215216	470985	1026864
中部地区	Middle Region	985246	240757	597393	51546	131237	279537
西部地区	Western Region	749132	220380	427507	55715	140569	221734
东北地区	Northeast Region	300604	97594	183004	34669	62076	77093
北 京	Beijing	350721	109723	244595	70448	87502	88791
天 津	Tianjin	177725	48131	110717	10218	23329	45684
河 北	Hebei	164006	47560	94970	6004	23509	53353
山 西	Shanxi	66063	19289	36210	4455	11324	17519
内 蒙 古	Inner Mongolia	50695	15543	27572	1921	7354	15077
辽 宁	Liaoning	138762	41795	81035	13935	26101	37137
吉 林	Jilin	80935	30338	49348	12663	19039	17448
黑 龙 江	Heilongjiang	80907	25461	52621	8071	16936	22508
上 海	Shanghai	242740	66899	166212	26236	42598	56800
江 苏	Jiangsu	699614	173107	460875	30897	77694	258803
浙 江	Zhejiang	489591	123749	324898	17860	39949	148427
安 徽	Anhui	204750	42272	128075	10644	26251	66929
福 建	Fujian	182811	47919	116006	8514	20311	47891
江 西	Jiangxi	78771	20414	49318	3681	10023	22739
山 东	Shandong	447191	121049	297758	17489	52632	131904
河 南	Henan	241171	58657	136824	7759	28202	72659
湖 北	Hubei	220977	54300	137451	14061	29883	50320
湖 南	Hunan	173514	45825	109515	10946	25554	49371
广 东	Guangdong	680237	155186	479883	26546	101328	192838
广 西	Guangxi	64843	20198	31265	4993	15262	19671
海 南	Hainan	12910	4222	7459	1004	2133	2373
重 庆	Chongqing	97774	25292	61006	6711	14494	28585
四 川	Sichuan	198708	56952	113722	16339	35724	57662
贵 州	Guizhou	40516	12290	21153	2825	7669	13415
云 南	Yunnan	67540	22089	34980	5936	13365	20585
西 藏	Tibet	2112	642	953	187	769	680
陕 西	Shaanxi	132545	38038	88422	9069	26574	36989
甘 肃	Gansu	40787	11575	23074	3809	7797	13533
青 海	Qinghai	6675	1900	3518	444	1141	1909
宁 夏	Ningxia	16133	4462	7947	703	2063	5009
新 疆	Xinjiang	30804	11399	13895	2778	8357	8619

1-2 全国研究与试验发展(R&D)人员全时当量
Full-time Equivalent of R&D Personnel

单位：万人年 (10 000 man-year)

年 份 Year	R&D人员全时当量 Total	基础研究 Basic Research	应用研究 Applied Research	试验发展 Experimental Development
1992	67.43	5.84	20.90	40.70
1993	69.78	6.33	21.49	41.96
1994	78.32	7.64	24.20	46.48
1995	75.17	6.66	22.79	45.71
1996	80.40	6.96	23.65	49.79
1997	83.12	7.17	25.27	50.68
1998	75.52	7.87	24.97	42.68
1999	82.17	7.60	24.15	50.42
2000	92.21	7.96	21.96	62.28
2001	95.65	7.88	22.60	65.17
2002	103.51	8.40	24.73	70.39
2003	109.48	8.97	26.03	74.49
2004	115.26	11.07	27.86	76.33
2005	136.48	11.54	29.71	95.23
2006	150.25	13.13	29.97	107.14
2007	173.62	13.81	28.60	131.21
2008	196.54	15.40	28.94	152.20
2009	229.13	16.46	31.53	181.14
2010	255.38	17.37	33.56	204.46
2011	288.29	19.32	35.28	233.73
2012	324.68	21.22	38.38	265.09
2013	353.28	22.32	39.56	291.40
2014	371.06	23.54	40.70	306.82
2015	375.88	25.32	43.04	307.53

1-3 按执行部门分研究与试验发展(R&D)人员全时当量(2015年)
Full-time Equivalent of R&D Personnel by Performer(2015)

单位：万人年 (10 000 man-year)

项 目	Item	R&D人员全时当量 Total	#研究人员 Researchers	基础研究 Basic Research	应用研究 Applied Research	试验发展 Experimental Development
全 国	**National Total**	**375.88**	**161.90**	**25.32**	**43.04**	**307.53**
企 业	Enterprises	291.08	101.46	0.40	7.33	283.36
#规上工业企业	Industrial Enterprises above Designated Size	263.83	87.89	0.14	5.27	258.42
研究与开发机构	R&D Institutions	38.36	25.07	7.12	13.14	18.11
高等学校	Higher Education	35.49	29.87	16.42	17.21	1.86
其 他	Others	10.96	5.50	1.39	5.37	4.21

1-4 各地区研究与试验发展(R&D)人员全时当量(2015年)
Full-time Equivalent of R&D Personnel by Region (2015)

单位：人年 (man-year)

地 区	Region	R&D人员全时当量 Total	#研究人员 Researchers	基础研究 Basic Research	应用研究 Applied Research	试验发展 Experimental Development
全 国	**National Total**	**3758848**	**1619028**	**253155**	**430449**	**3075291**
东部地区	Eastern Region	2467662	995135	134483	239286	2093922
中部地区	Middle Region	632186	275620	37204	68978	526017
西部地区	Western Region	467761	243747	52540	84812	330415
东北地区	Northeast Region	191239	104526	28930	37373	124937
北 京	Beijing	245728	154905	41324	61644	142763
天 津	Tianjin	124321	50871	5886	14301	104134
河 北	Hebei	106975	48589	5279	14250	87448
山 西	Shanxi	42873	21629	4063	6349	32464
内蒙古	Inner Mongolia	38248	16840	1712	3885	32652
辽 宁	Liaoning	85366	46691	10351	15152	59864
吉 林	Jilin	49276	25085	8287	13245	27744
黑龙江	Heilongjiang	56598	32751	10292	8977	37329
上 海	Shanghai	171798	81791	19556	25243	127006
江 苏	Jiangsu	520303	189328	14936	26262	479109
浙 江	Zhejiang	364710	110306	8125	13930	342667
安 徽	Anhui	133558	54210	10093	15297	108167
福 建	Fujian	126572	44801	5568	11811	109193
江 西	Jiangxi	46548	22063	3150	5989	37408
山 东	Shandong	297845	124064	14627	25228	257991
河 南	Henan	158858	61964	4280	9659	144922
湖 北	Hubei	135481	65530	7982	17174	110325
湖 南	Hunan	114869	50224	7636	14510	92730
广 东	Guangdong	501696	187146	18467	45463	437768
广 西	Guangxi	38269	19638	6910	9468	21892
海 南	Hainan	7713	3334	716	1155	5842
重 庆	Chongqing	61520	27607	4111	7883	49527
四 川	Sichuan	116842	67516	11515	21480	83850
贵 州	Guizhou	23537	11542	3454	4179	15903
云 南	Yunnan	39535	20108	6729	7411	25395
西 藏	Tibet	1130	598	451	578	101
陕 西	Shaanxi	92618	50175	8360	17328	66932
甘 肃	Gansu	25859	13256	4309	5570	15980
青 海	Qinghai	4008	2505	765	970	2274
宁 夏	Ningxia	9247	4159	1189	1477	6583
新 疆	Xinjiang	16949	9804	3034	4586	9328

1-5 全国研究与试验发展(R&D)经费内部支出
Intramural Expenditure on R&D

单位：亿元,% (100 million yuan,%)

年 份 Year	R&D经费内部支出 Total	基础研究 Basic Research	应用研究 Applied Research	试验发展 Experimental Development	与国内生产总值之比 of GDP	R&D经费内部支出现价增长 Growth at Current Price	R&D经费内部支出可比价增长 Growth at Constant Price
1995	348.69	18.06	92.02	238.60	0.57		36.87
1996	404.48	20.24	99.12	285.12	0.56	16.00	8.99
1997	509.16	27.44	132.46	349.26	0.64	25.88	23.95
1998	551.12	28.95	124.62	397.54	0.65	8.24	9.18
1999	678.91	33.90	151.55	493.46	0.75	23.19	24.69
2000	895.66	46.73	151.90	697.03	0.89	31.93	29.15
2001	1042.49	55.60	184.85	802.03	0.94	16.39	14.02
2002	1287.64	73.77	246.68	967.20	1.06	23.52	22.74
2003	1539.63	87.65	311.45	1140.52	1.12	19.57	16.50
2004	1966.33	117.18	400.49	1448.67	1.21	27.71	19.40
2005	2449.97	131.21	433.53	1885.24	1.31	24.60	19.81
2006	3003.10	155.76	488.97	2358.37	1.37	22.58	17.92
2007	3710.24	174.52	492.94	3042.78	1.37	23.55	14.57
2008	4616.02	220.82	575.16	3820.04	1.44	24.41	15.43
2009	5802.11	270.29	730.79	4801.03	1.66	25.70	25.86
2010	7062.58	324.49	893.79	5844.30	1.71	21.72	13.78
2011	8687.01	411.81	1028.39	7246.81	1.78	23.00	13.69
2012	10298.41	498.81	1161.97	8637.63	1.91	18.55	15.83
2013	11846.60	554.95	1269.12	10022.53	1.99	15.03	12.57
2014	13015.63	613.54	1398.53	11003.56	2.02	9.87	8.97
2015	14169.88	716.12	1528.64	11925.13	2.07	8.87	9.33

注：1995-2014年，R&D经费内部支出与国内生产总值之比根据国内生产总值历史数据修订结果做了相应修正。
Ratio of expenditure on R&D to GDP was revised between 2005 and 2013 because historical data of GDP were revised.

1-6 按执行部门分组的研究与试验发展(R&D)经费内部支出(2015年)
Intramural Expenditure on R&D by Performer(2015)

单位：亿元 (100 million yuan)

项 目	Item	R&D经费内部支出 Total	基础研究 Basic Research	应用研究 Applied Research	试验发展 Experimental Development
全 国	**National Total**	**14169.88**	**716.12**	**1528.64**	**11925.13**
企 业	Enterprises	10881.35	11.40	329.31	10540.65
#规上工业企业	Industrial Enterprises above Designated Size	10013.93	5.64	253.48	9754.81
研究与开发机构	R&D Institutions	2136.49	295.29	618.35	1222.84
高等学校	Higher Education	998.59	391.03	516.31	91.25
其 他	Others	153.46	18.41	64.66	70.39

1-7 各地区研究与试验发展(R&D)经费内部支出(2015年)
Intramural Expenditure on R&D by Region (2015)

单位：万元 (10 000 yuan)

地 区	Region	R&D经费内部支出 Total	基础研究 Basic Research	应用研究 Applied Research	试验发展 Experimental Development
全 国	**National Total**	**141698846**	**7161230**	**15286420**	**119251314**
东部地区	Eastern Region	96288831	4641439	9637238	82010273
中部地区	Middle Region	21469134	812336	1922500	18734299
西部地区	Western Region	17316145	1139604	2518945	13657598
东北地区	Northeast Region	6624737	567851	1207739	4849147
北 京	Beijing	13840231	1909930	3182637	8747665
天 津	Tianjin	5101839	207708	753598	4140533
河 北	Hebei	3508708	66290	298680	3143737
山 西	Shanxi	1325268	72233	145456	1107579
内 蒙 古	Inner Mongolia	1360617	26073	82418	1252125
辽 宁	Liaoning	3633971	266610	611364	2755998
吉 林	Jilin	1414089	123496	277262	1013331
黑 龙 江	Heilongjiang	1576677	177746	319114	1079817
上 海	Shanghai	9361439	769483	1278433	7313524
江 苏	Jiangsu	18012271	472516	1029170	16510585
浙 江	Zhejiang	10111792	266231	439200	9406479
安 徽	Anhui	4317511	243113	334817	3739581
福 建	Fujian	3929298	100022	205291	3623985
江 西	Jiangxi	1731820	49876	117976	1563968
山 东	Shandong	14271890	297454	774193	13200243
河 南	Henan	4350430	80500	218183	4051746
湖 北	Hubei	5617415	230593	705635	4681187
湖 南	Hunan	4126692	136022	400433	3590237
广 东	Guangdong	17981679	542085	1650007	15789587
广 西	Guangxi	1059124	108296	131781	819047
海 南	Hainan	169685	9720	26030	133936
重 庆	Chongqing	2470012	89645	242429	2137937
四 川	Sichuan	5028761	297327	838887	3892547
贵 州	Guizhou	623196	77790	66723	478683
云 南	Yunnan	1093570	131732	124317	837521
西 藏	Tibet	31242	12536	13503	5203
陕 西	Shaanxi	3931727	196836	738081	2996810
甘 肃	Gansu	827203	127825	129000	570378
青 海	Qinghai	115843	17538	20103	78203
宁 夏	Ningxia	254842	18227	24846	211769
新 疆	Xinjiang	520010	35778	106857	377375

1-8 各地区研究与试验发展(R&D)经费投入强度
The R&D Expenditure Input Intensity by Region

单位：% (%)

地　区	Region	2008	2009	2010	2011	2012	2013	2014	2015
全　国	**National Total**	**1.44**	**1.66**	**1.71**	**1.78**	**1.91**	**1.99**	**2.02**	**2.07**
北　京	Beijing	4.95	5.50	5.82	5.76	5.95	5.98	5.95	6.01
天　津	Tianjin	2.32	2.37	2.49	2.63	2.80	2.96	2.96	3.08
河　北	Hebei	0.68	0.78	0.76	0.82	0.92	0.99	1.06	1.18
山　西	Shanxi	0.86	1.10	0.98	1.01	1.09	1.22	1.19	1.04
内蒙古	Inner Mongolia	0.40	0.53	0.55	0.59	0.64	0.69	0.69	0.76
辽　宁	Liaoning	1.39	1.53	1.56	1.64	1.57	1.64	1.52	1.27
吉　林	Jilin	0.82	1.12	0.87	0.84	0.92	0.92	0.95	1.01
黑龙江	Heilongjiang	1.04	1.27	1.19	1.02	1.07	1.14	1.07	1.05
上　海	Shanghai	2.53	2.81	2.81	3.11	3.37	3.56	3.66	3.73
江　苏	Jiangsu	1.88	2.04	2.07	2.17	2.38	2.49	2.54	2.57
浙　江	Zhejiang	1.61	1.73	1.78	1.85	2.08	2.16	2.26	2.36
安　徽	Anhui	1.11	1.35	1.32	1.40	1.64	1.83	1.89	1.96
福　建	Fujian	0.94	1.11	1.16	1.26	1.38	1.44	1.48	1.51
江　西	Jiangxi	0.91	0.99	0.92	0.83	0.88	0.94	0.97	1.04
山　东	Shandong	1.40	1.53	1.72	1.86	2.04	2.13	2.19	2.27
河　南	Henan	0.68	0.90	0.91	0.98	1.05	1.10	1.14	1.18
湖　北	Hubei	1.32	1.65	1.65	1.65	1.73	1.80	1.87	1.90
湖　南	Hunan	0.98	1.18	1.16	1.19	1.30	1.33	1.36	1.43
广　东	Guangdong	1.37	1.65	1.76	1.96	2.17	2.31	2.37	2.47
广　西	Guangxi	0.47	0.61	0.66	0.69	0.75	0.75	0.71	0.63
海　南	Hainan	0.22	0.35	0.34	0.41	0.48	0.47	0.48	0.46
重　庆	Chongqing	1.04	1.22	1.27	1.28	1.40	1.38	1.42	1.57
四　川	Sichuan	1.27	1.52	1.54	1.40	1.47	1.52	1.57	1.67
贵　州	Guizhou	0.53	0.68	0.65	0.64	0.61	0.58	0.60	0.59
云　南	Yunnan	0.54	0.60	0.61	0.63	0.67	0.67	0.67	0.80
西　藏	Tibet	0.31	0.33	0.29	0.19	0.25	0.28	0.26	0.30
陕　西	Shaanxi	1.96	2.32	2.15	1.99	1.99	2.12	2.07	2.18
甘　肃	Gansu	1.00	1.10	1.02	0.97	1.07	1.06	1.12	1.22
青　海	Qinghai	0.38	0.70	0.74	0.75	0.69	0.65	0.62	0.48
宁　夏	Ningxia	0.63	0.77	0.68	0.73	0.78	0.81	0.87	0.88
新　疆	Xinjiang	0.38	0.51	0.49	0.50	0.53	0.54	0.53	0.56

1-9 按执行部门分组的研究与试验发展(R&D)经费内部支出
Intramural Expenditure on R&D by Performer

单位：亿元　　　　(100 million yuan)

年 份 Year	R&D经费内部支出 Total	企 业 Enterprises	#规上工业企业 Industrial Enterprises above Designated Size	#大中型工业企业 Large & Medium-sized Industrial Enterprises	研究与开发机构 R&D Institutions	高等学校 Higher Education	其 他 Others
1995	348.7			141.7	146.4	42.3	
1996	404.5			160.5	172.9	47.8	
1997	509.2			188.3	206.4	57.7	
1998	551.1			197.1	234.3	57.3	
1999	678.9			249.9	260.5	63.5	
2000	895.7	537.0		353.4	258.0	76.7	24.0
2001	1042.5	630.0		442.3	288.5	102.4	21.6
2002	1287.6	787.8		560.2	351.3	130.5	18.0
2003	1539.6	960.2		720.8	399.0	162.3	18.1
2004	1966.3	1314.0	1104.5	954.4	431.7	200.9	19.7
2005	2450.0	1673.8		1250.3	513.1	242.3	20.8
2006	3003.1	2134.5		1630.2	567.3	276.8	24.5
2007	3710.2	2681.9		2112.5	687.9	314.7	25.7
2008	4616.0	3381.7	3073.1	2681.3	811.3	390.2	32.9
2009	5802.1	4248.6	3775.7	3210.2	995.9	468.2	89.4
2010	7062.6	5185.5		4015.4	1186.4	597.3	93.4
2011	8687.0	6579.3	5993.8	5030.7	1306.7	688.9	112.1
2012	10298.4	7842.2	7200.6	5992.3	1548.9	780.6	126.7
2013	11846.6	9075.8	8318.4	6744.1	1781.4	856.7	132.6
2014	13015.6	10060.6	9254.3	7319.7	1926.2	898.1	130.7
2015	14169.9	10881.3	10013.9	7792.4	2136.5	998.6	153.5

1-10 按执行部门和支出用途分R&D经费内部支出(2015年)
Intramural Expenditure on R&D by Performer and Use (2015)

单位：亿元　　　　(100 million yuan)

项 目	Item	R&D经费内部支出 Total	日常性支出 Routine Expenses	#人员劳务费 Labor Cost	资产性支出 Assets Expenditure	#仪器和设备 Equipment
全 国	**National Total**	**14169.9**	**12311.7**	**3988.4**	**1858.2**	**1601.2**
企 业	Enterprises	10881.3	9689.4	3343.9	1192.0	1153.3
#规上工业企业	Industrial Enterprises above Designated Size	10013.9	8898.6	2925.1	1115.4	1089.4
研究与开发机构	R&D Institutions	2136.5	1690.9	425.7	445.6	279.3
高等学校	Higher Education	998.6	806.8	153.8	191.8	146.8
其 他	Others	153.5	124.7	65.0	28.7	21.9

1-11 各地区按支出用途分研究与试验发展(R&D)经费内部支出(2015年)
Intramural Expenditure on R&D by Region and Use (2015)

单位：万元 (10 000 yuan)

地 区	Region	R&D经费内部支出 Total	日常性支出 Routine Expenses	#人员劳务费 Labor Cost	资产性支出 Assets Expenditure	#仪器和设备 Equipment
全 国	**National Total**	**141698846**	**123117181**	**39883751**	**18581665**	**16011767**
东部地区	Eastern Region	96288831	84301858	28953394	11986973	10477092
中部地区	Middle Region	21469134	18289523	5306084	3179611	2836896
西部地区	Western Region	17316145	14603200	4028302	2712945	2142522
东北地区	Northeast Region	6624737	5922600	1595970	702136	555257
北 京	Beijing	13840231	11677460	3889660	2162771	1639922
天 津	Tianjin	5101839	4179055	1292951	922784	655036
河 北	Hebei	3508708	2985721	888153	522987	463839
山 西	Shanxi	1325268	1116653	269157	208615	175491
内蒙古	Inner Mongolia	1360617	1150299	271509	210317	193857
辽 宁	Liaoning	3633971	3290106	852201	343865	266194
吉 林	Jilin	1414089	1272163	373494	141926	119249
黑龙江	Heilongjiang	1576677	1360331	370275	216346	169814
上 海	Shanghai	9361439	8387729	2852883	973710	791473
江 苏	Jiangsu	18012271	15772356	5123699	2239915	2085346
浙 江	Zhejiang	10111792	9214602	3490165	897190	834550
安 徽	Anhui	4317511	3542065	1176611	775446	644917
福 建	Fujian	3929298	3361499	1191371	567799	524721
江 西	Jiangxi	1731820	1450508	411596	281312	263919
山 东	Shandong	14271890	12206388	3229071	2065502	1978197
河 南	Henan	4350430	3703693	1083595	646737	615117
湖 北	Hubei	5617415	4807427	1261418	809988	707862
湖 南	Hunan	4126692	3669178	1103706	457514	429591
广 东	Guangdong	17981679	16361591	6937554	1620087	1491680
广 西	Guangxi	1059124	912865	314403	146260	128672
海 南	Hainan	169685	155457	57886	14228	12329
重 庆	Chongqing	2470012	2038555	691165	431457	353186
四 川	Sichuan	5028761	4274116	1124522	754645	577705
贵 州	Guizhou	623196	517345	168728	105851	76126
云 南	Yunnan	1093570	925859	282422	167710	135379
西 藏	Tibet	31242	28892	11887	2350	2116
陕 西	Shaanxi	3931727	3330249	749002	601479	426974
甘 肃	Gansu	827203	695594	199305	131609	99373
青 海	Qinghai	115843	88064	27304	27779	21430
宁 夏	Ningxia	254842	216054	76836	38788	37158
新 疆	Xinjiang	520010	425309	111220	94701	90547

1-12 按资金来源分研究与试验发展(R&D)经费内部支出
Intramural Expenditure on R&D by Sources

单位：亿元 (100 million yuan)

年 份 Year	R&D经费内部支出 Total	政府资金 Government Funds	企业资金 Self-raised Funds by Enterprises	国外资金 Foreign Funds	其他资金 Other Funds
2004	1966.3	523.6	1291.3	25.2	126.2
2005	2450.0	645.4	1642.5	22.7	139.4
2006	3003.1	742.1	2073.7	48.4	138.9
2007	3710.2	913.5	2611.0	50.0	135.8
2008	4616.0	1088.9	3311.5	57.2	158.4
2009	5802.1	1358.3	4162.7	78.1	203.0
2010	7062.6	1696.3	5063.1	92.1	211.0
2011	8687.0	1883.0	6420.6	116.2	267.2
2012	10298.4	2221.4	7625.0	100.4	351.6
2013	11846.6	2500.6	8837.7	105.9	402.5
2014	13015.6	2636.1	9816.5	107.6	455.5
2015	14169.9	3013.2	10588.6	105.2	462.9

1-13 按执行部门和来源构成分研究与试验发展(R&D)经费内部支出(2015年)
Intramural Expenditure on R&D by Performer and Sources (2015)

单位：亿元 (100 million yuan)

项 目	Item	R&D经费内部支出 Total	政府资金 Government Funds	企业资金 Self-raised Funds by Enterprises	国外资金 Foreign Funds	其他资金 Other Funds
全 国	**National Total**	**14169.9**	**3013.2**	**10588.6**	**105.2**	**462.9**
企 业	Enterprises	10881.3	463.4	10197.8	94.6	125.6
#规上工业企业	Industrial Enterprises above Designated Size	10013.9	419.1	9448.2	47.0	99.7
研究与开发机构	R&D Institutions	2136.5	1802.7	65.4	5.0	263.4
高等学校	Higher Education	998.6	637.3	301.5	5.2	54.6
其 他	Others	153.5	109.8	24.0	0.3	19.3

1-14 各地区按资金来源分研究与试验发展(R&D)经费内部支出(2015年)
Intramural Expenditure on R&D by Region and Sources(2015)

单位：万元 (10 000 yuan)

地区	Region	R&D经费内部支出 Total	政府资金 Government Funds	企业资金 Self-raised Funds by Enterprises	国外资金 Foreign Funds	其他资金 Other Funds
全　国	**National Total**	**141698846**	**30131958**	**105885843**	**1051706**	**4629462**
东部地区	Eastern Region	96288831	18156800	73935454	966108	3230592
中部地区	Middle Region	21469134	3383142	17436425	25166	624401
西部地区	Western Region	17316145	6374740	10269008	32218	640179
东北地区	Northeast Region	6624737	2217276	4244957	28214	134290
北　京	Beijing	13840231	7916391	4722359	403247	798234
天　津	Tianjin	5101839	1047561	3755761	150190	148327
河　北	Hebei	3508708	536101	2851157	1775	119675
山　西	Shanxi	1325268	242921	1042796	1766	37785
内蒙古	Inner Mongolia	1360617	161014	1158048	999	40555
辽　宁	Liaoning	3633971	1039804	2518154	17268	58744
吉　林	Jilin	1414089	511991	880938	1601	19560
黑龙江	Heilongjiang	1576677	665481	845865	9345	55986
上　海	Shanghai	9361439	3408040	5408845	151243	393310
江　苏	Jiangsu	18012271	1533389	15573405	91622	813855
浙　江	Zhejiang	10111792	752916	9113000	19964	226035
安　徽	Anhui	4317511	864245	3310671	7691	134905
福　建	Fujian	3929298	339874	3465145	6845	117434
江　西	Jiangxi	1731820	259870	1432210	2741	36999
山　东	Shandong	14271890	1110158	12872231	56731	232771
河　南	Henan	4350430	483254	3719668	2124	145384
湖　北	Hubei	5617415	1023922	4405184	7867	180441
湖　南	Hunan	4126692	508931	3525897	2978	88886
广　东	Guangdong	17981679	1458467	16062125	84460	376627
广　西	Guangxi	1059124	249686	759182	335	49921
海　南	Hainan	169685	53903	111425	33	4324
重　庆	Chongqing	2470012	364514	2043908	8680	52910
四　川	Sichuan	5028761	2302223	2439994	12915	273629
贵　州	Guizhou	623196	160345	418891	128	43832
云　南	Yunnan	1093570	378253	678056	3642	33619
西　藏	Tibet	31242	26658	4211		373
陕　西	Shaanxi	3931727	2202211	1629506	2140	97870
甘　肃	Gansu	827203	297574	500065	2780	26784
青　海	Qinghai	115843	39325	74116		2401
宁　夏	Ningxia	254842	54704	196532		3606
新　疆	Xinjiang	520010	138234	366498	599	14679

1-15 研究与试验发展(R&D)经费外部支出(2015年)
External Expenditure on R&D (2015)

单位：万元 (10 000 yuan)

项 目	Item	R&D经费外部支出 Total	对境内研究机构支出 to Domestic Research Institutions	对境内高等学校支出 to Domestic Higher Education	对境内企业支出 to Domestic Enterprises	对境外机构支出 to Foreign Institutions
全 国	**National Total**	**7193702**	**3182470**	**1091297**	**1856524**	**899859**
按执行部门分	**by Performer**					
企 业	Enterprises	5793539	2580043	810903	1493800	873134
#规上工业企业	Industrial Enterprises above Designated Size	5204630	2375361	723861	1261393	844015
研究与开发机构	R&D Institutions	681651	358241	68464	132357	579
高等学校	Higher Education	672624	223019	199312	220101	26018
其 他	Others	45887	21167	12618	10266	128
按地区分	**by Region**					
东部地区	Eastern Region	5035838	2221443	643316	1320429	721822
中部地区	Middle Region	868981	424700	192130	174984	58556
西部地区	Western Region	903245	398972	182053	253080	59336
东北地区	Northeast Region	385638	137355	73799	108030	60146
北 京	Beijing	943216	425706	111619	281506	26347
天 津	Tianjin	225700	138349	28193	35428	21853
河 北	Hebei	111071	45298	32722	27187	5758
山 西	Shanxi	69272	33760	17244	14895	1370
内蒙古	Inner Mongolia	61534	22074	8995	3559	26905
辽 宁	Liaoning	193706	58533	44682	51039	35158
吉 林	Jilin	91556	32629	13182	31129	14602
黑龙江	Heilongjiang	100377	46193	15936	25863	10385
上 海	Shanghai	720503	71182	37937	329611	278205
江 苏	Jiangsu	708263	305986	137219	148635	105667
浙 江	Zhejiang	481139	205909	62714	166648	44657
安 徽	Anhui	190757	87548	38391	30069	33284
福 建	Fujian	183656	58862	25272	53944	45525
江 西	Jiangxi	80196	30397	12383	31791	4253
山 东	Shandong	594239	225253	150703	153473	64368
河 南	Henan	92040	44836	32577	12193	2433
湖 北	Hubei	306360	156619	58722	63544	13796
湖 南	Hunan	130356	71539	32812	22493	3420
广 东	Guangdong	1042773	721959	56146	122760	129132
广 西	Guangxi	43139	23040	5869	9797	4325
海 南	Hainan	25278	22938	792	1238	310
重 庆	Chongqing	91393	29061	17326	37184	7582
四 川	Sichuan	283068	144503	60214	69665	6647
贵 州	Guizhou	32797	16427	7461	8885	19
云 南	Yunnan	48176	22338	10387	14967	459
西 藏	Tibet	1395	815	580		
陕 西	Shaanxi	173020	57419	30860	73009	4458
甘 肃	Gansu	132107	66762	29546	27094	8678
青 海	Qinghai	4706	1944	2091	671	
宁 夏	Ningxia	12031	4268	3347	4186	177
新 疆	Xinjiang	19880	10322	5377	4065	88

1-16 研究与试验发展(R&D)项目情况(2015年)
R&D Projects(2015)

项目	Item	R&D项目(课题)数(项) R&D Projects (item)	R&D项目(课题)参加人员折合全时当量(人年) Participants (man-year)	R&D项目(课题)经费内部支出(万元) Expenditure (10 000 yuan)
全国	**National Total**	**1304534**	**3388926**	**122025467**
按执行部门分	**by Performer**			
企业	Enterprises	338629	2603552	98446773
#规上工业企业	Industrial Enterprises above Designated Size	309895	2366856	91467143
研究与开发机构	R&D Institutions	99559	348699	15137870
高等学校	Higher Education	841520	354475	7656447
其他	Others	24826	82201	784377
按地区分	**by Region**			
东部地区	Eastern Region	751599	2251518	84281106
中部地区	Middle Region	211102	522003	17295936
西部地区	Western Region	240623	414296	14086759
东北地区	Northeast Region	87499	162705	5375736
北京	Beijing	136969	223637	10497955
天津	Tianjin	37267	113560	4404182
河北	Hebei	30693	95188	2909568
山西	Shanxi	13711	38408	1032096
内蒙古	Inner Mongolia	9990	32746	1223167
辽宁	Liaoning	38098	73239	2950896
吉林	Jilin	25060	41169	1108585
黑龙江	Heilongjiang	24341	48296	1316255
上海	Shanghai	75575	155817	8055452
江苏	Jiangsu	122629	478788	16407476
浙江	Zhejiang	112206	345470	9440338
安徽	Anhui	46455	121291	3910545
福建	Fujian	43264	113736	3425026
江西	Jiangxi	25100	39636	1563864
山东	Shandong	75572	266570	12397697
河南	Henan	39956	144023	3898617
湖北	Hubei	56218	115759	4504527
湖南	Hunan	43373	101294	3418383
广东	Guangdong	112680	452244	16605315
广西	Guangxi	24771	34079	875994
海南	Hainan	4744	6509	138098
重庆	Chongqing	30181	55964	2121676
四川	Sichuan	56338	101507	3808572
贵州	Guizhou	16912	21361	497299
云南	Yunnan	23446	36115	912331
西藏	Tibet	1137	812	20605
陕西	Shaanxi	45017	82918	3284709
甘肃	Gansu	14036	22189	631666
青海	Qinghai	2028	3455	91295
宁夏	Ningxia	5306	8281	220478
新疆	Xinjiang	11461	14870	398968

1-17 科技进步贡献率

MFP Contribution on Economic Growth

单位：% (%)

项 目	Item	1999-2004	2000-2005	2001-2006	2002-2007	2003-2008	2004-2009	2005-2010	2006-2011	2007-2012	2008-2013	2009-2014	2010-2015
科技进步贡献率	MFP Contribution on Economic Growth	42.2	43.2	44.3	46.0	48.8	48.4	50.9	51.7	52.2	53.1	54.2	55.3

1-18 国家财政科技支出

Government Expenditure for Science and Technology

单位：亿元 (100 million yuan)

年 份 Year	国家公共财政支出 Total Government Budgetary Expenditure (A)	国家财政科技拨款 Appropriation for Science and Technology (B)	中央 Central Government	地方 Local Government	科学技术支出 Expenditure for Science and Technology	其他功能支出中用于科学技术的支出 Others	科技拨款占公共财政支出的比重 % of Total Government Budgetary Expenditure (B/A)
1985	2004.3	102.6					5.12
1986	2204.9	112.6					5.11
1987	2262.2	113.8					5.03
1988	2491.2	121.1					4.86
1989	2823.8	127.9					4.53
1990	3083.6	139.1	97.6	41.6			4.51
1991	3386.6	160.7	115.4	45.3			4.74
1992	3742.2	189.3	133.6	55.7			5.06
1993	4642.3	225.6	167.6	58.0			4.86
1994	5792.6	268.3	199.0	69.3			4.63
1995	6823.7	302.4	215.6	86.8			4.43
1996	7937.6	348.6	242.8	105.8			4.39
1997	9233.6	408.9	273.9	134.0			4.43
1998	10798.2	438.6	289.7	148.9			4.06
1999	13187.7	543.9	355.6	188.3			4.12
2000	15886.5	575.6	349.6	226.0			3.62
2001	18902.6	703.3	444.3	258.9			3.72
2002	22053.2	816.2	511.2	305.0			3.70
2003	24650.0	944.6	609.9	335.6			3.83
2004	28486.9	1095.3	692.4	402.9			3.84
2005	33930.3	1334.9	807.8	527.1			3.93
2006	40422.7	1688.5	1009.7	678.8			4.18
2007	49781.4	2135.7	1044.1	1091.6	1783.0	352.6	4.29
2008	62592.7	2611.0	1287.2	1323.8	2129.2	481.8	4.17
2009	76299.9	3276.8	1653.3	1623.5	2744.5	532.3	4.29
2010	89874.2	4196.7	2052.5	2144.2	3250.2	946.5	4.67
2011	109247.8	4797.0	2343.3	2453.7	3828.0	969.0	4.39
2012	125953.0	5600.1	2613.6	2986.5	4452.6	1147.5	4.45
2013	140212.1	6184.9	2728.5	3456.4	5084.3	1100.6	4.41
2014	151785.6	6454.5	2899.2	3555.4	5314.5	1140.0	4.25
2015	175877.8	7005.8	3012.1	3993.7	5862.6	1143.2	3.98

注：1.为规范财政科技支出统计，2013年对财政科学技术支出统计口径重新作了界定，并追溯调整了2007-2011年数据，以保持数据的可比性。
2.本表中财政科学技术支出的统计范围为公共财政支出安排的科技项目。
3.2012年中央国有资本经营支出中安排30亿元用于科学技术项目。

Note: a) To standardize the fiscal expenditure on S&T, we redifine statistical calibre of the fiscal expenditure on S&T and adjust the data of the year from 2007 to 2011 for the comparability of data.
b) In this table,statistical calibre of the fiscal expenditure on S&T is S&T projects of public fiscal expenditure.
c) There are 3000 million yuan used for S&T projects in central state-owned capital operating expenditure.

1-19 公有经济企事业单位专业技术人员

Technical Personnel in State-owned and Collective-owned Enterprises and Institutions

单位：人 (person)

年 份 Year	合 计 Total	小 计 Subtotal	工程技术 Engineering	农业技术 Agriculture	科学研究 Scientific Research	卫生技术 Health Care	教学人员 Teaching	公有企事业单位在岗职工（万人） Staff and Workers in State-owned Enterprises (10 000 persons)	平均每万名职工中专业技术人员 Technical Personnel per 10 000 Employees
1997	28603117	20495006	5719337	611458	302684	3213762	10647765	9723	2942
1998	28773511	20913343	5656735	635929	290537	3254958	11075184	7766	3705
1999	29042988	21430140	5654863	654138	283532	3329706	11507901	7286	3986
2000	28874159	21650807	5551098	670105	274506	3371966	11783132	6820	4234
2001	28477431	21698037	5316327	674644	265554	3390233	12051279	6355	4481
2002	28344158	21860024	5289166	666998	262692	3402326	12238842	5890	4812
2003	27745585	21739699	4992867	683437	275496	3441109	12346790	5575	4977
2004	27504073	21783019	4807869	704576	282002	3532282	12456290	5375	5117
2005	27567260	21978684	4791227	705720	311166	3581181	12589390	5161	5341
2006	27739287	22298171	4893672	701930	326728	3612091	12763750	5085	5455
2007	28014657	22545110	5017747	701481	349208	3640554	12836120	5044	5554
2008	28635696	23098880	5176798	715774	368655	3888273	12949380	5006	5720
2009	28879635	23211769	5310622	714720	388150	3929037	12869240	5508	5244
2010	28157323	22697107	5415126	688651	339676	3840124	12413530	5525	5096
2011	29186650	23569312	5715561	714489	403853	4107373	12628036	5707	5114
2012	29774237	23874234	5950025	711841	416231	4144889	12651248	5764	5166
2013	30259517	24389488	6140240	733474	432018	4276401	12807355	5257	5756
2014	30611006	24675742	6341035	729434	438853	4294558	12871862	5145	5950
2015	30878358	24887415	6448210	722205	451096	4369822	12896082	4960	6226

注：2008年及以前年份统计口径为“国有企事业单位”，不包含集体企事业单位情况。

Note: The statistics range before 2008 contain only state-owned enterprises and institutions and does not contain collective-owned enterprises and institutions.

1-20 公有经济企事业单位分行业专业技术人员(2015年)
Technical Personnel in State-owned and Collective-owned Enterprises and Institutions by Industrial Sector (2015)

单位：万人 (10 000 persons)

行 业	Industry	合 计 Total	企 业 Enterprise	事 业 Institution
总 计	**Total**	**3087.8**	**1003.5**	**2084.3**
农林牧渔业	Farming, Forestry, Animal Husbandry and Fishery	107.0	20.0	87.1
采矿业	Mining	95.6	95.0	0.6
制造业	Manufacturing	186.4	186.2	0.3
电力、煤气及水的生产和供应业	Production and Distribution of Electricity,Gas and Water	74.4	73.3	1.1
建筑业	Construction	135.9	127.9	8.0
批发和零售业	Wholesale and Retail Trade	36.0	35.6	0.5
交通运输、仓储和邮政业	Traffic,Transport, Storage and Post	101.7	78.6	23.1
住宿和餐饮业	Information Transfer,Software and Information	3.1	2.7	0.4
信息传输、软件和信息技术服务业	Information Transfer,Software and Information Technology Services	61.6	59.1	2.5
金融业	Finance	238.4	233.4	4.9
房地产业	Real Estate	15.4	12.3	3.1
租赁和商务服务业	Tenancy and Business Services	7.9	6.8	1.1
科学研究和技术服务业	Scientific Research, Technical Service	109.1	35.4	73.7
水利、环境和公共设施管理业	Management of Water Conservancy, Environment	46.4	5.6	40.8
居民服务、修理和其他服务业	Resident Services and Other Services	11.0	5.2	5.8
教育	Education	1305.4	2.3	1303.1
卫生和社会工作	Sanitation and Social Works	424.3	5.9	418.5
文化、体育和娱乐业	Culture, Sports and Entertainment	63.0	10.6	52.4
公共管理、社会保障和社会组织	Public Management and Social Organization	65.3	7.7	57.6
国际组织	International Organizations			

1-21 各地区公有经济企事业单位专业技术人员(2015年)
Technical Personnel in State-owned and Collective-owned Enterprises and Institutions by Region (2015)

单位：人 (person)

地区	Region	合计 Total	小计 Subtotal	工程技术 Engineering	农业技术 Agriculture	科学研究 Scientific Research	卫生技术 Health Care	教学人员 Teaching
全国	**National Total**	**30878358**	**24887415**	**6448210**	**722205**	**451096**	**4369822**	**12896082**
东部地区	Eastern Region	8989154	7705694	1236785	165489	75400	1657674	4570346
中部地区	Middle Region	5639504	5072572	651233	136740	25838	983228	3275533
西部地区	Western Region	6670181	6040383	874928	285042	37064	1086271	3757078
东北地区	Northeast Region	2003969	1759012	270330	93690	19656	370407	1004929
北京	Beijing	524089	407724	127201	4470	7739	96800	171514
天津	Tianjin	304943	257232	66495	2853	3988	59999	123897
河北	Hebei	1160009	1033175	129104	27086	4115	185793	687077
山西	Shanxi	902211	756631	183053	23736	4597	123148	422097
内蒙古	Inner Mongolia	540633	483173	62363	25537	3539	90166	301568
辽宁	Liaoning	722984	639159	97083	23595	6333	141600	370548
吉林	Jilin	540924	479672	63200	29531	5012	95132	286797
黑龙江	Heilongjiang	740061	640181	110047	40564	8311	133675	347584
上海	Shanghai	681127	422972	136826	3640	7905	104374	170227
江苏	Jiangsu	1184272	1056940	114566	25864	12123	230059	674328
浙江	Zhejiang	990171	858518	122495	15989	6351	241513	472170
安徽	Anhui	836164	754723	98876	19493	2956	136191	497207
福建	Fujian	677624	591180	80289	13247	9058	113119	375467
江西	Jiangxi	729989	668223	77911	18337	2719	127305	441951
山东	Shandong	1809628	1580664	295824	55004	17110	303275	909451
河南	Henan	1379877	1273658	123628	30465	5421	215032	899112
湖北	Hubei	796756	734117	70159	16168	3133	181001	463656
湖南	Hunan	994507	885220	97606	28541	7012	200551	551510
广东	Guangdong	1506339	1359029	155527	13012	6324	292839	891327
广西	Guangxi	796956	738375	149183	17845	3726	125185	442436
海南	Hainan	150952	138260	8458	4324	687	29903	94888
重庆	Chongqing	479730	424847	56750	14637	2070	79368	272022
四川	Sichuan	1145193	1053903	123924	43889	8255	208616	669219
贵州	Guizhou	662818	603334	66982	23918	2715	100127	409592
云南	Yunnan	815308	748016	118140	39892	4323	124920	460741
西藏	Tibet	77907	66855	4094	7996	641	11556	42568
陕西	Shaanxi	799860	689493	136046	34281	4224	118314	396628
甘肃	Gansu	569166	520913	70454	31497	3058	86839	329065
青海	Qinghai	130637	118892	23632	8103	668	26734	59755
宁夏	Ningxia	129114	114471	14686	8650	1020	22129	67986
新疆	Xinjiang	522859	478111	48674	28797	2825	92317	305498

注：全国数据包含中央属及地方属单位的专业技术人员，分地区数据只含地方属单位。

Note: The national data indude the professional technical personnel belonging to the central government and local units,and the regional data contain only local units.

1-22 分学科研究生情况（2015年）
Number of Postgraduate Students by Field of Study (2015)

单位：人 (person)

项 目	Item	毕业生数 Graduates	博 士 Doctor's Degree	硕 士 Master's Degree	招生数 Entrants	博 士 Doctor's Degree	硕 士 Master's Degree	在 校 学生数 Enrolment	博 士 Doctor's Degree	硕 士 Master's Degree
分学科研究生数（总计）	**Total**	**551522**	**53778**	**497744**	**645055**	**74416**	**570639**	**1911406**	**326687**	**1584719**
#女	Female	283302	22564	260738	334279	29679	304600	950163	123653	826510
#学术型学位	Academic Degree	350983	51649	299334	381413	72491	308922	1238406	319142	919264
#专业学位	Professional Degree	200539	2129	198410	263642	1925	261717	673000	7545	665455
哲 学	Philosophy	4052	610	3442	4218	833	3385	14323	3990	10333
经济学	Economics	26344	2184	24160	30019	2861	27158	81127	13351	67776
法 学	Law	39396	2631	36765	42484	3873	38611	125335	17164	108171
教育学	Education	30488	978	29510	35046	1434	33612	92249	6256	85993
文 学	Literature	30912	1811	29101	32713	2433	30280	93612	11045	82567
历史学	History	4994	679	4315	5901	980	4921	18610	4548	14062
理 学	Science	48856	10978	37878	63571	15492	48079	196859	59653	137206
工 学	Engineering	194859	18729	176130	227167	28462	198705	689597	134930	554667
农 学	Agriculture	20288	2549	17739	24147	3172	20975	68212	13536	54676
医 学	Medicine	62602	8707	53895	75325	9751	65574	215232	34715	180517
军事学	Military Science	204	30	174	177	27	150	688	165	523
管理学	Administrators	71831	3411	68420	83952	4435	79517	256919	24693	232226
艺术学	Art	16696	481	16215	20335	663	19672	58643	2641	56002
分学科研究生数（普通高校）	**Regular HEIs**	**544227**	**52453**	**491774**	**636961**	**72524**	**564437**	**1885789**	**319318**	**1566471**
#女	Female	280273	22090	258183	330903	28982	301921	940137	121218	818919
#学术型学位	Academic Degree	345161	50324	294837	374993	70601	304392	1217025	311781	905244
#专业学位	Professional Degree	199066	2129	196937	261968	1923	260045	668764	7537	661227
哲 学	Philosophy	3923	572	3351	4057	763	3294	13857	3797	10060
经济学	Economics	25673	1995	23678	29216	2605	26611	78904	12412	66492
法 学	Law	38562	2488	36074	41449	3569	37880	122443	16406	106037
教育学	Education	30488	978	29510	35046	1434	33612	92249	6256	85993
文 学	Literature	30816	1777	29039	32612	2385	30227	93297	10891	82406
历史学	History	4873	662	4211	5753	944	4809	18209	4425	13784
理 学	Science	48349	10862	37487	62931	15299	47632	194602	58817	135785
工 学	Engineering	192206	18346	173860	224400	27942	196458	680293	132444	547849
农 学	Agriculture	19503	2371	17132	23451	3010	20441	65539	12731	52808
医 学	Medicine	61977	8586	53391	74656	9600	65056	213177	34214	178963
军事学	Military Science	203	30	173	177	27	150	687	165	522
管理学	Administrators	71127	3360	67767	83050	4338	78712	254435	24309	230126
艺术学	Art	16527	426	16101	20163	608	19555	58097	2451	55646
分学科研究生数（科研机构）	**Research Institutions**	**7295**	**1325**	**5970**	**8094**	**1892**	**6202**	**25617**	**7369**	**18248**
#女	Female	3029	474	2555	3376	697	2679	10026	2435	7591
#学术型学位	Academic Degree	5822	1325	4497	6420	1890	4530	21381	7361	14020
#专业学位	Professional Degree	1473		1473	1674	2	1672	4236	8	4228
哲 学	Philosophy	129	38	91	161	70	91	466	193	273
经济学	Economics	671	189	482	803	256	547	2223	939	1284
法 学	Law	834	143	691	1035	304	731	2892	758	2134
教育学	Education									
文 学	Literature	96	34	62	101	48	53	315	154	161
历史学	History	121	17	104	148	36	112	401	123	278
理 学	Science	507	116	391	640	193	447	2257	836	1421
工 学	Engineering	2653	383	2270	2767	520	2247	9304	2486	6818
农 学	Agriculture	785	178	607	696	162	534	2673	805	1868
医 学	Medicine	625	121	504	669	151	518	2055	501	1554
军事学	Military Science	1		1				1		1
管理学	Administrators	704	51	653	902	97	805	2484	384	2100
艺术学	Art	169	55	114	172	55	117	546	190	356

1-23 普通本科分学科学生数（2015年）
Number of Students Regular Enrolled in Full Undergraduate Course by Field of Study (2015)

单位：人 (person)

项　目	Item	毕业生数 Graduates	招生数 Entrants	在校学生数 Enrolment
总　计	**Total**	**3585940**	**3894184**	**15766848**
#女	Female	1878725	2176950	8369671
#师范	Teacher Training	366664	343339	1476598
哲　学	Philosophy	2039	2585	9357
经济学	Economics	219365	227587	923866
法　学	Law	131285	137803	551095
教育学	Education	124108	143625	569142
文　学	Literature	367529	360806	1474010
#外语	Foreign Languages	201988	193293	790795
历史学	History	17410	18377	73419
理　学	Science	255632	273744	1077234
工　学	Engineering	1180508	1324652	5247875
农　学	Agriculture	60908	70091	275293
医　学	Medicine	223917	247158	1152058
管理学	Administrators	685277	706402	2924188
艺术学	Art	317962	381354	1489311

1-24 普通专科分学科学生数（2015年）
Number of Students Regular Enrolled in Specialized Courses by Field of Study (2015)

单位：人 (person)

项　目	Item	毕业生数 Graduates	招生数 Entrants	在校学生数 Enrolment
总　计	**Total**	**3222926**	**3484311**	**10486120**
#女	Female	1660522	1929700	5392193
#师范	Teacher Training	189923	176167	617660
农林牧渔大类	Agriculture, Forestry,Husbandry and Fishing	56327	59024	174872
交通运输大类	Transportation and Communication	156838	200611	562145
生化与药品大类	Biochemistry and Medicine	70232	69988	212211
资源开发与测绘大类	Resources Development and Survey	49832	33974	123797
材料与能源大类	Material and Energy	39795	40197	121269
土建大类	Civil Engineering	365832	340934	1181981
水利大类	Water Resources	14050	14450	44672
制造大类	Manufacturing	406492	458388	1359361
电子信息大类	Electronic Information	292557	365308	980799
环保、气象与安全大类	Environment Protection,Meteorology and Safety	14375	15163	45208
轻纺食品大类	Light,Textile and Food	50351	52927	156620
财经大类	Finance	693822	759087	2220100
医药卫生大类	Medicine and Health	342616	386246	1178214
旅游大类	Tourism	105073	113982	329658
公共事业大类	Public Service	31308	36576	104543
文化教育大类	Culture and Education	339108	324948	1062055
艺术设计传媒大类	Artistic Design and Mass Media	143578	166223	487890
公安大类	Public Security	11976	10462	32747
法律大类	Law	38764	35823	107978

1-25 中国科学院院士和中国工程院院士
Academicians of China Academy of Sciences and Academicians of China Academy of Engineering

单位：人 (person)

项 目	Item	2002	2003	2004	2005	2006	2007	2008	2009	2010	2011	2012	2013	2014	2015
中国科学院院士合计①	**Academicians of China Academy of Sciences**	**639**	**685**	**672**	**706**	**692**	**709**	**692**	**714**	**694**	**727**	**710**	**750**	**730**	**777**
数学物理学部	Division of Mathematics and Physics	122	128	126	130	130	135	134	137	133	139	136	143	139	148
化学部	Division of Chemistry	110	119	119	125	121	124	120	125	121	126	123	128	125	131
生命科学和医学学部	Division of Life Sciences and Medical Sciences	112	122	117	126	123	129	124	126	120	128	124	132	131	143
地学部	Division of Earth Sciences	110	117	113	119	117	117	113	116	112	119	116	124	122	127
信息技术科学部	Division of Information Technological Sciences			76	81	79	80	79	83	82	83	82	88	85	90
技术科学部	Division of Technological Sciences	185	199	121	125	122	124	122	127	126	132	129	135	128	138
中国工程院院士合计	**Academicians of China Academy of Engineering**	**609**	**660**	**655**	**701**	**694**	**718**	**711**	**749**	**736**	**766**	**763**	**802**	**786**	**836**
机械与运载工程学部	Division of Mechanical and Vehicle Engineering	88	96	96	104	102	105	103	106	105	110	110	117	115	121
信息与电子工程学部	Division of Information and Electronic Engineering	100	105	104	107	106	105	105	108	106	110	109	114	113	120
化工、冶金与材料工程学部	Division of Chemical, Metallurgic and Material	81	88	88	93	92	94	92	95	93	98	98	101	98	104
能源与矿业工程学部	Division of Energy and Mining Engineering	81	88	88	95	94	95	95	100	98	102	102	107	105	113
土木、水利与建筑工程学部	Division of Civil , Hydraulic and Architecture Engineering	80	87	86	93	93	97	96	100	98	101	101	105	103	108
环境与轻纺工程学部②	Division of Environment, Light and Textile Industries Engineering	85	92	91	97	95	37	36	42	41	43	43	47	46	51
农业学部	Division of Agriculture						64	64	70	70	71	71	74	72	75
医药与卫生学部	Division of Medical and Health	89	96	94	101	101	107	107	112	109	112	110	115	112	116
工程管理学部③	Division of Engineering Management	33	36	36	39	39	41	41	44	44	46	46	48	49	55

注：① 2006年中国科学院另有53位外籍院士。
② 2007年以前数据包括农业学部。
③ 2013年工程管理学部中有26人是跨学部院士；2011至2015年工程管理学部中有27人是跨学部院士。

1-26　中国科学院全体院士名单

一、数学物理学部(148人)

于敏 于渌 万哲先 马志明 王元 王迅 王乃彦 王广厚 王世绩 王业宁（女）
王诗宬 王贻芳 王恩哥 王梓坤 王绶琯 王鼎盛 文兰 方成 方守贤 邓小刚
甘子钊 艾国祥 石钟慈 龙以明 叶叔华（女） 叶朝辉 田刚 白以龙 邝宇平 冯端
邢定钰 曲钦岳 吕敏 朱邦芬 朱诗尧 向涛 刘应明 江松 汤定元 孙鑫
孙义燧 孙昌璞 严加安 苏定强 苏肇冰 杜江峰 李大潜 李方华（女） 李邦河 李安民
李荫远 李家明 李家春 李惕碚 李德平 杨乐 杨应昌 杨国桢 杨福家 励建书
吴文俊 吴岳良 何祚庥 邹广田 闵乃本 汪承灏 汪景琇 沈文庆 沈学础 张杰
张仁和 张平文 张伟平 张宗烨（女） 张恭庆 张家铝 张焕乔 张淑仪（女） 张涵信 张维岩
张裕恒 张殿琳 张肇西 陈彪 陈十一 陈木法 陈仙辉 陈永川 陈式刚 陈和生
陈佳洱 陈建生 陈恕行 陈难先 武向平 范海福 林群 欧阳钟灿 欧阳颀 罗俊
罗民兴 周恒 周又元 周光召 周向宇 周毓麟 郑厚植 郑晓静（女） 赵光达 赵忠贤
赵政国 郝柏林 胡仁宇 胡和生（女） 俞昌旋 姜伯驹 洪家兴 洪朝生 贺贤土 袁亚湘
莫毅明 夏道行 徐至展 徐叙瑢 高鸿钧 郭尚平 郭柏灵 席南华 唐孝威 陶瑞宝
龚昌德 鄂维南 崔向群（女） 章综 彭实戈 葛墨林 景益鹏 程开甲 童秉纲 谢心澄
谢家麟 詹文龙 解思深 熊大闰 潘建伟 霍裕平 戴元本 魏宝文

二、化学部(131人)

丁奎岭 于吉红（女） 万立骏 万惠霖 王夔 王方定 王佛松 支志明 方维海 计亮年
卢佩章 申泮文 田禾 田中群 田昭武 白春礼 包信和 冯小明 冯守华 朱起鹤
朱清时 朱道本 任詠华（女） 刘元方 刘云圻 刘有成 刘若庄 刘忠范 江龙 江明
江雷 江桂斌 安立佳 孙世刚 麦松威 严东生 严纯华 苏锵 李灿 李玉良
李永舫 李亚栋 李洪钟 李静海 杨玉良 杨秀荣（女） 杨学明 吴奇 吴云东 吴养洁
吴新涛 何国钟 何鸣元 佟振合 余国琮 闵恩泽 汪尔康 沙国河 沈之荃（女） 沈家骢
宋礼成 张希 张涛 张玉奎 张礼和 张存浩 张俐娜（女） 张洪杰 张乾二 张锁江
陆熙炎 陈懿 陈小明 陈庆云 陈凯先 陈俊武 陈洪渊 陈家镛 陈新滋 林国强
卓仁禧 周同惠 周其凤 周其林 郑兰荪 赵玉芬（女） 赵东元 赵进才 胡英 胡宏纹
查全性 段雪 侯建国 俞汝勤 洪茂椿 费维扬 姚守拙 姚建年 袁权 袁承业
柴之芳 钱逸泰 倪嘉缵 徐如人 高松 郭景坤 席振峰 唐勇 唐本忠 唐有祺
涂永强 黄乃正 黄本立 黄志镗 黄春辉（女） 曹镛 麻生明 梁敬魁 彭少逸 蒋锡夔
韩布兴 程津培 程镕时 游效曾 谢毅（女） 谢毓元 蔡启瑞 谭蔚泓 黎乐民 颜德岳
戴立信

三、生命科学和医学学部(143人)

王大成 王文采 王正敏 王世真 王志珍（女） 王志新 王恩多（女） 王福生 毛江森 方荣祥
方精云 尹文英（女） 孔祥复 邓子新 石元春 卢永根 叶玉如（女） 田波 印象初 匡廷云（女）
朱玉贤 朱兆良 朱作言 庄文颖（女） 庄巧生 刘以训 刘允怡 刘建康 刘新垣 许智宏
孙大业 孙汉董 孙曼霁 孙儒泳 苏国辉 李林 李蓬（女） 李季伦 李振声 李家洋
李朝义 杨焕明 杨雄里 杨福愉 吴旻 吴孟超 吴祖泽 吴常信 汪忠镐 沈岩
沈允钢 沈自尹 沈善炯 宋微波 张旭 张友尚 张永莲（女） 张亚平 张启发 张明杰
张学敏 张春霆 张树政（女） 张新时 陆士新 陈竺 陈霖 陈义汉 陈子元 陈文新（女）
陈可冀 陈孝平 陈国强 陈宜张 陈宜瑜 陈晓亚 陈润生 邵峰 武维华 林其谁
林鸿宣 尚永丰 金力 金国章 周俊 周琪 郑光美 郑守仪（女） 郑儒永（女） 孟安明
赵玉沛 赵尔宓 赵进东 赵国屏 赵继宗 段树民 侯凡凡（女） 饶子和 施一公 施教耐
施蕴渝（女） 洪国藩 洪德元 姚开泰 贺林 贺福初 桂建芳 徐国良 高福 郭爱克
唐守正 唐崇惕（女） 黄路生 曹文宣 曹晓风（女） 戚正武 常文瑞 康乐 阎锡蕴（女） 梁栋材
梁智仁 隋森芳 葛均波 蒋有绪 韩斌 韩启德 韩济生 韩家淮 程和平 舒红兵
童坦君 曾毅 曾益新 谢华安 谢联辉 强伯勤 赫捷 裴钢 翟中和 薛社普
鞠躬 魏于全 魏江春

四、地学部(127人)

丁仲礼　丁国瑜　万卫星　马　瑾（女）　马宗晋　王　水　王　颖（女）　王成善　王会军　王铁冠
王德滋　文圣常　丑纪范　邓起东　石广玉　石耀霖　叶大年　叶嘉安　冯士筰　戎嘉余
吕达仁　朱日祥　朱显谟　伍荣生　任纪舜　刘丛强　刘光鼎　刘昌明　刘宝珺　刘振兴
刘嘉麒　安芷生　许志琴（女）　许厚泽　孙　枢　孙鸿烈　苏纪兰　李吉均　李廷栋　李崇银
李德仁　李德生　李曙光　杨元喜　杨文采　杨树锋　肖序常　吴立新　吴国雄　吴新智
吴福元　邱占祥　汪品先　汪集旸　沈其韩　沈树忠　张　经　张人禾　张本仁　张国伟
张弥曼（女）　张培震　陆大道　陈　旭　陈　骏　陈　颙　陈大可　陈发虎　陈运泰　陈俊勇
陈晓非　林学钰（女）　欧阳自远　金之钧　金振民　周卫健（女）　周成虎　周志炎　周秀骥　周忠和
於崇文　郑　度　郑永飞　赵其国　赵柏林　赵鹏大　郝　芳　胡敦欣　钟大赉　姚振兴
姚檀栋　秦大河　袁道先　莫宣学　贾承造　夏　军　徐冠华　殷鸿福　高　山　高　俊
高　锐　郭正堂　郭华东　涂传诒　陶　澍　黄荣辉　龚健雅　常印佛　崔　鹏　符淙斌
巢纪平　彭平安　程国栋　傅伯杰　焦念志　舒德干　童庆禧　曾庆存　曾融生　谢学锦
翟明国　翟裕生　滕吉文　薛禹群　穆　穆　戴金星　魏奉思

五、信息技术科学部(90人)

干福熹　王　圩　王　越　王　巍　王之江　王占国　王立军　王永良　王守觉　王阳元
王启明　王育竹　王家骐　尹　浩　包为民　匡定波　吕　建　朱中梁　刘　明（女）　刘永坦
刘国治　刘颂豪　刘盛纲　许宁生　李　未　李启虎　李树深　李衍达　杨芙清（女）　杨学军
吴一戎　吴宏鑫　吴培亨　吴德馨（女）　何积丰　沈绪榜　怀进鹏　宋　健　张　钹　张景中
张嗣瀛　陆元九　陆汝钤　陆建华　陈国良　陈定昌　陈星旦　陈星弼　陈俊亮　陈桂林
陈翰馥　林惠民　林尊琪　金亚秋　周兴铭　周志鑫　周炳琨　周巢尘　郑有炓　郑建华
郑耀宗　房建成　郝　跃　保　铮　侯　洵　侯朝焕　姜　杰（女）　姚建铨　秦国刚　夏建白
顾　瑛（女）　徐宗本　郭　雷　郭光灿　黄　如（女）　黄　维　黄　琳　黄民强　黄宏嘉　梅　宏
龚旗煌　梁思礼　彭堃墀　董韫美　雷啸霖　简水生　褚君浩　谭铁牛　薛永祺　戴汝为

六、技术科学部(138人)

丁　汉　于起峰　王　曦　王大中　王立鼎　王光谦　王自强　王希季　王补宣　王崇愚
王淀佐　王锡凡　方岱宁　卢　柯　卢　强　叶恒强　叶培建　申长雨　邢球痕　过增元
成会明　朱　荻　朱　静（女）　朱位秋　朱森元　伍小平（女）　任新民　任露泉　庄逢辰　刘广均
刘竹生　刘宝镛　刘维民　齐　康　闫楚良　许学彦　孙　钧　孙家栋　严陆光　李　天
李应红　李述汤　李依依（女）　李济生　杨　卫　杨　槱　杨叔子　吴良镛　吴承康　吴硕贤
邱　勇　邱大洪　何雅玲（女）　何满潮　余梦伦　邹世昌　邹志刚　闵桂荣　汪　耕　汪卫华
沈志云　沈保根　宋玉泉　宋振骐　宋家树　张　泽　张兴钤　张佑启　张统一　张楚汉
陈　达　陈云敏　陈创天　陈学俊　陈祖煜　陈能宽　陈维江　范守善　林　皋　欧阳予
金红光　金展鹏　周　远　周尧和　周孝信　周国治　郑　平　郑时龄　郑哲敏　赵淳生
胡文瑞　胡聿贤　胡海岩　南策文　柯　俊　柳百新　钟万勰　俞大鹏　俞鸿儒　闻邦椿
姜中宏　宣益民　祝世宁　姚　熹　都有为　顾秉林　顾诵芬　顾逸东　倪晋仁　徐采栋
徐性初　徐建中　徐祖耀　高镇同　高德利　唐叔贤　陶文铨　黄克智　曹春晓　曹楚南
常　青　彭一刚　葛昌纯　韩杰才　韩祯祥　程时杰　程耿东　温诗铸　谢光选　赖远明
路甬祥　蔡其巩　雒建斌　翟婉明　熊有伦　潘际銮　薛其坤　魏炳波

1-27 中国工程院全体院士名单

一、机械与运载工程学部(121人)

陈学东 丁荣军 董春鹏 杜善义 樊会涛 冯培德 甘晓华 高金吉 关杰 郭东明
侯晓 黄瑞松 黄先祥 蒋庄德 金东寒 李椿萱 李德群 李鹤林 李鸿志 李骏
李魁武 李明 李培根 李钊 林忠钦 刘大响 刘人怀 刘怡昕 刘永才 刘友梅
龙乐豪 卢秉恒 路甬祥 马伟明 邱志明 孙聪 谭建荣 唐长红 田红旗(女) 王华明
王玉明 吴有生 徐德民 杨德森 杨凤田 杨华勇 杨绍卿 尹泽勇 尤政 张金麟
张军 张立同(女) 张彦仲 赵煦 钟掘(女) 钟志华 周济 朱能鸿 朱英富

资深院士:

艾兴 陈懋章 陈一坚 陈予恕 崔国良 丁衡高 段正澄 朵英贤 范本尧 高伯龙
顾国彪 顾诵芬 管德 关桥 郭重庆 郭孔辉 何友声 胡正寰 黄崇祺 黄文虎
黄旭华 乐嘉陵 梁晋才 林尚扬 林宗虎 柳百成 陆元九 孟执中 闵桂荣 潘健生
潘镜芙 戚发轫 钱清泉 饶芳权 阮雪榆 沈闻孙 沈志云 苏哲子 孙敬良 唐任远
涂铭旌 屠善澄 王浚 汪顺亭 王兴治 王永志 汪槱生 王哲荣 温俊峰 谢友柏
徐滨士 徐芑南 徐志磊 杨士莪 于本水 臧克茂 曾广商 张福泽 张贵田 钟群鹏
周勤之 朱英浩

二、信息与电子工程学部(120人)

贲德 柴天佑 陈纯 陈鲸 陈良惠 陈志杰 陈左宁(女) 戴浩 邓中翰 丁文华
段宝岩 樊邦奎 范滇元 方滨兴 方家熊 费爱国 封锡盛 高洁 高文 龚惠兴
宫先仪 桂卫华 郭桂蓉 何新贵 何友 姜会林 李伯虎 李德仁 李德毅 李国杰
李天初 李同保 廖湘科 凌永顺 刘玠 刘尚合 刘永坦 刘韵洁 卢锡城 吕跃广
马远良 倪光南 潘云鹤 沈昌祥 苏君红 孙家广 孙优贤 王恩东 王天然 王小谟
韦钰(女) 魏子卿 吴澄 邬贺铨 邬江兴 吴建平 吴曼青 吴伟仁 吾守尔.斯拉木 徐扬生
许祖彦 杨士中 杨小牛 叶尚福 于全 余少华 张广军 张明高 张尧学 张钟华
赵沁平 郑南宁 周寿桓 庄松林

资深院士:

蔡鹤皋 蔡吉人 陈敬熊 陈俊亮 龚知本 何德全 胡光镇 胡启恒(女) 黄培康 姜景山
姜文汉 金国藩 金怡濂 李乐民 李三立 李幼平 梁骏吾 林祥棣 林永年 陆建勋
毛二可 潘君骅 宋健 孙玉 孙忠良 童志鹏 汪成为 王任享 王越 王子才
魏正耀 许居衍 姚骏恩 叶铭汉 叶声华 俞大光 张光义 张履谦 张乃通 张锡祥
赵伊君 赵梓森 钟山 周立伟 周仲义 朱高峰

三、化工、冶金与材料工程学部(104人)

才鸿年 曹湘洪 陈芬儿 陈建峰 陈立泉 陈祥宝 丁文江 付贤智 干勇 高从堦
顾真安 何季麟 胡永康 黄伯云 蹇锡高 姜德生 江东亮 李大东 李冠兴 李卫
李言荣 李元元 李仲平 刘炯天 刘中民 毛新平 欧阳平凯 钱锋 钱旭红 邱定蕃
邱冠周 桑凤亭 沈寅初 舒兴田 孙传尧 谭天伟 屠海令 王国栋 王海舟 王静康(女)
汪旭光 王一德 王迎军(女) 王玉忠 王震西 翁宇庆 吴以成 谢建新 徐德龙 徐惠彬
徐匡迪 徐南平 薛群基 袁晴棠(女) 张生勇 张文海 张兴栋 张耀明 赵连城 赵振业
周克崧 周廉 周玉 左铁镛

资深院士:

陈丙珍(女) 陈景 陈清如 陈蕴博 崔崑 戴永年 丁传贤 傅恒志 关兴亚 侯芙生
金涌 柯伟 李东英 李恒德 李俊贤 李龙土 李正邦 李正名 刘伯里 刘业翔
陆钟武 毛炳权 唐明述 王淀佐 汪燮卿 王泽山 武胜 吴慰祖 徐承恩 严东生
杨启业 殷国茂 殷瑞钰 余永富 袁渭康 张国成 张寿荣 周光耀 朱永濬 邹竞(女)

四、能源与矿业工程学部(113人)

安继刚 陈清泉 蔡美峰 陈念念 陈森玉 陈勇 邓运华 杜祥琬 多吉 樊明武
范维澄 顾大钊 古德生 顾金才 顾心怿 郭剑波 韩英铎 何多慧 黄其励 蒋洪德
康红普 雷清泉 李根生 李建刚 李立浧 李晓红 李阳 李焯芬 刘吉臻 罗安
罗平亚 马永生 欧阳晓平 彭苏萍 彭先觉 邱爱慈(女) 沈国荣 苏万华 苏义脑 孙承纬
孙龙德 孙玉发 唐西生 万元熙 王德民 闻雪友 武强 夏佳文 谢和平 谢克昌
徐銤 薛禹胜 杨奇逊 衣宝廉 于俊崇 余贻鑫 袁亮 袁士义 岳光溪 曾恒一
张铁岗 张信威 张玉卓 赵文智 赵宪庚 郑健超 周守为

资深院士:

岑可法 常印佛 陈毓川 范维唐 傅依备 韩大匡 何继善 洪伯潜 胡见义 胡思得
金庆焕 康玉柱 李庆忠 梁维燕 刘宝珺 毛用泽 倪维斗 潘垣 潘自强 裴荣富
彭士禄 钱皋韵 钱鸣高 钱绍钧 秦裕琨 邱中建 阮可强 沈忠厚 汤中立 童晓光
王思敬 王仲奇 翁史烈 鲜学福 徐大懋 许绍燮 杨裕生 叶奇蓁 于润沧 翟光明
张勇传 赵文津 郑绵平 周邦新 周世宁 周永茂

五、土木、水利与建筑工程学部(108人)

陈政清　崔俊芝　崔愷　杜彦良　龚晓南　郭仁忠　何华武　何镜堂　胡春宏　黄卫
江欢成　江亿　李建成　梁文灏　廖振鹏　刘加平　刘经南　刘先林　吕志涛　马国馨
马洪琪　孟建民　缪昌文　聂建国　钮新强　欧进萍　彭永臻　钱七虎　秦顺全　任辉启
任南琪　谭述森　王超　王复明　王浩　王建国　王景全　王梦恕　王瑞珠　王小东
吴中如　肖绪文　谢礼立　杨秀敏　杨永斌　叶可明　张超然　张建云　张杰　张锦秋(女)
张祖勋　郑健龙　郑皆连　郑守仁　钟登华　周丰峻　周福霖　周绪红

资深院士:

曹楚生　陈厚群　陈吉余　陈肇元　程泰宁　戴复东　董石麟　冯叔瑜　傅熹年　葛修润
关肇邺　韩其为　黄熙龄　李道增　李圭白　李玶　李猷嘉　梁应辰　林元培　龙驭球
卢耀如　罗绍基　马克俭　茆智　孟兆祯　宁津生　钱正英(女)　容柏生　沙庆林　沈世钊
沈祖炎　施仲衡　孙伟(女)　谭靖夷　王光远　王家耀　魏敦山　文伏波　吴良镛　项海帆
谢世楞　许其凤　赵国藩　郑颖人　郑哲敏　钟训正　周镜　周君亮　朱伯芳　邹德慈

六、环境与轻纺工程学部(51人)

陈克复　丁德文　丁一汇　段宁　方国洪　郝吉明　贺克斌　侯保荣　侯立安　李家彪
刘文清　孟伟　潘德炉　庞国芳　瞿金平　曲久辉　石碧　宋君强　孙宝国　孙晋良
魏复盛　吴清平　谢剑平　许健民　徐祥德　杨志峰　俞建勇　袁业立　岳国君　张全兴
张偲　张懿(女)　张远航　朱蓓薇(女)

资深院士:

蔡道基　陈联寿　李国标　蒋士成　金鉴明　金翔龙　李泽椿　刘鸿亮　伦世仪　钱易(女)
任阵海　汤鸿霄　唐孝炎(女)　王文兴　姚穆　郁铭芳　周翔(女)

七、农业学部(75人)

曹福亮　陈焕春　陈剑平　陈温福　陈学庚　程顺和　邓秀新　方智远　傅廷栋　官春云
管华诗　金宁一　康绍忠　李德发　李坚　李天来　李玉　刘兴土　刘秀梵　刘旭
罗锡文　马建章　麦康森　南志标　沈建忠　宋宝安　宋湛谦　孙九林　唐华俊　唐启升
万建民　吴孔明　夏咸柱　向仲怀　辛世文　颜龙安　尹伟伦　印遇龙　喻树迅　于振文
张改平　张洪程　张齐生　张新友　赵振东　朱英国　朱有勇

资深院士:

陈宗懋　戴景瑞　范云六(女)　冯宗炜　盖钧镒　郭予元　侯锋　蒋亦元　李佩成　李文华
林浩然　刘守仁　卢良恕　任继周　荣廷昭　山仑　沈国舫　石元春　石玉林　束怀瑞
汪懋华　王明庥　吴明珠(女)　熊远著　徐洵(女)　袁隆平　张子仪　赵法箴

八、医药卫生学部(116人)

巴德年　曹雪涛　陈赛娟(女)　陈香美(女)　陈肇隆　陈志南　程京　程书钧　丛斌　丁健
樊代明　范上达　付小兵　高长青　高润霖　顾晓松　顾玉东　韩德民　韩雅玲(女)　郝希山
侯惠民　胡盛寿　黄璐琦　郎景和　李春岩　李大鹏　李兰娟(女)　李松　廖万清　林东昕
刘昌孝　刘德培　刘耀　刘志红(女)　宁光　邱贵兴　阮长耿　桑国卫　沈倍奋(女)　沈祖尧
石学敏　孙颖浩　王辰　王广基　王红阳(女)　王威琪　王学浩　王永炎　吴以岭　夏家辉
夏照帆(女)　谢立信　徐建国　杨宝峰　杨胜利　于金明　袁国勇　曾溢滔　詹启敏　张伯礼
张心湜　张运　张志愿　郑树森　钟南山　周宏灏　周良辅

资深院士:

陈灏珠　陈洪铎　陈冀胜　陈君石　陈亚珠(女)　程天民　池志强　戴尅戎　顾健人　郭应禄
洪涛　侯云德　胡亚美(女)　胡之璧(女)　黎介寿　李连达　李载平　刘彤华(女)　刘玉清　陆道培
卢世璧　彭司勋　秦伯益　邱蔚六　沈渔邨(女)　盛志勇　孙燕　唐希灿　汤钊猷　王琳芳(女)
王正国　王振义　闻玉梅(女)　吴德昌　吴天一　吴咸中　项坤三　肖碧莲(女)　肖培根　姚新生
于德泉　俞梦孙　俞永新　张金哲　赵铠　甄永苏　钟世镇　朱晓东　庄辉

九、工程管理学部(55人,其中27人为跨学部院士)

巴德年　陈清泉　曹耀峰　柴洪峰　丁烈云　杜祥琬　傅志寰　郭桂蓉　胡文瑞　黄维和
金智新　凌文　刘德培　刘玠　刘人怀　栾恩杰　钱七虎　邵安林　沈荣骏　孙永福
王安　王基铭　王礼恒　王陇德　王玉普　向巧(女)　徐匡迪　杨善林　叶可明　袁晴棠(女)
赵晓哲　郑静晨　郑南宁　周建平

资深院士:

程天民　郭重庆　何继善　蒋士成　金鉴明　李东英　李京文　卢良恕　陆佑楣　罗绍基
饶芳权　汪应洛　王众托　徐滨士　许庆瑞　徐寿波　殷瑞钰　翟光明　张寿荣　朱高峰
朱晓东

二、工业企业

Industrial Enterprises

2-1 规模以上工业企业的科技活动基本情况
Basic Statistics on Science and Technology Activities of Industrial Enterprises above Designated Size

指　标	Item	2000	2009	2011	2012	2013	2014	2015
企业基本情况	**Statistics on Industrial Enterprises**							
有R&D活动企业数(个)	Number of Enterprises Having R&D Activities(unit)	17272	36387	37467	47204	54832	63676	73570
有R&D活动企业所占比重(%)	Percentage of Enterprises Having R&D Activities to Total Number of Enterprises(%)	10.6	8.5	11.5	13.7	14.8	16.9	19.2
研究与试验发展(R&D)活动情况	**Statitstics on R&D Activities**							
R&D人员全时当量(万人年)	Full-time Equivalent of R&D Personnel (10 000 man-years)	43.9	144.7	193.9	224.6	249.4	264.2	263.8
R&D经费内部支出(亿元)	Expenditure on R&D(100 million yuan)	489.7	3775.7	5993.8	7200.6	8318.4	9254.3	10013.9
R&D经费内部支出与主营业务收入之比 (%)	Percentage of Expenditure on R&D to Sales Revenue(%)	0.58	0.69	0.71	0.77	0.80	0.84	0.90
R&D项目数(项)	R&D Projects(item)	65289	194400	232158	287524	322567	342507	309895
R&D项目经费内部支出(亿元)	Expenditure on R&D Projects (100 million yuan)	417.6	3185.9	5052.0	6230.6	7294.5	8163.0	9146.7
企业办R&D机构情况	**Statistics on R&D Institutions**							
机构数(个)	Number of R&D Institutions(unit)	15529	29879	31320	45937	51625	57199	62954
机构人员数(万人)	R&D Personnel(10 000 persons)	60.1	155.0	181.6	226.8	238.8	246.4	266.8
机构经费支出(亿元)	Expenditure on R&D(100 million yuan)	435.8	2983.6	3957.0	5233.4	5941.5	6257.6	6793.9
新产品开发及生产情况	**Statitstics on New Products Development and Production**							
新产品开发项目数(个)	Number of New Products(unit)	91880	237754	266232	323448	358287	375863	326286
新产品开发经费支出(亿元)	Expenditure on New Products Development (100 million yuan)	529.5	4482.0	6845.9	7998.5	9246.7	10123.2	10270.8
新产品销售收入(亿元)	Sales Revenue of New Products (100 million yuan)	9369.5	65838.2	100582.7	110529.8	128460.7	142895.3	150856.5
#新产品出口	Export	1728.4	11572.5	20223.1	21894.2	22853.5	26904.4	29132.7
专利情况	**Statistics on Patents**							
专利申请数(件)	Patent Applications(piece)	26184	265808	386075	489945	560918	630561	638513
#发明专利	Inventions	7970	92450	134843	176167	205146	239925	245688
有效发明专利数(件)	Inventions In Force(piece)	15333	118245	201089	277196	335401	448885	573765
技术获取和技术改造情况	**Statistics on Technology Acquisition and Technology Reconstruction**							
引进国外技术经费支出(亿元)	Expenditure for Acquisition of Foreign Technology (100 million yuan)	304.9	422.2	449.0	393.9	393.9	387.5	414.1
引进技术消化吸收经费支出(亿元)	Expenditure for Assimilation of Technology (100 million yuan)	22.8	182.0	202.2	156.8	150.6	143.2	108.4
购买国内技术经费支出(亿元)	Expenditure for Purchase of Domestic Technology (100 million yuan)	34.5	203.4	220.5	201.7	214.4	213.5	229.9
技术改造经费支出(亿元)	Expenditure for Technical Renovation (100 million yuan)	1291.5	4344.7	4293.7	4161.8	4072.1	3798.0	3147.6

注：从2011年起，规模以上工业企业的统计范围从年主营业务收入为500万元及以上的法人工业企业调整为年主营业务收入为2000万元及以上的法人工业企业。以下各表同。

Note: From 2011, the statistics range of industrial enterprises above designated size change form the industrial enterprises with the sales revenue above 5 million RMB to the industrial enterprises with the sales revenue above 20 million RMB. The same applies to the following table.

2-2 按企业规模及登记注册类型分

Basic Statistics on Industrial Enterprises above

单位：个，人，万元

注册类型	Type of Registration	企业数 Number of Industrial Enterprises above Designated Size	#有研发机构的企业数 Number of Enterprises Having R&D Institutions	#有R&D活动的企业数 Number of Enterprises Having R&D Activities
总　计	**Total**	**383153**	**52833**	**73570**
#大型企业	Large-sized Industrial Enterprises	9649	4608	5676
中型企业	Medium-sized Industrial Enterprises	54065	13981	18179
内资企业	**Domestic Funded**	**330396**	**43016**	**60842**
国有企业	State-owned Enterprises	3227	360	579
集体企业	Collective-owned Enterprises	2638	147	193
股份合作企业	Cooperative Enterprises	1136	118	191
联营企业	Joint Ownership Enterprises	148	11	18
国有联营企业	State Joint Ownership Enterprises	18	4	5
集体联营企业	Collective Joint Ownership Enterprises	57	1	2
国有与集体联营企业	Joint State-collective Enterprises	30	3	7
其他联营企业	Other Joint Ownership Enterprises	43	3	4
有限责任公司	Limited Liability Corporations	94317	11607	17767
国有独资公司	State Sole Funded Corporations	3188	606	912
其他有限责任公司	Other Limited Liability Corporations	91129	11001	16855
股份有限公司	Share-holding Corporations Ltd.	11055	3630	4864
私营企业	Private Enterprises	216505	27058	37113
私营独资企业	Private-funded Enterprises	14670	833	1105
私营合伙企业	Private Partnership Enterprises	2501	89	143
私营有限责任公司	Private Limited Liability Corporations	190410	24400	33447
私营股份有限公司	Private Share-holding Corporations Ltd.	8924	1736	2418
其他企业	Other Enterprises	1370	85	117
港澳台商投资企业	**Enterprises with Funds from Hong Kong, Macau and Taiwan**	**24488**	**4391**	**5857**
与港澳台商合资经营企业	Joint-venture Enterprises with Funds from Hong Kong, Macau and Taiwan	7436	1877	2472
与港澳台商合作经营企业	Cooperative Enterprises with Funds from Hong Kong, Macau and Taiwan	625	72	114
港澳台商独资经营企业	Enterprises with Sole Funds from Hong Kong, Macau and Taiwan	15854	2289	3057
港澳台商投资股份有限公司	Share-holding Corporations Ltd. with Funds from Hong Kong, Macau and Taiwan	487	139	191
外商投资企业	**Foreign Funded Enterprises**	**28269**	**5426**	**6871**
中外合资经营企业	Joint-venture Enterprises	9958	2288	3146
中外合作经营	Cooperation Enterprises	630	89	119
外资企业	Enterprises with Sole Foreign Funds	17024	2905	3427
外商投资股份有限公司	Share-holding Corporations Ltd.with Foreign Funds	464	117	140

注：大型企业指同时满足年末从业人员人数在1000人及以上、年主营业务收入在4亿元及以上的工业企业；中型企业指年末从业人员人数介于300人(含)至1000人(不含),并且年主营业务收入介于2000万元(含)至4亿元(不含)的工业企业。

规上工业企业基本情况(2015年)
Designated Size by Scale and Registration Status (2015)

(unit, person, 10 000 yuan)

资产总计 Total Assets	主营业务收入 Revenue from Principal Business	#新产品 New Products	利润总额 Total Profits
10226866343	**11100646695**	**1508565473**	**661849911**
4759143690	4219437511	981294341	235931196
2423474355	2722468537	309471520	179746179
8214116016	**8643821015**	**1020773224**	**502794624**
705056014	446533411	38136865	20817359
56311010	70534713	8899862	5155190
9403373	14993115	948117	1089338
1901341	2715998	167002	109813
526213	452248	125140	-6762
344312	690085	6696	41595
614040	325895	34339	-5089
416776	1247772	828	80069
3740525708	3221134770	411058332	167304089
849764998	463352187	57509297	12767487
2890760710	2757782583	353549035	154536602
1388617115	995763669	233127908	64477968
2290052692	3863940073	326704530	242498277
84968262	208116620	5116790	15398685
15478265	32733261	425540	2306690
1980764174	3352614607	276232983	205629090
208841991	270475585	44929217	19163812
22248764	28205266	1730607	1342590
832440097	**969259922**	**203529344**	**59483288**
311123872	318702431	72016422	21980205
17164159	22685773	1609795	1898467
457067445	586437413	117126569	32226905
44290424	38196434	11826520	3272609
1180310230	**1487565758**	**284262905**	**99571999**
562750304	690303623	170710115	54452243
23464281	25036825	3424312	1839260
528507827	719466811	98981417	39959094
60422127	46709324	10864476	3170637

Note: Large-sized industrial enterprises cover industrial enterprises with employed persons at the year-end above 1 000 and annual revenue from principal business above 400 million RMB; Medium-sized industrial enterprises cover industrial enterprises with employed persons between 300 and 1 000 and annual revenue from principal business between 20 million and 400 million RMB.

2-3 按行业分规上工业

Basic Statistics on Industrial Enterprises above

单位：个，人，万元

行　业	Industry	企业数 Number of Industrial Enterprises above Designated Size
总　计	**Total**	**383153**
煤炭开采和洗选业	Mining and Washing of Coal	5924
石油和天然气开采业	Extraction of Petroleum and Natural Gas	141
黑色金属矿采选业	Mining of Ferrous Metal Ores	2593
有色金属矿采选业	Mining of Non-ferrous Metal Ores	1889
非金属矿采选业	Mining and Processing of Nonmetal Ores	3743
农副食品加工业	Processing of Food from Agricultural Products	25694
食品制造业	Manufacture of Foods	8749
酒、饮料和精制茶制造业	Manufacture of Liquor, Beverages and Refined Tea	6664
烟草制品业	Manufacture of Tobacco	133
纺织业	Manufacture of Textile	20545
纺织服装、服饰业	Manufacture of Textile, Apparel and Accessories	15942
皮革、毛皮、羽毛及其制品和制鞋业	Manufacture of Leather, Fur, Feather and Related Products and Shoes	8862
木材加工和木、竹、藤、棕、草制品业	Processing of Timbers and Manufacture of Wood,Bamboo, Rattan, Palm and Straw	9252
家具制造业	Manufacture of Furniture	5546
造纸和纸制品业	Manufacture of Paper and Paper Products	6798
印刷和记录媒介复制业	Printing,Reproduction of Recording Media	5451
文教、工美、体育和娱乐用品制造业	Manufacture of Artworks, and Articles for Culture, Education, Sports and Recreation	9085
石油加工、炼焦和核燃料加工业	Processing of Petroleum ,Coking and Processing of Nucleus Fuel	1989
化学原料和化学制品制造业	Manufacture of Chemical Raw Material and Chemical Products	25261
医药制造业	Manufacture of Medicines	7391
化学纤维制造业	Manufacture of Chemical Fiber	1924
橡胶和塑料制品业	Manufacture of Rubber and Plastic	18458
非金属矿物制品业	Manufacture of Non-metallic Mineral Products	35123
黑色金属冶炼和压延加工业	Manufacture and Processing of Ferrous Metals	9541
有色金属冶炼和压延加工业	Manufacture and Processing of Non-ferrous Metals	7257
金属制品业	Manufacture of Metal Products	21141
通用设备制造业	Manufacture of General Purpose Machinery	24591
专用设备制造业	Manufacture of Special Purpose Machinery	17803
汽车制造业	Manufacture of Motor Vehicles	14152
铁路、船舶、航空航天和其他运输设备制造业	Manufacture of Railway Equipment, Ships, Aerospace Equipment and Other Transport Equipment	5054
电气机械和器材制造业	Manufacture of Electrical Machinery and Equipment	23673
计算机、通信和其他电子设备制造业	Manufacture of Computer, Communication and Other Electronic Equipment	14592
仪器仪表制造业	Manufacture of Measuring Instrument and Meter	4262
其他制造业	Other Manufacturing	1808
金属制品、机械和设备修理业	Repaire Service of Metal Products, Machinery and Equipment	398
电力、热力生产和供应业	Production and Supply of Electric Power and Heat Power	6967
燃气生产和供应业	Production and Distribution of Gas	1416
水的生产和供应业	Production and Distribution of Water	1621

企业基本情况(2015年)
Designated Size by Industrial Sector (2015)

(unit, person, 10 000 yuan)

#有研发机构的企业数 Number of Enterprises Having R&D Institutions	#有R&D活动的企业数 Number of Enterprises Having R&D Activities	资产总计 Total Assets	主营业务收入 Revenue from Principal Business	#新产品 New Products	利润总额 Total Profits
52833	**73570**	**10226866343**	**11100646695**	**1508565473**	**661849911**
107	190	537884702	237703128	5846633	4050739
25	38	205704571	79085212	618503	6923707
49	87	105583156	72074950	307215	5192586
43	121	58163508	62346740	1517150	4520648
114	180	41109357	54146016	888092	4222429
1974	2663	328882483	653782424	28484303	34239227
962	1401	146774841	219575770	13345183	18765652
624	912	155998022	173733500	10047569	17996458
38	54	91902515	93407884	16507422	11995997
2254	2634	243040389	399869631	47421038	22242633
1323	1513	130415877	222320517	18265211	13630995
679	847	73238526	146598213	9076143	9807967
765	829	64163891	139074182	5336649	8740875
390	511	50126956	78806688	6017029	5126394
557	806	140240358	139423419	16688027	7928202
482	655	55290754	74018120	5658319	5779700
1066	1408	83612216	158797766	11285487	9278182
221	335	246786104	345683511	25079049	7293622
4552	6520	726280079	835739900	107041487	46721815
2136	3173	250285489	257003046	47362675	27121116
417	528	66951223	72062056	17137250	3067897
2163	3015	215507521	310162276	29942746	19623695
2554	3720	490560699	588661842	29010267	37891231
1063	1343	647545755	630042751	66290940	5901357
1091	1643	379986148	513766013	58170504	14603774
2533	3596	257903215	376688776	35548896	22389094
5124	7265	416922374	469791911	80435662	31505378
3967	5808	354664596	358739727	60276517	21849814
2613	3746	598647066	709746611	190826260	62387305
1061	1434	220620321	189450429	64786477	10922466
5711	7859	571438011	691776426	165025929	45244939
4108	5531	669918376	915161074	306577278	45531820
1404	2036	79634594	87135733	18734368	7453703
197	301	27798728	30336877	2671789	2064706
44	65	13293146	9791579	1441460	499040
206	467	1246228267	566258088	2492721	49762836
28	51	79289174	63437394	265702	5072105
77	111	106919400	19092287	201343	1876883

2-4 各地区规上工业

Basic Statistics on Industrial Enterprises above

单位：个，人，万元

地　区	Region	企业数 Number of Industrial Enterprises above Designated Size	#有研发机构的企业数 Number of Enterprises Having R&D Institutions	#有R&D活动的企业数 Number of Enterprises Having R&D Activities
全　国	**National Total**	**383153**	**52833**	**73570**
东部地区	Eastern Region	224245	40472	53469
中部地区	Middle Region	86174	8193	12441
西部地区	Western Region	50591	3393	6123
东北地区	Northeast Region	22143	775	1537
北　京	Beijing	3548	661	1141
天　津	Tianjin	5525	891	2084
河　北	Hebei	15305	1030	1388
山　西	Shanxi	3850	223	295
内蒙古	Inner Mongolia	4404	164	320
辽　宁	Liaoning	12299	411	927
吉　林	Jilin	5682	148	274
黑龙江	Heilongjiang	4162	216	336
上　海	Shanghai	8994	640	1866
江　苏	Jiangsu	48488	18872	16369
浙　江	Zhejiang	41167	9045	13634
安　徽	Anhui	19072	3104	3258
福　建	Fujian	17240	1389	3038
江　西	Jiangxi	9954	687	1282
山　东	Shandong	41485	2906	5766
河　南	Henan	22893	1565	2454
湖　北	Hubei	16413	1117	2421
湖　南	Hunan	13992	1497	2731
广　东	Guangdong	42113	5002	8113
广　西	Guangxi	5511	246	456
海　南	Hainan	380	36	70
重　庆	Chongqing	6612	722	1225
四　川	Sichuan	13524	743	1304
贵　州	Guizhou	4482	170	285
云　南	Yunnan	3873	404	744
西　藏	Tibet	104	2	10
陕　西	Shaanxi	5413	400	868
甘　肃	Gansu	2141	233	457
青　海	Qinghai	575	28	35
宁　夏	Ningxia	1245	122	154
新　疆	Xinjiang	2707	159	265

企业基本情况(2015年)
Designated Size by Region (2015)

(unit, person, 10 000 yuan)

资产总计 Total Assets	主营业务收入 Revenue from Principal Business	#新产品 New Products	利润总额 Total Profits
10226866343	**11100646695**	**1508565473**	**661849911**
5470125557	6430565339	1045409739	412315066
1979239696	2393897412	275903085	132700766
2058001554	1603524179	130541179	89389544
719499535	672659765	56711469	27444535
386097637	188648954	35640401	15977122
252429790	279695824	57277739	22218230
429741083	457212537	34762445	23581658
321057002	150879760	8333433	-303589
294174145	189256092	6648406	10485519
385487087	332249807	33373490	10708886
179932843	223219630	18227484	12084731
154079605	117190328	5110495	4650917
373069514	341722182	74709344	26798950
1070617273	1470744484	244632694	96868383
666267059	632144105	188391393	38399939
312952318	390321407	58822307	19975564
296475372	395912800	35255547	23598236
192175132	329548156	20586019	21146503
1013434956	1456288678	146984304	86604804
563306510	737251408	57894206	49235238
353991235	431792131	56769152	24560049
235757499	354104550	73497969	18087001
954112238	1191578617	226425002	77231644
150487528	204058708	16333703	12793622
27880635	16617159	1330871	1036099
173124175	206143954	45351174	14148175
398253793	383559254	28924767	21565086
135306227	99460639	3944834	7325635
181499975	98214880	5132031	4643336
8950002	1363799	56367	69258
282273906	196906619	10409950	14412987
116465460	86088767	5740962	-995557
57814059	21706600	228191	678458
78010729	34727526	2826884	853366
181641555	82037342	4943911	3409657

2-5 按企业规模及登记注册类型分

R&D Personnel in Industrial Enterprises above

单位：人，人年

注册类型	Type of Registration	R&D人员 R&D Personnel
总　计	**Total**	**3645948**
#大型企业	Large-sized Industrial Enterprises	1747619
中型企业	Medium-sized Industrial Enterprises	953317
内资企业	**Domestic Funded**	**2838171**
国有企业	State-owned Enterprises	118095
集体企业	Collective-owned Enterprises	18687
股份合作企业	Cooperative Enterprises	3752
联营企业	Joint Ownership Enterprises	372
国有联营企业	State Joint Ownership Enterprises	136
集体联营企业	Collective Joint Ownership Enterprises	29
国有与集体联营企业	Joint State-collective Enterprises	122
其他联营企业	Other Joint Ownership Enterprises	85
有限责任公司	Limited Liability Corporations	1166541
国有独资公司	State Sole Funded Corporations	197811
其他有限责任公司	Other Limited Liability Corporations	968730
股份有限公司	Share-holding Corporations Ltd.	585324
私营企业	Private Enterprises	939896
私营独资企业	Private-funded Enterprises	16054
私营合伙企业	Private Partnership Enterprises	1784
私营有限责任公司	Private Limited Liability Corporations	810816
私营股份有限公司	Private Share-holding Corporations Ltd.	111242
其他企业	Other Enterprises	5504
港澳台商投资企业	**Enterprises with Funds from Hong Kong, Macau and Taiwan**	**374799**
与港澳台商合资经营企业	Joint-venture Enterprises with Funds from Hong Kong, Macau and Taiwan	143217
与港澳台商合作经营企业	Cooperative Enterprises with Funds from Hong Kong, Macau and Taiwan	5070
港澳台商独资经营企业	Enterprises with Sole Funds from Hong Kong, Macau and Taiwan	193959
港澳台商投资股份有限公司	Share-holding Corporations Ltd. with Funds from Hong Kong, Macau and Taiwan	31547
外商投资企业	**Foreign Funded Enterprises**	**432978**
中外合资经营企业	Joint-venture Enterprises	221062
中外合作经营	Cooperation Enterprises	6585
外资企业	Enterprises with Sole Foreign Funds	182410
外商投资股份有限公司	Share-holding Corporations Ltd.with Foreign Funds	21185

规上工业企业R&D人员(2015年)

Designated Size by Scale and Registration Status(2015)

(person, man-year)

#女性 Female	R&D人员折合全时当量 Full-time Equivalent	#研究人员 Researchers
822710	**2638290**	**878932**
394895	1306424	473415
221954	679559	207221
625189	**2024474**	**686150**
28335	82297	31686
5353	12903	4554
838	2736	690
86	232	78
30	106	49
7	24	4
23	60	18
26	43	7
254348	826422	294988
41629	131854	51530
212719	694568	243458
129532	433413	158450
205117	662024	194064
3590	11583	3211
389	1313	402
176757	568561	165158
24381	80567	25292
1580	4445	1640
97546	**285158**	**85863**
34988	110382	32153
1050	3589	877
51220	145177	44287
10029	25315	8318
99975	**328657**	**106919**
48669	167810	57462
1396	4368	1525
44055	139940	41723
5505	15135	5704

2-6 按行业分规上工业企业R&D人员(2015年)
R&D Personnel in Industrial Enterprises above Designated Size by Industrial Sector(2015)

单位：人，人年 (person, man-year)

行业	Industry	R&D人员 R&D Personnel	#女性 Female	R&D人员折合全时当量 Full-time Equivalent	#研究人员 Researchers
总计	**Total**	**3645948**	**822710**	**2638290**	**878932**
煤炭开采和洗选业	Mining and Washing of Coal	74324	7131	43819	14224
石油和天然气开采业	Extraction of Petroleum and Natural Gas	29692	9164	23040	11237
黑色金属矿采选业	Mining of Ferrous Metal Ores	4474	855	3404	1318
有色金属矿采选业	Mining of Non-ferrous Metal Ores	7395	1156	3833	1166
非金属矿采选业	Mining and Processing of Nonmetal Ores	4653	939	2946	952
农副食品加工业	Processing of Food from Agricultural Products	67203	17613	43933	14274
食品制造业	Manufacture of Foods	47087	16130	31589	10058
酒、饮料和精制茶制造业	Manufacture of Liquor, Beverages and Refined Tea	34889	9231	20998	7189
烟草制品业	Manufacture of Tobacco	8311	1517	3878	1382
纺织业	Manufacture of Textile	91746	35569	61758	15478
纺织服装、服饰业	Manufacture of Textile, Apparel and Accessories	49684	23461	32913	7914
皮革、毛皮、羽毛及其制品和制鞋业	Manufacture of Leather, Fur, Feather and Related Products and Shoes	23233	8555	18000	3757
木材加工和木、竹、藤、棕、草制品业	Processing of Timbers and Manufacture of Wood,Bamboo, Rattan, Palm and Straw	17520	3937	12270	3248
家具制造业	Manufacture of Furniture	16537	4020	11728	3068
造纸和纸制品业	Manufacture of Paper and Paper Products	34393	7472	23478	6322
印刷和记录媒介复制业	Printing,Reproduction of Recording Media	18807	4781	13242	3215
文教、工美、体育和娱乐用品制造业	Manufacture of Artworks, and Articles for Culture, Education, Sports and Recreation	38300	10567	27440	6922
石油加工、炼焦和核燃料加工业	Processing of Petroleum ,Coking and Processing of Nucleus Fuel	22004	4973	15859	6026
化学原料和化学制品制造业	Manufacture of Chemical Raw Material and Chemical Products	258364	59151	183489	58842
医药制造业	Manufacture of Medicines	177028	69901	128589	49896
化学纤维制造业	Manufacture of Chemical Fiber	27282	6765	18912	4409
橡胶和塑料制品业	Manufacture of Rubber and Plastic	97134	21396	70048	18785
非金属矿物制品业	Manufacture of Non-metallic Mineral Products	115823	23732	79031	22907
黑色金属冶炼和压延加工业	Manufacture and Processing of Ferrous Metals	137758	21818	95674	33437
有色金属冶炼和压延加工业	Manufacture and Processing of Non-ferrous Metals	90688	15732	61883	18541
金属制品业	Manufacture of Metal Products	122646	24998	88580	25729
通用设备制造业	Manufacture of General Purpose Machinery	284483	51411	205657	66292
专用设备制造业	Manufacture of Special Purpose Machinery	242589	41786	170104	58577
汽车制造业	Manufacture of Motor Vehicles	290196	54527	217682	73852
铁路、船舶、航空航天和其他运输设备制造业	Manufacture of Railway Equipment, Ships, Aerospace Equipment and Other Transport Equipment	144092	32328	110478	40899
电气机械和器材制造业	Manufacture of Electrical Machinery and Equipment	380990	78332	270363	84658
计算机、通信和其他电子设备制造业	Manufacture of Computer, Communication and Other Electronic Equipment	518675	120547	426583	160674
仪器仪表制造业	Manufacture of Measuring Instrument and Meter	91038	18503	67662	24967
其他制造业	Other Manufacturing	13675	3637	11203	4271
金属制品、机械和设备修理业	Repaire Service of Metal Products, Machinery and Equipment	7605	1485	5893	2002
电力、热力生产和供应业	Production and Supply of Electric Power and Heat Power	38174	5686	20683	7990
燃气生产和供应业	Production and Distribution of Gas	2363	645	1566	531
水的生产和供应业	Production and Distribution of Water	2795	859	1871	781

2-7 各地区规上工业企业R&D人员(2015年)
R&D Personnel in Industrial Enterprises above Designated Size by Region(2015)

单位：人，人年 (person, man-year)

地区	Region	R&D人员 R&D Personnel	#女性 Female	R&D人员折合全时当量 Full-time Equivalent	#研究人员 Researchers
全国	**National Total**	**3645948**	**822710**	**2638290**	**878932**
东部地区	Eastern Region	2430482	556732	1822432	588783
中部地区	Middle Region	680864	140236	458724	156220
西部地区	Western Region	381419	87848	253073	92921
东北地区	Northeast Region	153183	37894	104061	41008
北京	Beijing	72802	20499	50773	20697
天津	Tianjin	117200	28006	84291	28154
河北	Hebei	113360	27217	79452	27758
山西	Shanxi	39375	8596	28927	10459
内蒙古	Inner Mongolia	35889	9561	29190	10738
辽宁	Liaoning	76485	18198	49097	20237
吉林	Jilin	33753	9616	23202	7040
黑龙江	Heilongjiang	42945	10080	31762	13731
上海	Shanghai	124753	28627	94981	36597
江苏	Jiangsu	571188	130415	441304	136434
浙江	Zhejiang	402642	94044	316672	83667
安徽	Anhui	146549	25470	96791	30198
福建	Fujian	134111	31096	99180	31163
江西	Jiangxi	51750	11148	31321	11417
山东	Shandong	354575	87333	241395	88245
河南	Henan	185059	37847	131051	42184
湖北	Hubei	140381	31316	86813	32077
湖南	Hunan	117750	25859	83821	29885
广东	Guangdong	534293	107929	411059	134688
广西	Guangxi	27049	5363	19000	6862
海南	Hainan	5558	1566	3325	1380
重庆	Chongqing	65112	14445	45129	15938
四川	Sichuan	94432	20426	56841	22458
贵州	Guizhou	22465	5086	14916	5235
云南	Yunnan	28465	6225	16381	4843
西藏	Tibet	167	35	43	20
陕西	Shaanxi	66087	16915	45052	16948
甘肃	Gansu	18943	4248	12578	4673
青海	Qinghai	2065	407	1285	573
宁夏	Ningxia	9670	2192	5470	2048
新疆	Xinjiang	11075	2945	7188	2585

2-8 按企业规模及登记注册类型分规上
Intramural Expenditure on R&D in Industrial Enterprises

单位：万元

注册类型	Type of Registration	R&D经费内部支出 Intramural Expenditure on R&D	#试验发展支出 Experimental Development	日常性支出 Routine Expenses
总　计	**Total**	**100139330**	**97548096**	**88985785**
#大型企业	Large-sized Industrial Enterprises	55258225	53426035	50055802
中型企业	Medium-sized Industrial Enterprises	22666185	22337985	19880754
内资企业	**Domestic Funded**	**77124301**	**74866850**	**68105438**
国有企业	State-owned Enterprises	3223698	3111512	2932553
集体企业	Collective-owned Enterprises	813511	809887	747816
股份合作企业	Cooperative Enterprises	79173	78984	68906
联营企业	Joint Ownership Enterprises	6523	6523	5825
国有联营企业	State Joint Ownership Enterprises	2078	2078	2027
集体联营企业	Collective Joint Ownership Enterprises	957	957	856
国有与集体联营企业	Joint State-collective Enterprises	1503	1503	1462
其他联营企业	Other Joint Ownership Enterprises	1985	1985	1481
有限责任公司	Limited Liability Corporations	33888942	32592863	29966480
国有独资公司	State Sole Funded Corporations	5734510	5516131	5082408
其他有限责任公司	Other Limited Liability Corporations	28154432	27076732	24884072
股份有限公司	Share-holding Corporations Ltd.	15347447	14975415	14032049
私营企业	Private Enterprises	23635823	23162598	20245997
私营独资企业	Private-funded Enterprises	375024	368368	316976
私营合伙企业	Private Partnership Enterprises	43022	42990	35858
私营有限责任公司	Private Limited Liability Corporations	20302487	19896114	17317783
私营股份有限公司	Private Share-holding Corporations Ltd.	2915290	2855127	2575380
其他企业	Other Enterprises	129185	129069	105812
港澳台商投资企业	**Enterprises with Funds from Hong Kong, Macau and Taiwan**	**9476506**	**9290044**	**8644501**
与港澳台商合资经营企业	Joint-venture Enterprises with Funds from Hong Kong, Macau and Taiwan	3823345	3775420	3453540
与港澳台商合作经营企业	Cooperative Enterprises with Funds from Hong Kong, Macau and Taiwan	126137	125017	111246
港澳台商独资经营企业	Enterprises with Sole Funds from Hong Kong, Macau and Taiwan	4752099	4615312	4397360
港澳台商投资股份有限公司	Share-holding Corporations Ltd. with Funds from Hong Kong, Macau and Taiwan	750619	749989	660303
外商投资企业	**Foreign Funded Enterprises**	**13538523**	**13391202**	**12235847**
中外合资经营企业	Joint-venture Enterprises	7467525	7409009	6779600
中外合作经营	Cooperation Enterprises	169989	169906	156050
外资企业	Enterprises with Sole Foreign Funds	5130000	5053308	4614572
外商投资股份有限公司	Share-holding Corporations Ltd.with Foreign Funds	733188	721770	652605

工业企业R&D经费内部支出(2015年)

above Designated Size by Scale and Registration Status(2015)

(10 000 yuan)

#人员劳务费 Labor Cost	资产性支出 Assets Expenditure	#仪器和设备 Equipment	政府资金 Government Funds	企业资金 Self-raised Funds by Enterprises	境外资金 Foreign Funds	其他资金 Other Funds
29251170	**11153544**	**10893987**	**4191025**	**94481941**	**469503**	**996862**
17020914	5202423	5054344	2682817	51888698	290925	395784
6473752	2785431	2735205	804596	21446950	122583	292057
21716673	**9018863**	**8807830**	**3745151**	**72493336**	**114533**	**771283**
844830	291145	282072	418781	2780588	1824	22505
201944	65695	60126	137134	672080		4297
22004	10267	10133	1346	76859		968
2142	698	677	596	5927		
954	51	51	87	1991		
133	101	100	409	548		
711	41	40		1503		
345	504	485	100	1885		
9735519	3922462	3832214	1942936	31573774	39635	332598
1463205	652102	633775	540728	5160925	6200	26657
8272313	3270360	3198439	1402207	26412849	33435	305941
4876720	1315398	1275434	642395	14574031	20727	110294
5985936	3389826	3323941	588259	22698325	52347	296891
88545	58048	56822	6662	364319	1026	3018
10184	7163	7005	482	41554		985
5117146	2984704	2927617	481281	19505462	49188	266556
770061	339910	332497	99835	2786990	2133	26332
47579	23374	23233	13704	111752		3730
3162828	**832005**	**812611**	**156646**	**9093271**	**139996**	**86592**
1110638	369805	360178	74458	3703478	9527	35882
28854	14891	14691	2401	123735		1
1721640	354739	346960	63996	4516577	128640	42886
296662	90316	89490	15554	725836	1829	7400
4371669	**1302676**	**1273546**	**289228**	**12895334**	**214974**	**138987**
2238560	687926	668159	123827	7146867	125942	70889
50032	13939	13772	3499	166349		140
1828125	515427	507392	143276	4832399	88923	65402
240343	80583	79530	17691	713779	109	1609

2-9 按行业分规上工业
Intramural Expenditure on R&D in Industrial Enterprises

单位：万元

行业	Industry	R&D经费内部支出 Intramural Expenditure on R&D	#试验发展支出 Experimental Development	日常性支出 Routine Expenses
总　计	**Total**	**100139330**	**97548096**	**88985785**
煤炭开采和洗选业	Mining and Washing of Coal	1433010	1337034	1272730
石油和天然气开采业	Extraction of Petroleum and Natural Gas	625324	514863	595916
黑色金属矿采选业	Mining of Ferrous Metal Ores	92146	90405	81079
有色金属矿采选业	Mining of Non-ferrous Metal Ores	219863	213400	197902
非金属矿采选业	Mining and Processing of Nonmetal Ores	103565	92754	88807
农副食品加工业	Processing of Food from Agricultural Products	2160047	2103474	1845626
食品制造业	Manufacture of Foods	1354294	1329262	1137105
酒、饮料和精制茶制造业	Manufacture of Liquor, Beverages and Refined Tea	899970	848560	786978
烟草制品业	Manufacture of Tobacco	207901	167923	166704
纺织业	Manufacture of Textile	2076652	2041499	1766056
纺织服装、服饰业	Manufacture of Textile, Apparel and Accessories	900821	890999	809381
皮革、毛皮、羽毛及其制品和制鞋业	Manufacture of Leather, Fur, Feather and Related Products and Shoes	510505	503275	469813
木材加工和木、竹、藤、棕、草制品业	Processing of Timbers and Manufacture of Wood, Bamboo, Rattan, Palm and Straw	428165	416424	365421
家具制造业	Manufacture of Furniture	330128	326164	280992
造纸和纸制品业	Manufacture of Paper and Paper Products	1076050	1064428	973886
印刷和记录媒介复制业	Printing,Reproduction of Recording Media	368982	366358	314212
文教、工美、体育和娱乐用品制造业	Manufacture of Artworks, and Articles for Culture, Education, Sports and Recreation	737070	728002	649842
石油加工、炼焦和核燃料加工业	Processing of Petroleum ,Coking and Processing of Nucleus Fuel	1008432	983531	833809
化学原料和化学制品制造业	Manufacture of Chemical Raw Material and Chemical Products	7944564	7811862	6938348
医药制造业	Manufacture of Medicines	4414576	4312302	3863957
化学纤维制造业	Manufacture of Chemical Fiber	784951	778202	686050
橡胶和塑料制品业	Manufacture of Rubber and Plastic	2426011	2394947	2112427
非金属矿物制品业	Manufacture of Non-metallic Mineral Products	2776206	2726007	2309522
黑色金属冶炼和压延加工业	Manufacture and Processing of Ferrous Metals	5612273	5364454	4885747
有色金属冶炼和压延加工业	Manufacture and Processing of Non-ferrous Metals	3715484	3654386	3149372
金属制品业	Manufacture of Metal Products	2826593	2776102	2467897
通用设备制造业	Manufacture of General Purpose Machinery	6326467	6244501	5568666
专用设备制造业	Manufacture of Special Purpose Machinery	5671357	5605578	5142631
汽车制造业	Manufacture of Motor Vehicles	9041561	8983234	8193514
铁路、船舶、航空航天和其他运输设备制造业	Manufacture of Railway Equipment, Ships, Aerospace Equipment and Other Transport Equipment	4358980	4244086	4043143
电气机械和器材制造业	Manufacture of Electrical Machinery and Equipment	10127297	10035224	9187020
计算机、通信和其他电子设备制造业	Manufacturc of Computcr, Communication and Other Electronic Equipment	16116757	15245040	14775621
仪器仪表制造业	Manufacture of Measuring Instrument and Meter	1809272	1776749	1643774
其他制造业	Other Manufacturing	273075	269847	235430
金属制品、机械和设备修理业	Repaire Service of Metal Products, Machinery and Equipment	117487	117219	105003
电力、热力生产和供应业	Production and Supply of Electric Power and Heat Power	814254	760110	642378
燃气生产和供应业	Production and Distribution of Gas	63854	62441	53617
水的生产和供应业	Production and Distribution of Water	65157	63414	48932

企业R&D经费内部支出(2015年)

above Designated Size by Industrial Sector(2015)

(10 000 yuan)

	资产性支出		政府资金	企业资金	境外资金	其他资金
#人员劳务费 Labor Cost	Assets Expenditure	#仪器和设备 Equipment	Government Funds	Self-raised Funds by Enterprises	Foreign Funds	Other Funds
29251170	**11153544**	**10893987**	**4191025**	**94481941**	**469503**	**996862**
462357	160279	155830	17166	1411749	1878	2217
305147	29409	27656	65465	557478	827	1554
27820	11067	10727	2889	88461	3	793
39100	21961	21436	4006	215761		96
23708	14757	14113	4998	96745	41	1781
438685	314421	307918	73481	2054200	1872	30494
313210	217189	212445	41805	1288247	3424	20818
263076	112992	107088	28130	856370	188	15283
87551	41197	39827	390	200718		6763
513621	310596	306258	35927	2007184	3457	30084
312559	91440	89246	7363	875196	135	18126
160948	40691	39505	6097	492617	934	10857
102974	62744	61630	9882.5	406546	1630	10106
108993	49136	48702	4819	321227	614	3468
205997	102165	98943	12391	1052512	400	10748
108645	54770	54167	3536	359483		5963
216633	87228	84018	9285	714342	2527	10916
167685	174623	170051	13838	972104	3602	18889
1771653	1006216	976045	169599	7691206	28593	55167
1256612	550619	537240	208934	4162681	10808	32153
158270	98901	97586	13107	762713	345	8785
595826	313584	307055	38635	2356887	2602	27888
661694	466684	461014	81174	2662154	3469	29409
944265	726526	711281	48049	5518034	11144	35046
620829	566111	554378	123292	3542909	4365	44917
749475	358696	350232	105205	2680906	3768	36714
1973374	757801	742970	291883	5930035	18060	86490
1785931	528727	517359	258258	5331600	21013	60487
2814660	848047	826736	229333	8680525	88238	43464
1221266	315837	302221	1128216	3121660	25898	83205
2841849	940276	913253	246288	9763879	35739	81391
6846730	1341136	1318666	695795	15114290	183499	123173
716742	165499	161494	121000	1659540	9830	18902
74937	37645	36893	24805	238534		9736
44145	12484	12293	9131	108285		71
210778	171877	168325	25230	769885	298	18841
14149	10237	10146	1056	62481		316
16859	16225	15665	3013	61488		656

2-10 各地区规上工业
Intramural Expenditure on R&D in Industrial Enterprises

单位：万元

地　区	Region	R&D经费内部支出 Intramural Expenditure on R&D	#试验发展支出 Experimental Development	日常性支出 Routine Expenses	#人员劳务费 Labor Cost
全　国	**National Total**	**100139330**	**97548096**	**88985785**	**29251170**
东部地区	Eastern Region	68873654	67028792	61477609	21326946
中部地区	Middle Region	16991768	16634068	14772657	4293368
西部地区	Western Region	10113172	9790592	8839373	2595596
东北地区	Northeast Region	4160736	4094644	3896145	1035261
北　京	Beijing	2440875	2409432	2212021	969877
天　津	Tianjin	3526665	3316755	3037299	926771
河　北	Hebei	2858051	2751083	2473057	736833
山　西	Shanxi	1008950	961153	880795	212674
内蒙古	Inner Mongolia	1186261	1175906	1009694	223382
辽　宁	Liaoning	2418803	2391165	2302984	538991
吉　林	Jilin	861541	830170	801112	241254
黑龙江	Heilongjiang	880392	873309	792050	255017
上　海	Shanghai	4742443	4697100	4431231	1714864
江　苏	Jiangsu	15065065	14974063	13285423	4347677
浙　江	Zhejiang	8535689	8524891	7813919	2805874
安　徽	Anhui	3221422	3218938	2711268	908873
福　建	Fujian	3469810	3457696	3008237	1004492
江　西	Jiangxi	1474968	1436243	1267287	336580
山　东	Shandong	12917718	12561709	11093371	2807187
河　南	Henan	3688252	3659911	3174833	944982
湖　北	Hubei	4072726	4043243	3560529	943735
湖　南	Hunan	3525450	3314581	3177945	946525
广　东	Guangdong	15205497	14224349	14015363	5981914
广　西	Guangxi	769190	746643	684371	230219
海　南	Hainan	111841	111714	107690	31456
重　庆	Chongqing	1996609	1958335	1712243	568590
四　川	Sichuan	2238051	2144601	2011719	695466
贵　州	Guizhou	457303	441537	403774	122028
云　南	Yunnan	619588	591626	531331	133956
西　藏	Tibet	2602	2572	2170	677
陕　西	Shaanxi	1725829	1681740	1521994	380233
甘　肃	Gansu	486077	464928	434497	108785
青　海	Qinghai	65029	64028	49363	9510
宁　夏	Ningxia	200453	194601	173726	58197
新　疆	Xinjiang	366180	324076	304492	64555

企业R&D经费内部支出(2015年)

above Designated Size by Region(2015)

(10 000 yuan)

资产性支出 Assets Expenditure	#仪器和设备 Equipment	政府资金 Government Funds	企业资金 Self-raised Funds by Enterprises	境外资金 Foreign Funds	其他资金 Other Funds
11153544	**10893987**	**4191025**	**94481941**	**469503**	**996862**
7396045	7234924	2046751	65683182	419826	723896
2219111	2158417	740979	16096192	15107	139492
1273799	1244699	932802	9057310	22080	100980
264590	255947	470493	3645257	12491	32495
228853	226534	244291	2097799	41929	56856
489367	479414	244590	3111285	144910	25880
384994	377957	91804	2722326	1483	42438
128155	121427	33642	965715	1581	8012
176567	173928	33765	1122973	951	28571
115819	111560	239220	2160494	3914	15175
60429	58406	32760	827711	48	1021
88343	85982	198513	657052	8529	16299
311212	303422	293765	4415269	21717	11693
1779642	1739588	249565	14562672	79068	173760
721770	712308	154007	8272999	17033	91650
510154	500910	202776	2991293	3580	23773
461574	453954	85797	3310732	6211	67071
207682	203195	59554	1394677	2340	18398
1824347	1783738	323595	12412516	42268	139338
513419	503682	116072	3548931	2094	21155
512196	493462	142342	3889245	3608	37531
347506	335741	186593	3306331	1903	30624
1190134	1154048	353670	14672252	65174	114401
84818	82569	32000	732074	75	5041
4151	3963	5666	105333	33	809
284366	279271	79736	1893072	6351	17450
226333	219031	218141	1986953	10564	22394
53529	52285	51877	400371		5056
88257	85718	63813	551770	900	3105
433	433	20	2582		
203836	199612	409136	1307024	1272	8398
51580	49576	16396	462415	1968	5298
15666	15263	4644	60381		4
26728	26044	12098	187006		1349
61688	60971	11177	350690		4314

2-11 按企业规模及登记注册类型分规上工业企业R&D经费外部支出(2015年)

External Expenditure on R&D in Industrial Enterprises above Designated Size by Scale and Registration Status(2015)

单位：万元 (10 000 yuan)

注册类型	Type of Registration	R&D经费外部支出 External Expenditure on R&D	#对境内研究机构支出 to Domestic Research Institutions	#对境内高校支出 to Domestic Higher Education
总　计	**Total**	**5204630**	**2375361**	**723861**
#大型企业	Large-sized Industrial Enterprises	3680917	1621038	438600
中型企业	Medium-sized Industrial Enterprises	968425	512273	130030
内资企业	**Domestic Funded**	**4072595**	**1942321**	**646667**
国有企业	State-owned Enterprises	270819	115984	35796
集体企业	Collective-owned Enterprises	70320	9738	4609
股份合作企业	Cooperative Enterprises	2335	833	360
联营企业	Joint Ownership Enterprises	142	52	90
国有联营企业	State Joint Ownership Enterprises	142	52	90
集体联营企业	Collective Joint Ownership Enterprises			
国有与集体联营企业	Joint State-collective Enterprises			
其他联营企业	Other Joint Ownership Enterprises			
有限责任公司	Limited Liability Corporations	2017017	1051011	267545
国有独资公司	State Sole Funded Corporations	571581	164857	71748
其他有限责任公司	Other Limited Liability Corporations	1445436	886154	195797
股份有限公司	Share-holding Corporations Ltd.	944659	309019	167670
私营企业	Private Enterprises	756421	447248	168561
私营独资企业	Private-funded Enterprises	7564	4110	2407
私营合伙企业	Private Partnership Enterprises	464	122	196
私营有限责任公司	Private Limited Liability Corporations	653097	391174	132814
私营股份有限公司	Private Share-holding Corporations Ltd.	95297	51842	33144
其他企业	Other Enterprises	10883	8437	2035
港澳台商投资企业	**Enterprises with Funds from Hong Kong, Macau and Taiwan**	**272555**	**103276**	**38047**
与港澳台商合资经营企业	Joint-venture Enterprises with Funds from Hong Kong, Macau and Taiwan	106515	49815	10783
与港澳台商合作经营企业	Cooperative Enterprises with Funds from Hong Kong, Macau and Taiwan	6051	3749	631
港澳台商独资经营企业	Enterprises with Sole Funds from Hong Kong, Macau and Taiwan	147418	48328	23125
港澳台商投资股份有限公司	Share-holding Corporations Ltd. with Funds from Hong Kong, Macau and Taiwan	12398	1281	3440
外商投资企业	**Foreign Funded Enterprises**	**859479**	**329763**	**39147**
中外合资经营企业	Joint-venture Enterprises	594185	229997	26489
中外合作经营	Cooperation Enterprises	4036	552	267
外资企业	Enterprises with Sole Foreign Funds	220316	91112	6523
外商投资股份有限公司	Share-holding Corporations Ltd.with Foreign Funds	40507	8001	5833

2-12 按行业分规上工业企业R&D经费外部支出(2014年)
External Expenditure on R&D in Industrial Enterprises above Designated Size by Industrial Sector(2014)

单位：万元 (10 000 yuan)

行 业	Industry	R&D经费外部支出 External Expenditure on R&D	#对境内研究机构支出 to Domestic Research Institutions	#对境内高校支出 to Domestic Higher Education
总 计	**Total**	**5204630**	**2375361**	**723861**
煤炭开采和洗选业	Mining and Washing of Coal	88741	33652	36569
石油和天然气开采业	Extraction of Petroleum and Natural Gas	99261	24210	30908
黑色金属矿采选业	Mining of Ferrous Metal Ores	4455	3056	1286
有色金属矿采选业	Mining of Non-ferrous Metal Ores	13851	6281	5413
非金属矿采选业	Mining and Processing of Nonmetal Ores	3153	1400	1390
农副食品加工业	Processing of Food from Agricultural Products	85764	32536	47620
食品制造业	Manufacture of Foods	72404	15519	18587
酒、饮料和精制茶制造业	Manufacture of Liquor, Beverages and Refined Tea	31995	14375	12455
烟草制品业	Manufacture of Tobacco	27708	7673	3997
纺织业	Manufacture of Textile	44029	18361	12855
纺织服装、服饰业	Manufacture of Textile, Apparel and Accessories	17679	6653	3359
皮革、毛皮、羽毛及其制品和制鞋业	Manufacture of Leather, Fur, Feather and Related Products and Shoes	7760	3573	1643
木材加工和木、竹、藤、棕、草制品业	Processing of Timbers and Manufacture of Wood,Bamboo, Rattan, Palm and Straw	6989	4393	1227
家具制造业	Manufacture of Furniture	8249	4603	332
造纸和纸制品业	Manufacture of Paper and Paper Products	14178	6162	5369
印刷和记录媒介复制业	Printing,Reproduction of Recording Media	3841	1221	925
文教、工美、体育和娱乐用品制造业	Manufacture of Artworks, and Articles for Culture, Education, Sports and Recreation	13050	4584	4183
石油加工、炼焦和核燃料加工业	Processing of Petroleum ,Coking and Processing of Nucleus Fuel	44733	20801	8630
化学原料和化学制品制造业	Manufacture of Chemical Raw Material and Chemical Products	214510	106961	60469
医药制造业	Manufacture of Medicines	528596	314719	69778
化学纤维制造业	Manufacture of Chemical Fiber	16274	4811	5371
橡胶和塑料制品业	Manufacture of Rubber and Plastic	51199	22442	10163
非金属矿物制品业	Manufacture of Non-metallic Mineral Products	48277	19006	13007
黑色金属冶炼和压延加工业	Manufacture and Processing of Ferrous Metals	113398	33399	37215
有色金属冶炼和压延加工业	Manufacture and Processing of Non-ferrous Metals	177524	70184	37395
金属制品业	Manufacture of Metal Products	66760	36602	16160
通用设备制造业	Manufacture of General Purpose Machinery	254038	55324	42678
专用设备制造业	Manufacture of Special Purpose Machinery	108244	34161	31500
汽车制造业	Manufacture of Motor Vehicles	756252	253714	31318
铁路、船舶、航空航天和其他运输设备制造业	Manufacture of Railway Equipment, Ships, Aerospace Equipmcnt and Othcr Transport Equipment	745973	292020	45254
电气机械和器材制造业	Manufacture of Electrical Machinery and Equipment	333896	118633	48853
计算机、通信和其他电子设备制造业	Manufacture of Computer, Communication and Other Electronic Equipment	932935	693898	28186
仪器仪表制造业	Manufacture of Measuring Instrument and Meter	97042	44724	12596
其他制造业	Other Manufacturing	15521	4261	3197
金属制品、机械和设备修理业	Repaire Service of Metal Products, Machinery and Equipment	5745	5077	462
电力、热力生产和供应业	Production and Supply of Electric Power and Heat Power	128769	49863	25484
燃气生产和供应业	Production and Distribution of Gas	1600	148	305
水的生产和供应业	Production and Distribution of Water	1481	624	243

2-13 各地区规上工业企业R&D经费外部支出(2015年)

External Expenditure on R&D in Industrial Enterprises above Designated Size by Region(2015)

单位：万元 (10 000 yuan)

地区	Region	R&D经费外部支出 External Expenditure on R&D	#对境内研究机构支出 to Domestic Research Institutions	#对境内高校支出 to Domestic Higher Education
全 国	**National Total**	**5204630**	**2375361**	**723861**
东部地区	Eastern Region	3636615	1668520	406309
中部地区	Middle Region	649525	332734	139190
西部地区	Western Region	640424	279390	131666
东北地区	Northeast Region	278067	94717	46696
北 京	Beijing	293960	157661	7409
天 津	Tianjin	174782	115922	16168
河 北	Hebei	97178	36740	29761
山 西	Shanxi	62735	32629	16443
内蒙古	Inner Mongolia	58818	21022	7685
辽 宁	Liaoning	119481	29249	24114
吉 林	Jilin	78464	27749	9426
黑龙江	Heilongjiang	80122	37718	13155
上 海	Shanghai	606621	34406	21188
江 苏	Jiangsu	555569	235097	107350
浙 江	Zhejiang	314308	143513	40232
安 徽	Anhui	174073	83662	31989
福 建	Fujian	107036	27653	21273
江 西	Jiangxi	66089	27496	9370
山 东	Shandong	541242	200701	135123
河 南	Henan	86162	41704	30602
湖 北	Hubei	150332	83950	23599
湖 南	Hunan	110133	63292	27188
广 东	Guangdong	921331	694225	27222
广 西	Guangxi	37009	19480	4872
海 南	Hainan	24586	22603	583
重 庆	Chongqing	76250	23693	12739
四 川	Sichuan	163625	77299	35392
贵 州	Guizhou	30227	15463	6552
云 南	Yunnan	33492	16319	7547
西 藏	Tibet	887	667	220
陕 西	Shaanxi	84678	27950	21960
甘 肃	Gansu	125422	63034	27129
青 海	Qinghai	2721	1150	919
宁 夏	Ningxia	9950	3830	2529
新 疆	Xinjiang	17345	9484	4122

2-14 按企业规模及登记注册类型分规上工业企业R&D项目情况(2015年)
R&D Projects in Industrial Enterprises above Designated Size by Scale and Registration Status(2015)

注册类型	Type of Registration	项目数(项) R&D Projects (item)	项目人员折合全时当量(人年) FTE of R&D Personnel (man-year)	项目经费支出(万元) Expenditure on R&D Project (10 000 yuan)
总计	**Total**	**309895**	**2366856**	**91467143**
#大型企业	Large-sized Industrial Enterprises	87282	1145769	50307021
中型企业	Medium-sized Industrial Enterprises	86016	615509	20925804
内资企业	**Domestic Funded**	**248443**	**1814696**	**70096432**
国有企业	State-owned Enterprises	7739	67303	2778646
集体企业	Collective-owned Enterprises	862	12309	641286
股份合作企业	Cooperative Enterprises	515	2537	73130
联营企业	Joint Ownership Enterprises	41	208	5639
国有联营企业	State Joint Ownership Enterprises	21	95	2058
集体联营企业	Collective Joint Ownership Enterprises	3	22	956
国有与集体联营企业	Joint State-collective Enterprises	9	56	1281
其他联营企业	Other Joint Ownership Enterprises	8	34	1344
有限责任公司	Limited Liability Corporations	93183	734971	30681717
国有独资公司	State Sole Funded Corporations	14542	111980	5051557
其他有限责任公司	Other Limited Liability Corporations	78641	622991	25630160
股份有限公司	Share-holding Corporations Ltd.	41368	383749	14129803
私营企业	Private Enterprises	104396	609844	21689874
私营独资企业	Private-funded Enterprises	1770	10852	344488
私营合伙企业	Private Partnership Enterprises	207	1235	39100
私营有限责任公司	Private Limited Liability Corporations	91615	524685	18633826
私营股份有限公司	Private Share-holding Corporations Ltd.	10804	73072	2672459
其他企业	Other Enterprises	339	3776	96338
港澳台商投资企业	**Enterprises with Funds from Hong Kong, Macau and Taiwan**	**27978**	**256862**	**8783385**
与港澳台商合资经营企业	Joint-venture Enterprises with Funds from Hong Kong, Macau and Taiwan	12735	101819	3634236
与港澳台商合作经营企业	Cooperative Enterprises with Funds from Hong Kong, Macau and Taiwan	396	3392	122741
港澳台商独资经营企业	Enterprises with Sole Funds from Hong Kong, Macau and Taiwan	13237	128736	4287055
港澳台商投资股份有限公司	Share-holding Corporations Ltd. with Funds from Hong Kong, Macau and Taiwan	1533	22246	716235
外商投资企业	**Foreign Funded Enterprises**	**33474**	**295298**	**12587326**
中外合资经营企业	Joint-venture Enterprises	17420	149713	6927575
中外合作经营	Cooperation Enterprises	564	4104	161885
外资企业	Enterprises with Sole Foreign Funds	14055	126895	4803163
外商投资股份有限公司	Share-holding Corporations Ltd.with Foreign Funds	1296	13351	659957

2-15 按行业分规上工业企业R&D项目情况(2015年)
R&D Projects in Industrial Enterprises above Designated Size by Industrial Sector(2015)

行业	Industry	项目数(项) R&D Projects (item)	项目人员折合全时当量(人年) FTE of R&D Personnel (man-year)	项目经费支出(万元) Expenditure on R&D Project (10 000 yuan)
总计	**Total**	**309895**	**2366856**	**91467143**
煤炭开采和洗选业	Mining and Washing of Coal	2968	37827	1247203
石油和天然气开采业	Extraction of Petroleum and Natural Gas	2165	16152	432667
黑色金属矿采选业	Mining of Ferrous Metal Ores	394	2945	84462
有色金属矿采选业	Mining of Non-ferrous Metal Ores	510	3347	210936
非金属矿采选业	Mining and Processing of Nonmetal Ores	440	2809	93011
农副食品加工业	Processing of Food from Agricultural Products	6750	39858	1927446
食品制造业	Manufacture of Foods	4892	28630	1202402
酒、饮料和精制茶制造业	Manufacture of Liquor, Beverages and Refined Tea	3066	17819	764454
烟草制品业	Manufacture of Tobacco	1301	3569	152039
纺织业	Manufacture of Textile	6918	56594	1895686
纺织服装、服饰业	Manufacture of Textile, Apparel and Accessories	3122	30103	823423
皮革、毛皮、羽毛及其制品和制鞋业	Manufacture of Leather, Fur, Feather and Related Products and Shoes	1803	16415	445130
木材加工和木、竹、藤、棕、草制品业	Processing of Timbers and Manufacture of Wood, Bamboo, Rattan, Palm and Straw	1538	11639	395886
家具制造业	Manufacture of Furniture	1484	10446	296763
造纸和纸制品业	Manufacture of Paper and Paper Products	2635	21350	1012380
印刷和记录媒介复制业	Printing,Reproduction of Recording Media	2088	12232	339795
文教、工美、体育和娱乐用品制造业	Manufacture of Artworks, and Articles for Culture, Education, Sports and Recreation	3669	25030	674804
石油加工、炼焦和核燃料加工业	Processing of Petroleum ,Coking and Processing of Nucleus Fuel	2043	13969	900077
化学原料和化学制品制造业	Manufacture of Chemical Raw Material and Chemical Products	26387	165038	7319846
医药制造业	Manufacture of Medicines	21761	115185	4059088
化学纤维制造业	Manufacture of Chemical Fiber	1962	17930	736153
橡胶和塑料制品业	Manufacture of Rubber and Plastic	10273	63939	2215859
非金属矿物制品业	Manufacture of Non-metallic Mineral Products	10766	70655	2539436
黑色金属冶炼和压延加工业	Manufacture and Processing of Ferrous Metals	8608	81826	5052010
有色金属冶炼和压延加工业	Manufacture and Processing of Non-ferrous Metals	7342	55237	3407255
金属制品业	Manufacture of Metal Products	11819	78726	2601076
通用设备制造业	Manufacture of General Purpose Machinery	29563	185743	5810437
专用设备制造业	Manufacture of Special Purpose Machinery	24197	154273	5166695
汽车制造业	Manufacture of Motor Vehicles	21272	196250	8501543
铁路、船舶、航空航天和其他运输设备制造业	Manufacture of Railway Equipment, Ships, Aerospace Equipment and Other Transport Equipment	8790	99784	3583411
电气机械和器材制造业	Manufacture of Electrical Machinery and Equipment	35695	243937	9416508
计算机、通信和其他电子设备制造业	Manufacture of Computer, Communication and Other Electronic Equipment	27231	384021	14996509
仪器仪表制造业	Manufacture of Measuring Instrument and Meter	9754	61141	1681796
其他制造业	Other Manufacturing	1262	9174	253930
金属制品、机械和设备修理业	Repaire Service of Metal Products, Machinery and Equipment	442	5424	107856
电力、热力生产和供应业	Production and Supply of Electric Power and Heat Power	3292	17426	743080
燃气生产和供应业	Production and Distribution of Gas	171	1465	60708
水的生产和供应业	Production and Distribution of Water	320	1518	54288

2-16 各地区规上工业企业R&D项目情况(2015年)
R&D Projects in Industrial Enterprises above Designated Size by Region (2015)

地　区	Region	项目数 (项) R&D Projects (item)	项目人员折合全时当量 (人年) FTE of R&D Personnel (man-year)	项目经费支出 (万元) Expenditure on R&D Project (10 000 yuan)
全　国	**National Total**	**309895**	**2366856**	**91467143**
东部地区	Eastern Region	221706	1657772	63944563
中部地区	Middle Region	47792	405149	14913236
西部地区	Western Region	29881	220817	8951815
东北地区	Northeast Region	10516	83119	3657529
北　京	Beijing	7554	44112	2040666
天　津	Tianjin	11393	75435	3278483
河　北	Hebei	8358	70791	2493028
山　西	Shanxi	2232	25547	852356
内蒙古	Inner Mongolia	1801	25018	1114643
辽　宁	Liaoning	5422	39964	2114567
吉　林	Jilin	2014	17986	739894
黑龙江	Heilongjiang	3080	25169	803068
上　海	Shanghai	11089	85158	4519495
江　苏	Jiangsu	51720	404744	14097017
浙　江	Zhejiang	51940	299772	8165771
安　徽	Anhui	14100	87197	2952254
福　建	Fujian	10929	89475	3112909
江　西	Jiangxi	4403	26182	1377970
山　东	Shandong	30778	214490	11567836
河　南	Henan	11764	119200	3390455
湖　北	Hubei	8647	73187	3337966
湖　南	Hunan	6646	73836	3002236
广　东	Guangdong	37375	371511	14564939
广　西	Guangxi	2397	17225	737794
海　南	Hainan	570	2284	104418
重　庆	Chongqing	6544	41025	1841013
四　川	Sichuan	6609	47792	1764274
贵　州	Guizhou	1619	13449	405626
云　南	Yunnan	3017	15225	587892
西　藏	Tibet	21	36	1522
陕　西	Shaanxi	4054	38498	1545768
甘　肃	Gansu	1572	10780	412787
青　海	Qinghai	150	1005	58801
宁　夏	Ningxia	1125	4821	185184
新　疆	Xinjiang	972	5943	296513

2-17 按企业规模及登记注册类型分规上工业企业办研发机构情况(2015年)
R&D Institutions in Industrial Enterprises above Designated Size by Scale and Registration Status(2015)

注册类型	Type of Registration	机构数(个) Institutions (unit)	机构人员(人) Personnel (person)	#博士和硕士 Doctor and Master	机构经费支出(万元) Expenditure on S&T Institutions (10 000 yuan)	仪器和设备原价(万元) Equipment (10 000 yuan)
总　计	**Total**	**62954**	**2668376**	**359859**	**67938662**	**58887873**
#大型企业	Large-sized Industrial Enterprises	8160	1304576	227109	41277131	30623386
中型企业	Medium-sized Industrial Enterprises	17286	716318	68615	14558217	16121338
内资企业	**Domestic Funded**	**51499**	**2021470**	**292559**	**50097974**	**41447947**
国有企业	State-owned Enterprises	681	60268	13603	1479586	1751275
集体企业	Collective-owned Enterprises	188	5956	1352	197664	143911
股份合作企业	Cooperative Enterprises	129	2631	136	48396	58391
联营企业	Joint Ownership Enterprises	11	327	25	5028	5380
国有联营企业	State Joint Ownership Enterprises	4	249	21	3993	4494
集体联营企业	Collective Joint Ownership Enterprises	1	7		105	160
国有与集体联营企业	Joint State-collective Enterprises	3	35	4	294	286
其他联营企业	Other Joint Ownership Enterprises	3	36		636	440
有限责任公司	Limited Liability Corporations	14312	773419	129734	22188630	17832072
国有独资公司	State Sole Funded Corporations	958	115388	21880	3032273	3680998
其他有限责任公司	Other Limited Liability Corporations	13354	658031	107854	19156357	14151074
股份有限公司	Share-holding Corporations Ltd.	5584	483268	87499	11680127	9004939
私营企业	Private Enterprises	30497	691664	59754	14421948	12603039
私营独资企业	Private-funded Enterprises	910	11533	1029	213344	142567
私营合伙企业	Private Partnership Enterprises	96	1219	72	25143	11534
私营有限责任公司	Private Limited Liability Corporations	27246	591614	49088	12094329	10432920
私营股份有限公司	Private Share-holding Corporations Ltd.	2245	87298	9565	2089132	2016018
其他企业	Other Enterprises	97	3937	456	76595	48942
港澳台商投资企业	**Enterprises with Funds from Hong Kong, Macau and Taiwan**	**5203**	**298922**	**23738**	**7360919**	**6877452**
与港澳台商合资经营企业	Joint-venture Enterprises with Funds from Hong Kong, Macau and Taiwan	2250	108631	8330	2868976	2957375
与港澳台商合作经营企业	Cooperative Enterprises with Funds from Hong Kong, Macau and Taiwan	82	3472	209	62731	58014
港澳台商独资经营企业	Enterprises with Sole Funds from Hong Kong, Macau and Taiwan	2649	164191	12489	3804999	3252785
港澳台商投资股份有限公司	Share-holding Corporations Ltd. with Funds from Hong Kong, Macau and Taiwan	197	22117	2655	616917	604476
外商投资企业	**Foreign Funded Enterprises**	**6252**	**347984**	**43562**	**10479769**	**10562475**
中外合资经营企业	Joint-venture Enterprises	2719	166044	22335	5610422	4772648
中外合作经营	Cooperation Enterprises	102	3475	238	97298	59786
外资企业	Enterprises with Sole Foreign Funds	3249	153860	15700	4035242	4847436
外商投资股份有限公司	Share-holding Corporations Ltd. with Foreign Funds	154	23350	5135	710272	872647

2-18 按行业分规上工业企业办研发机构情况(2015年)

R&D Institutions in Industrial Enterprises above Designated Size by Industrial Sector(2015)

行业	Industry	机构数(个) Institutions (unit)	机构人员(人) Personnel (person)	#博士和硕士 Doctor and Master	机构经费支出(万元) Expenditure on S&T Institutions (10 000 yuan)	仪器和设备原价(万元) Equipment (10 000 yuan)
总　计	**Total**	**62954**	**2668376**	**359859**	**67938662**	**58887873**
煤炭开采和洗选业	Mining and Washing of Coal	189	20930	2774	434585	595061
石油和天然气开采业	Extraction of Petroleum and Natural Gas	66	30996	9199	662876	565473
黑色金属矿采选业	Mining of Ferrous Metal Ores	56	2776	585	55130	56050
有色金属矿采选业	Mining of Non-ferrous Metal Ores	55	3451	501	120441	49702
非金属矿采选业	Mining and Processing of Nonmetal Ores	126	2701	273	44060	43604
农副食品加工业	Processing of Food from Agricultural Products	2263	49812	7531	1240840	805039
食品制造业	Manufacture of Foods	1116	32711	5487	790219	628287
酒、饮料和精制茶制造业	Manufacture of Liquor, Beverages and Refined Tea	806	30737	3280	666115	808994
烟草制品业	Manufacture of Tobacco	42	2981	1062	209387	272455
纺织业	Manufacture of Textile	2471	61496	3821	1340956	1308796
纺织服装、服饰业	Manufacture of Textile, Apparel and Accessories	1445	36286	1811	648387	427005
皮革、毛皮、羽毛及其制品和制鞋业	Manufacture of Leather, Fur, Feather and Related Products and Shoes	729	17887	877	309141	144371
木材加工和木、竹、藤、棕、草制品业	Processing of Timbers and Manufacture of Wood, Bamboo, Rattan, Palm and Straw	819	12124	1173	242381	184260
家具制造业	Manufacture of Furniture	424	12786	567	219545	125418
造纸和纸制品业	Manufacture of Paper and Paper Products	636	22663	1453	734203	509887
印刷和记录媒介复制业	Printing,Reproduction of Recording Media	535	13432	907	233815	490863
文教、工美、体育和娱乐用品制造业	Manufacture of Artworks, and Articles for Culture, Education, Sports and Recreation	1187	29791	1677	501636	330237
石油加工、炼焦和核燃料加工业	Processing of Petroleum ,Coking and Processing of Nucleus Fuel	285	13332	1942	696225	682941
化学原料和化学制品制造业	Manufacture of Chemical Raw Material and Chemical Products	5696	176898	23687	5104822	5089128
医药制造业	Manufacture of Medicines	2781	125646	24969	2967662	2973794
化学纤维制造业	Manufacture of Chemical Fiber	490	18874	1212	634520	695941
橡胶和塑料制品业	Manufacture of Rubber and Plastic	2432	71087	4809	1604016	1819579
非金属矿物制品业	Manufacture of Non-metallic Mineral Products	2967	76933	6968	1429199	1775630
黑色金属冶炼和压延加工业	Manufacture and Processing of Ferrous Metals	1237	64901	7267	2307761	1965950
有色金属冶炼和压延加工业	Manufacture and Processing of Non-ferrous Metals	1352	56561	5462	1857903	2193240
金属制品业	Manufacture of Metal Products	2870	85988	5872	1640831	2018065
通用设备制造业	Manufacture of General Purpose Machinery	5965	211052	19972	4234819	4463628
专用设备制造业	Manufacture of Special Purpose Machinery	4806	175254	22817	3368593	3003748
汽车制造业	Manufacture of Motor Vehicles	3107	219084	25825	6892230	5042210
铁路、船舶、航空航天和其他运输设备制造业	Manufacture of Railway Equipment, Ships, Aerospace Equipment and Other Transport Equipment	1277	98974	14391	2239183	2404426
电气机械和器材制造业	Manufacture of Electrical Machinery and Equipment	6947	295289	28514	6839152	6885228
计算机、通信和其他电子设备制造业	Manufacture of Computer, Communication and Other Electronic Equipment	5228	479663	106321	15453374	8435840
仪器仪表制造业	Manufacture of Measuring Instrument and Meter	1745	74779	9106	1400972	960426
其他制造业	Other Manufacturing	239	9857	1239	181789	259087
金属制品、机械和设备修理业	Repaire Service of Metal Products, Machinery and Equipment	58	3983	359	54132	57573
电力、热力生产和供应业	Production and Supply of Electric Power and Heat Power	248	16284	4471	406969	614813
燃气生产和供应业	Production and Distribution of Gas	32	945	174	27681	17658
水的生产和供应业	Production and Distribution of Water	95	2113	351	29155	67375

2-19 各地区规上工业企业办研发机构情况(2015年)
R&D Institutions in Industrial Enterprises above Designated Size by Region(2015)

地区	Region	机构数(个) Institutions (unit)	机构人员(人) Personnel (person)	#博士和硕士 Doctor and Master	机构经费支出(万元) Expenditure on S&T Institutions (10 000 yuan)	仪器和设备原价(万元) Equipment (10 000 yuan)
全　国	**National Total**	**62954**	**2668376**	**359859**	**67938662**	**58887873**
东部地区	Eastern Region	47295	1924600	253837	52210874	41880535
中部地区	Middle Region	10162	411146	56152	8958576	9016763
西部地区	Western Region	4491	243816	36178	4989657	5850551
东北地区	Northeast Region	1006	88814	13692	1779555	2140024
北　京	Beijing	809	56246	13602	2039704	890242
天　津	Tianjin	1062	54701	6938	1262627	1519599
河　北	Hebei	1245	79049	9478	1514208	1277187
山　西	Shanxi	243	21158	3330	339774	475879
内蒙古	Inner Mongolia	238	19499	3262	335803	374492
辽　宁	Liaoning	560	50325	7568	1055098	1365077
吉　林	Jilin	199	14672	2010	352780	317082
黑龙江	Heilongjiang	247	23817	4114	371677	457865
上　海	Shanghai	738	73884	19258	3282229	3108629
江　苏	Jiangsu	21542	571930	55967	13939913	14795833
浙　江	Zhejiang	9737	319500	20242	7094534	5201326
安　徽	Anhui	3986	115523	12934	2563959	2720639
福　建	Fujian	1595	73032	7126	1643507	1505571
江　西	Jiangxi	838	32304	4335	745362	691298
山　东	Shandong	3971	216493	33462	7058272	5651593
河　南	Henan	1997	108784	12710	2036429	1660052
湖　北	Hubei	1333	64287	10993	1486783	1317116
湖　南	Hunan	1765	69090	11850	1786269	2151779
广　东	Guangdong	6553	477750	87421	14338031	7911528
广　西	Guangxi	367	17793	2092	424493	352473
海　南	Hainan	43	2015	343	37850	19027
重　庆	Chongqing	896	42105	5398	1233365	979298
四　川	Sichuan	1022	66631	8908	1138551	1434937
贵　州	Guizhou	242	15446	1695	330621	364192
云　南	Yunnan	479	14512	1837	335208	443318
西　藏	Tibet	2	30	9	241	392
陕　西	Shaanxi	552	35860	8131	654947	1138394
甘　肃	Gansu	284	12113	1704	167872	266833
青　海	Qinghai	41	2132	329	45671	65004
宁　夏	Ningxia	160	6942	706	91967	113954
新　疆	Xinjiang	208	10753	2107	230918	317265

2-20 按企业规模及登记注册类型分规上工业企业新产品开发和销售(2015年)
New Products Development and Sale of Industrial Enterprises above Designated Size by Scale and Registration Status (2015)

单位：万元 (10 000 yuan)

注册类型	Type of Registration	新产品开发项目数(项) New Products (unit)	新产品开发经费支出 Expenditure on New Products Development	新产品销售收入 Sales Revenue of New Products	#出口 Exports
总　　计	**Total**	**326286**	**102708342**	**1508565473**	**291326776**
#大型企业	Large-sized Industrial Enterprises	82855	56106123	981294341	228026953
中型企业	Medium-sized Industrial Enterprises	93592	23682419	309471520	42131316
内资企业	**Domestic Funded**	**257633**	**77699891**	**1020773224**	**120895823**
国有企业	State-owned Enterprises	6912	3033659	38136865	1138574
集体企业	Collective-owned Enterprises	869	792399	8899862	1292756
股份合作企业	Cooperative Enterprises	553	70196	948117	63530
联营企业	Joint Ownership Enterprises	44	9402	167002	82433
国有联营企业	State Joint Ownership Enterprises	30	5890	125140	82251
集体联营企业	Collective Joint Ownership Enterprises	2	906	6696	
国有与集体联营企业	Joint State-collective Enterprises	7	1560	34339	183
其他联营企业	Other Joint Ownership Enterprises	5	1047	828	
有限责任公司	Limited Liability Corporations	92383	33231051	411058332	51734625
国有独资公司	State Sole Funded Corporations	12230	4891593	57509297	8183248
其他有限责任公司	Other Limited Liability Corporations	80153	28339458	353549035	43551377
股份有限公司	Share-holding Corporations Ltd.	43073	16022522	233127908	31281581
私营企业	Private Enterprises	113439	24427470	326704530	35204098
私营独资企业	Private-funded Enterprises	1858	401795	5116790	463688
私营合伙企业	Private Partnership Enterprises	227	43500	425540	31180
私营有限责任公司	Private Limited Liability Corporations	99434	20852490	276232983	31173484
私营股份有限公司	Private Share-holding Corporations Ltd.	11920	3129685	44929217	3535747
其他企业	Other Enterprises	360	113192	1730607	98227
港澳台商投资企业	**Enterprises with Funds from Hong Kong, Macau and Taiwan**	**30416**	**9935588**	**203529344**	**88392180**
与港澳台商合资经营企业	Joint-venture Enterprises with Funds from Hong Kong, Macau and Taiwan	13535	3910985	72016422	13675535
与港澳台商合作经营企业	Cooperative Enterprises with Funds from Hong Kong, Macau and Taiwan	425	97361	1609795	434958
港澳台商独资经营企业	Enterprises with Sole Funds from Hong Kong, Macau and Taiwan	14635	5124350	117126569	70211995
港澳台商投资股份有限公司	Share-holding Corporations Ltd. with Funds from Hong Kong, Macau and Taiwan	1731	777636	11826520	3230729
外商投资企业	**Foreign Funded Enterprises**	**38237**	**15072863**	**284262905**	**82038773**
中外合资经营企业	Joint-venture Enterprises	19477	8047225	170710115	27174000
中外合作经营	Cooperation Enterprises	567	190089	3424312	1589341
外资企业	Enterprises with Sole Foreign Funds	16618	5941589	98981417	50456994
外商投资股份有限公司	Share-holding Corporations Ltd. with Foreign Funds	1453	860314	10864476	2746747

2-21 按行业分规上工业企业新产品开发和销售(2015年)
New Products Development and Sale of Industrial Enterprises above Designated Size by Industrial Sector (2015)

单位：万元 (10 000 yuan)

行业	Industry	新产品开发项目数(项) New Products (unit)	新产品开发经费支出 Expenditure on New Products Development	新产品销售收入 Sales Revenue of New Products	#出口 Exports
总计	**Total**	**326286**	**102708342**	**1508565473**	**291326776**
煤炭开采和洗选业	Mining and Washing of Coal	1258	611804	5846633	227436
石油和天然气开采业	Extraction of Petroleum and Natural Gas	486	142489	618503	11386
黑色金属矿采选业	Mining of Ferrous Metal Ores	248	52607	307215	101
有色金属矿采选业	Mining of Non-ferrous Metal Ores	188	108468	1517150	331
非金属矿采选业	Mining and Processing of Nonmetal Ores	314	74207	888092	7477
农副食品加工业	Processing of Food from Agricultural Products	7295	2261973	28484303	1294526
食品制造业	Manufacture of Foods	5201	1382302	13345183	1080977
酒、饮料和精制茶制造业	Manufacture of Liquor, Beverages and Refined Tea	2733	750362	10047569	423229
烟草制品业	Manufacture of Tobacco	892	150135	16507422	113981
纺织业	Manufacture of Textile	7466	2081406	47421038	5985370
纺织服装、服饰业	Manufacture of Textile, Apparel and Accessories	3402	924893	18265211	4830159
皮革、毛皮、羽毛及其制品和制鞋业	Manufacture of Leather, Fur, Feather and Related Products and Shoes	2184	565700	9076143	2291808
木材加工和木、竹、藤、棕、草制品业	Processing of Timbers and Manufacture of Wood, Bamboo, Rattan, Palm and Straw	1549	428827	5336649	778747
家具制造业	Manufacture of Furniture	1947	412753	6017029	1853635
造纸和纸制品业	Manufacture of Paper and Paper Products	2511	870418	16688027	1109189
印刷和记录媒介复制业	Printing,Reproduction of Recording Media	2097	372602	5658319	575443
文教、工美、体育和娱乐用品制造业	Manufacture of Artworks, and Articles for Culture, Education, Sports and Recreation	4308	841303	11285487	3359359
石油加工、炼焦和核燃料加工业	Processing of Petroleum ,Coking and Processing of Nucleus Fuel	1581	838718	25079049	43777
化学原料和化学制品制造业	Manufacture of Chemical Raw Material and Chemical Products	24755	6873045	107041487	9853105
医药制造业	Manufacture of Medicines	22106	4279485	47362675	3725503
化学纤维制造业	Manufacture of Chemical Fiber	2086	942638	17137250	1463103
橡胶和塑料制品业	Manufacture of Rubber and Plastic	11430	2560163	29942746	4751747
非金属矿物制品业	Manufacture of Non-metallic Mineral Products	10499	2487517	29010267	2978872
黑色金属冶炼和压延加工业	Manufacture and Processing of Ferrous Metals	7903	4838219	66290940	7217100
有色金属冶炼和压延加工业	Manufacture and Processing of Non-ferrous Metals	6283	2732463	58170504	3789119
金属制品业	Manufacture of Metal Products	12483	2808476	35548896	5127304
通用设备制造业	Manufacture of General Purpose Machinery	32280	6690067	80435662	10058278
专用设备制造业	Manufacture of Special Purpose Machinery	26692	6108742	60276517	8550488
汽车制造业	Manufacture of Motor Vehicles	24859	10488318	190826260	7551450
铁路、船舶、航空航天和其他运输设备制造业	Manufacture of Railway Equipment, Ships, Aerospace Equipment and Other Transport Equipment	9565	4721694	64786477	13518708
电气机械和器材制造业	Manufacture of Electrical Machinery and Equipment	39587	11290147	165025929	29407862
计算机、通信和其他电子设备制造业	Manufacture of Computer, Communication and Other Electronic Equipment	33410	19822683	306577278	156134829
仪器仪表制造业	Manufacture of Measuring Instrument and Meter	11571	2042431	18734368	2164351
其他制造业	Other Manufacturing	1418	284670	2671789	631088
金属制品、机械和设备修理业	Repaire Service of Metal Products, Machinery and Equipment	424	103272	1441460	364013
电力、热力生产和供应业	Production and Supply of Electric Power and Heat Power	2072	434522	2492721	622
燃气生产和供应业	Production and Distribution of Gas	153	35806	265702	
水的生产和供应业	Production and Distribution of Water	215	44652	201343	554

2-22 各地区规上工业企业新产品开发和销售(2015年)
New Products Development and Sale of Industrial Enterprise above Designated Size by Region (2015)

单位：万元 (10 000 yuan)

地　区	Region	新产品开发项目数(项) New Products (unit)	新产品开发经费支出 Expenditure on New Products Development	新产品销售收入 Sales Revenue of New Products	#出口 Exports
全　国	**National Total**	**326286**	**102708342**	**1508565473**	**291326776**
东部地区	Eastern Region	236573	72638466	1045409739	227171197
中部地区	Middle Region	48686	15956221	275903085	44181110
西部地区	Western Region	30225	9781402	130541179	15784075
东北地区	Northeast Region	10802	4332253	56711469	4190395
北　京	Beijing	10580	3053943	35640401	2438988
天　津	Tianjin	9800	2684642	57277739	11308812
河　北	Hebei	7489	2465369	34762445	3268926
山　西	Shanxi	1910	681688	8333433	1583621
内蒙古	Inner Mongolia	1228	640669	6648406	571053
辽　宁	Liaoning	5494	2442027	33373490	3430873
吉　林	Jilin	2548	1167919	18227484	405640
黑龙江	Heilongjiang	2760	722307	5110495	353881
上　海	Shanghai	14378	5716228	74709344	10798363
江　苏	Jiangsu	57204	17117386	244632694	58104240
浙　江	Zhejiang	55123	8989328	188391393	37286842
安　徽	Anhui	17025	3804434	58822307	4665204
福　建	Fujian	9737	2973967	35255547	11022029
江　西	Jiangxi	4635	1445062	20586019	2165579
山　东	Shandong	28306	11221423	146984304	17948132
河　南	Henan	9780	3065512	57894206	28730299
湖　北	Hubei	8934	3644392	56769152	1939520
湖　南	Hunan	6402	3315134	73497969	5096888
广　东	Guangdong	43456	18310389	226425002	74841360
广　西	Guangxi	2781	903957	16333703	457673
海　南	Hainan	500	105791	1330871	153505
重　庆	Chongqing	7352	2388537	45351174	10731971
四　川	Sichuan	6971	2145687	28924767	1508088
贵　州	Guizhou	1623	424215	3944834	473911
云　南	Yunnan	2503	631962	5132031	198914
西　藏	Tibet	16	2986	56367	
陕　西	Shaanxi	4434	1637909	10409950	1030964
甘　肃	Gansu	1291	392974	5740962	507159
青　海	Qinghai	121	98825	228191	890
宁　夏	Ningxia	981	182332	2826884	259931
新　疆	Xinjiang	924	331351	4943911	43523

2-23 按企业规模及登记注册类型分规上工业企业专利(2015年)
Statistics on Patent of Industrial Enterprises above Designated Size by Scale and Registration Status (2015)

单位：件 (piece)

注册类型	Type of Registration	专利申请数 Patent Applications	#发明专利 Inventions	有效发明专利数 Inventions in Force
总　计	**Total**	**638513**	**245688**	**573765**
#大型企业	Large-sized Industrial Enterprises	245298	113302	275594
中型企业	Medium-sized Industrial Enterprises	149658	49854	127698
内资企业	**Domestic Funded**	**518135**	**198262**	**455689**
国有企业	State-owned Enterprises	23633	10984	17748
集体企业	Collective-owned Enterprises	3924	2165	1837
股份合作企业	Cooperative Enterprises	581	203	376
联营企业	Joint Ownership Enterprises	63	21	93
国有联营企业	State Joint Ownership Enterprises	44	18	81
集体联营企业	Collective Joint Ownership Enterprises			
国有与集体联营企业	Joint State-collective Enterprises	4	2	12
其他联营企业	Other Joint Ownership Enterprises	15	1	
有限责任公司	Limited Liability Corporations	167905	71917	178596
国有独资公司	State Sole Funded Corporations	28916	13132	22373
其他有限责任公司	Other Limited Liability Corporations	138989	58785	156223
股份有限公司	Share-holding Corporations Ltd.	105609	45573	127392
私营企业	Private Enterprises	215465	67125	128688
私营独资企业	Private-funded Enterprises	2054	705	1160
私营合伙企业	Private Partnership Enterprises	537	63	111
私营有限责任公司	Private Limited Liability Corporations	189717	58225	105886
私营股份有限公司	Private Share-holding Corporations Ltd.	23157	8132	21531
其他企业	Other Enterprises	955	274	959
港澳台商投资企业	**Enterprises with Funds from Hong Kong, Macau and Taiwan**	**57439**	**21507**	**58214**
与港澳台商合资经营企业	Joint-venture Enterprises with Funds from Hong Kong, Macau and Taiwan	23038	7703	21963
与港澳台商合作经营企业	Cooperative Enterprises with Funds from Hong Kong, Macau and Taiwan	617	145	340
港澳台商独资经营企业	Enterprises with Sole Funds from Hong Kong, Macau and Taiwan	28918	12134	32556
港澳台商投资股份有限公司	Share-holding Corporations Ltd. with Funds from Hong Kong, Macau and Taiwan	4775	1503	3261
外商投资企业	**Foreign Funded Enterprises**	**62939**	**25919**	**59862**
中外合资经营企业	Joint-venture Enterprises	33648	12967	27436
中外合作经营	Cooperation Enterprises	828	303	918
外资企业	Enterprises with Sole Foreign Funds	24770	11108	27481
外商投资股份有限公司	Share-holding Corporations Ltd. with Foreign Funds	3326	1415	3833

2-24 按行业分规上工业企业专利(2015年)
Statistics on Patent of Industrial Enterprises above Designated Size by Industrial Sector (2015)

单位：件 (piece)

行业	Industry	专利申请数 Patent Applications	#发明专利 Inventions	有效发明专利数 Inventions In Force
总计	**Total**	**638513**	**245688**	**573765**
煤炭开采和洗选业	Mining and Washing of Coal	2951	630	1616
石油和天然气开采业	Extraction of Petroleum and Natural Gas	2725	1149	1334
黑色金属矿采选业	Mining of Ferrous Metal Ores	762	411	766
有色金属矿采选业	Mining of Non-ferrous Metal Ores	408	169	318
非金属矿采选业	Mining and Processing of Nonmetal Ores	426	221	344
农副食品加工业	Processing of Food from Agricultural Products	9074	4072	6160
食品制造业	Manufacture of Foods	6677	2677	6431
酒、饮料和精制茶制造业	Manufacture of Liquor, Beverages and Refined Tea	3610	1193	2595
烟草制品业	Manufacture of Tobacco	3110	1188	2950
纺织业	Manufacture of Textile	17017	3619	4774
纺织服装、服饰业	Manufacture of Textile, Apparel and Accessories	13143	1561	2063
皮革、毛皮、羽毛及其制品和制鞋业	Manufacture of Leather, Fur, Feather and Related Products and Shoes	5026	708	872
木材加工和木、竹、藤、棕、草制品业	Processing of Timbers and Manufacture of Wood,Bamboo, Rattan, Palm and Straw	2950	789	1270
家具制造业	Manufacture of Furniture	9181	1225	1764
造纸和纸制品业	Manufacture of Paper and Paper Products	3982	1403	2558
印刷和记录媒介复制业	Printing,Reproduction of Recording Media	3303	989	2044
文教、工美、体育和娱乐用品制造业	Manufacture of Artworks, and Articles for Culture, Education, Sports and Recreation	14478	2005	4850
石油加工、炼焦和核燃料加工业	Processing of Petroleum ,Coking and Processing of Nucleus Fuel	1912	974	2775
化学原料和化学制品制造业	Manufacture of Chemical Raw Material and Chemical Products	28778	16300	37649
医药制造业	Manufacture of Medicines	16020	10019	31259
化学纤维制造业	Manufacture of Chemical Fiber	2379	875	1700
橡胶和塑料制品业	Manufacture of Rubber and Plastic	16288	5247	10501
非金属矿物制品业	Manufacture of Non-metallic Mineral Products	16243	5200	13177
黑色金属冶炼和压延加工业	Manufacture and Processing of Ferrous Metals	14085	6090	12322
有色金属冶炼和压延加工业	Manufacture and Processing of Non-ferrous Metals	10146	3962	10451
金属制品业	Manufacture of Metal Products	22003	6819	15667
通用设备制造业	Manufacture of General Purpose Machinery	52898	16744	40413
专用设备制造业	Manufacture of Special Purpose Machinery	52288	18196	49732
汽车制造业	Manufacture of Motor Vehicles	46820	12840	23194
铁路、船舶、航空航天和其他运输设备制造业	Manufacture of Railway Equipment, Ships, Aerospace Equipment and Other Transport Equipment	22147	8985	17961
电气机械和器材制造业	Manufacture of Electrical Machinery and Equipment	92865	30914	63837
计算机、通信和其他电子设备制造业	Manufacture of Computer, Communication and Other Electronic Equipment	100785	60533	170387
仪器仪表制造业	Manufacture of Measuring Instrument and Meter	17996	6554	16723
其他制造业	Other Manufacturing	2481	886	2084
金属制品、机械和设备修理业	Repaire Service of Metal Products, Machinery and Equipment	627	243	636
电力、热力生产和供应业	Production and Supply of Electric Power and Heat Power	20735	9442	8832
燃气生产和供应业	Production and Distribution of Gas	195	68	184
水的生产和供应业	Production and Distribution of Water	271	102	292

2-25 各地区规上工业企业专利(2015年)

Statistics on Patent of Industrial Enterprises above Designated Size by Region (2015)

单位：件 (piece)

地 区	Region	专利申请数 Patent Applications	#发明专利 Inventions	有效发明专利数 Inventions in Force
全 国	**National Total**	**638513**	**245688**	**573765**
东部地区	Eastern Region	442989	168392	421487
中部地区	Middle Region	109736	43860	85158
西部地区	Western Region	70724	26766	50748
东北地区	Northeast Region	15064	6670	16372
北 京	Beijing	20024	10281	23749
天 津	Tianjin	16721	6507	17422
河 北	Hebei	10396	3393	7740
山 西	Shanxi	3569	1303	4468
内 蒙 古	Inner Mongolia	2585	1031	2175
辽 宁	Liaoning	9190	4131	10372
吉 林	Jilin	1972	787	2649
黑 龙 江	Heilongjiang	3902	1752	3351
上 海	Shanghai	21725	10740	30815
江 苏	Jiangsu	119927	41744	85485
浙 江	Zhejiang	80512	17242	31642
安 徽	Anhui	45598	19967	28568
福 建	Fujian	24916	6880	12424
江 西	Jiangxi	8561	2522	4765
山 东	Shandong	42289	19621	33785
河 南	Henan	16518	5250	11305
湖 北	Hubei	17315	7227	16965
湖 南	Hunan	18175	7591	19087
广 东	Guangdong	106038	51672	177047
广 西	Guangxi	4613	2005	3731
海 南	Hainan	441	312	1378
重 庆	Chongqing	20239	6758	6328
四 川	Sichuan	21912	8085	17601
贵 州	Guizhou	3782	1953	4096
云 南	Yunnan	3751	1493	4605
西 藏	Tibet	17	14	90
陕 西	Shaanxi	7521	3036	7506
甘 肃	Gansu	2230	698	1884
青 海	Qinghai	305	144	271
宁 夏	Ningxia	1429	761	908
新 疆	Xinjiang	2340	788	1553

2-26 按企业规模及登记注册类型分规上工业企业技术获取和技术改造(2015年)

Technology Acquisition and Renovation of Industrial Enterprises above Designated Size by Scale and Registration Status (2015)

单位：万元 (10 000 yuan)

注册类型	Type of Registration	引进技术经费支出 Expenditure for Acquisition of Foreign Technology	消化吸收经费支出 Expenditure for Assimilation of Technology	购买境内技术经费支出 Expenditure for Purchase of Domestic Technology	技术改造经费支出 Expenditure for Technical Renovation
总　计	**Total**	**4140636**	**1083880**	**2299445**	**31476442**
#大型企业	Large-sized Industrial Enterprises	3506860	842264	1814942	21152997
中型企业	Medium-sized Industrial Enterprises	399004	173414	257142	5876991
内资企业	**Domestic Funded**	**2040119**	**646111**	**2094315**	**26759301**
国有企业	State-owned Enterprises	337859	25596	183034	1846243
集体企业	Collective-owned Enterprises	6635	1809	2512	79179
股份合作企业	Cooperative Enterprises		7	337	27639
联营企业	Joint Ownership Enterprises		230	72	4865
国有联营企业	State Joint Ownership Enterprises				2035
集体联营企业	Collective Joint Ownership Enterprises				2538
国有与集体联营企业	Joint State-collective Enterprises				
其他联营企业	Other Joint Ownership Enterprises		230	72	292
有限责任公司	Limited Liability Corporations	773859	235493	888646	12476282
国有独资公司	State Sole Funded Corporations	367022	71922	458528	4084085
其他有限责任公司	Other Limited Liability Corporations	406837	163571	430118	8392197
股份有限公司	Share-holding Corporations Ltd.	356869	263692	453879	6851112
私营企业	Private Enterprises	564814	119224	565411	5431560
私营独资企业	Private-funded Enterprises	3248	1423	3631	165521
私营合伙企业	Private Partnership Enterprises		25	212	41956
私营有限责任公司	Private Limited Liability Corporations	508462	88823	532498	4668383
私营股份有限公司	Private Share-holding Corporations Ltd.	53104	28953	29070	555700
其他企业	Other Enterprises	82	60	424	42421
港澳台商投资企业	**Enterprises with Funds from Hong Kong, Macau and Taiwan**	**316951**	**112090**	**95715**	**1745135**
与港澳台商合资经营企业	Joint-venture Enterprises with Funds from Hong Kong, Macau and Taiwan	88621	15778	29668	996350
与港澳台商合作经营企业	Cooperative Enterprises with Funds from Hong Kong, Macau and Taiwan	1653	237	244	37611
港澳台商独资经营企业	Enterprises with Sole Funds from Hong Kong, Macau and Taiwan	225030	94813	63185	630986
港澳台商投资股份有限公司	Share-holding Corporations Ltd. with Funds from Hong Kong, Macau and Taiwan	1647	1262	2617	79329
外商投资企业	**Foreign Funded Enterprises**	**1783567**	**325679**	**109415**	**2972006**
中外合资经营企业	Joint-venture Enterprises	1392974	298066	60187	2320227
中外合作经营	Cooperation Enterprises	204	30	5391	37681
外资企业	Enterprises with Sole Foreign Funds	378389	24451	16547	529696
外商投资股份有限公司	Share-holding Corporations Ltd. with Foreign Funds	11730	3059	26964	72449

2-27 按行业分规上工业企业技术获取和技术改造(2015年)

Technology Acquisition and Renovation of Industrial Enterprises above Designated Size by Industrial Sector (2015)

单位：万元 (10 000 yuan)

行业	Industry	引进技术经费支出 Expenditure for Acquisition of Foreign Technology	消化吸收经费支出 Expenditure for Assimilation of Technology	购买镜内技术经费支出 Expenditure for Purchase of Domestic Technology	技术改造经费支出 Expenditure for Technical Renovation
总　计	**Total**	**4140636**	**1083880**	**2299445**	**31476442**
煤炭开采和洗选业	Mining and Washing of Coal	259792	6174	255484	1130368
石油和天然气开采业	Extraction of Petroleum and Natural Gas			49	30524
黑色金属矿采选业	Mining of Ferrous Metal Ores		791	81	34346
有色金属矿采选业	Mining of Non-ferrous Metal Ores	608	1797	2761	87420
非金属矿采选业	Mining and Processing of Nonmetal Ores	80	239	1268	56033
农副食品加工业	Processing of Food from Agricultural Products	7471	9279	23917	696782
食品制造业	Manufacture of Foods	38903	14875	13710	452230
酒、饮料和精制茶制造业	Manufacture of Liquor, Beverages and Refined Tea	10994	6188	26026	742566
烟草制品业	Manufacture of Tobacco	40899	7011	94753	893560
纺织业	Manufacture of Textile	36443	24603	15716	468725
纺织服装、服饰业	Manufacture of Textile, Apparel and Accessories	11394	7188	12113	152219
皮革、毛皮、羽毛及其制品和制鞋业	Manufacture of Leather, Fur, Feather and Related Products and Shoes	527	1919	3076	72899
木材加工和木、竹、藤、棕、草制品业	Processing of Timbers and Manufacture of Wood, Bamboo, Rattan, Palm and Straw	7316	1597	3737	112854
家具制造业	Manufacture of Furniture	1157	403	2210	62961
造纸和纸制品业	Manufacture of Paper and Paper Products	44837	16489	4952	439369
印刷和记录媒介复制业	Printing,Reproduction of Recording Media	7149	1328	6893	122146
文教、工美、体育和娱乐用品制造业	Manufacture of Artworks, and Articles for Culture, Education, Sports and Recreation	4112	4116	4137	108430
石油加工、炼焦和核燃料加工业	Processing of Petroleum ,Coking and Processing of Nucleus Fuel	21173	40534	63476	1583799
化学原料和化学制品制造业	Manufacture of Chemical Raw Material and Chemical Products	263477	101555	109253	3345586
医药制造业	Manufacture of Medicines	59189	33891	183832	1158829
化学纤维制造业	Manufacture of Chemical Fiber	38124	7000	16037	312432
橡胶和塑料制品业	Manufacture of Rubber and Plastic	41279	15608	34324	592499
非金属矿物制品业	Manufacture of Non-metallic Mineral Products	35057	6638	37063	726679
黑色金属冶炼和压延加工业	Manufacture and Processing of Ferrous Metals	192397	70043	243375	3577000
有色金属冶炼和压延加工业	Manufacture and Processing of Non-ferrous Metals	55207	120007	63908	1507636
金属制品业	Manufacture of Metal Products	21788	9940	15541	540504
通用设备制造业	Manufacture of General Purpose Machinery	227916	49154	50147	1089011
专用设备制造业	Manufacture of Special Purpose Machinery	80153	27094	30469	1014452
汽车制造业	Manufacture of Motor Vehicles	1745661	259883	267311	2837271
铁路、船舶、航空航天和其他运输设备制造业	Manufacture of Railway Equipment, Ships, Aerospace Equipment and Other Transport Equipment	104003	24478	91332	1253561
电气机械和器材制造业	Manufacture of Electrical Machinery and Equipment	177143	77132	85161	1916203
计算机、通信和其他电子设备制造业	Manufacture of Computer, Communication and Other Electronic Equipment	577339	60999	446329	1412183
仪器仪表制造业	Manufacture of Measuring Instrument and Meter	25538	4430	14728	220945
其他制造业	Other Manufacturing	2018	392	5899	42756
金属制品、机械和设备修理业	Repaire Service of Metal Products, Machinery and Equipment	32		3156	8398
电力、热力生产和供应业	Production and Supply of Electric Power and Heat Power	346	223	47005	2499290
燃气生产和供应业	Production and Distribution of Gas		70058	18835	47606
水的生产和供应业	Production and Distribution of Water	677	420	1026	106308

2-28 各地区规上工业企业技术获取和技术改造(2015年)
Technology Acquisition and Renovation of Industrial Enterprises above Designated Size by Region(2015)

单位：万元 (10 000 yuan)

地 区	Region	引进技术经费支出 Expenditure for Acquisition of Foreign Technology	消化吸收经费支出 Expenditure for Assimilation of Technology	购买镜内技术经费支出 Expenditure for Purchase of Domestic Technology	技术改造经费支出 Expenditure for Technical Renovation
全 国	**National Total**	**4140636**	**1083880**	**2299445**	**31476442**
东部地区	Eastern Region	2614641	704444	1435597	16172739
中部地区	Middle Region	392746	125840	270673	7425635
西部地区	Western Region	783245	197057	441581	5977280
东北地区	Northeast Region	350004	56540	151595	1900789
北 京	Beijing	300214	75201	45409	420616
天 津	Tianjin	82641	22229	12124	318582
河 北	Hebei	41980	16576	21108	1236018
山 西	Shanxi	55794	8053	19945	738702
内蒙古	Inner Mongolia	101941	27730	7652	411363
辽 宁	Liaoning	55849	33114	61839	1312132
吉 林	Jilin	268421	6779	86504	286305
黑龙江	Heilongjiang	25734	16647	3251	302352
上 海	Shanghai	504363	259608	260409	1220555
江 苏	Jiangsu	362106	124690	201560	5072045
浙 江	Zhejiang	121613	35682	206294	2337173
安 徽	Anhui	41825	26001	51919	1433247
福 建	Fujian	147087	32153	117742	1063024
江 西	Jiangxi	58442	19059	90482	639762
山 东	Shandong	178219	85804	159118	2766532
河 南	Henan	37354	14994	21795	1050162
湖 北	Hubei	165141	17462	52572	885973
湖 南	Hunan	34190	40270	33959	2677788
广 东	Guangdong	873013	52251	408973	1720249
广 西	Guangxi	5697	2621	11610	915924
海 南	Hainan	3406	250	2862	17946
重 庆	Chongqing	360485	29746	48940	630284
四 川	Sichuan	31930	15474	34421	959664
贵 州	Guizhou	6562	3853	8219	820135
云 南	Yunnan	4683	25032	6267	347975
西 藏	Tibet				539
陕 西	Shaanxi	23262	19727	39928	569154
甘 肃	Gansu	21378	69148	35973	571814
青 海	Qinghai			145	88365
宁 夏	Ningxia	222124	2096	242748	256466
新 疆	Xinjiang	5182	1630	5676	405597

三、研究与开发机构

R&D Institutions

3-1 研究与开发机构基本情况
Basic Statistics on Scientific Research and Development Institutions

指　　标	Item	2007	2008	2009	2010	2011	2012	2013	2014	2015
机构基本情况	**Basic Statistics on Institutions**									
机构数（个）	Number of R&D Institutions(unit)	3775	3727	3707	3696	3673	3674	3651	3677	3650
#中央属	Subordinated to Central Level	674	678	691	686	686	710	711	720	715
地方属	Subordinated to Local Level	3101	3049	3016	3010	2987	2964	2940	2957	2935
研究与试验发展(R&D)投入情况	**Statistics on R&D Input**									
R&D人员（万人）	R&D Personnel(10 000 persons)	29.0	30.4	32.3	34.2	36.2	38.8	40.9	42.3	43.6
R&D人员全时当量（万人年）	Full-time Equivalent of R&D Personnel (10 000 man-year)	25.5	26.0	27.7	29.3	31.6	34.4	36.4	37.4	38.4
#基础研究	Basic Research	3.6	3.8	4.1	4.2	5.0	5.7	6.1	6.6	7.1
应用研究	Applied Research	9.3	9.7	10.3	10.9	11.3	12.1	13.0	12.8	13.1
试验发展	Experimental Development	12.6	12.5	13.4	14.2	15.2	16.5	17.3	18.0	18.1
R&D经费内部支出（亿元）	Intramural Expenditure on R&D (100 million yuan)	687.9	811.3	996.0	1186.4	1306.7	1548.9	1781.4	1926.2	2136.5
#基础研究	Basic Research	74.7	92.7	110.6	129.9	160.2	197.9	221.6	258.9	295.3
应用研究	Applied Research	227.1	271.3	350.9	387.6	417.2	469.3	525.8	552.9	618.4
试验发展	Experimental Development	386.1	447.2	534.4	668.9	729.3	881.7	1034.0	1114.4	1222.8
#政府资金	Government Funds	592.9	699.7	849.5	1036.5	1106.1	1292.7	1481.2	1581.0	1802.7
企业资金	Self-raised Funds by Enterprises	26.2	28.2	29.8	34.2	39.9	47.4	60.9	62.9	65.4
国外资金	Forein Funds	3.4	4.0	4.2	3.4	4.9	5.1	5.7	9.1	5.0
其他资金	Other Funds	65.3	79.3	112.4	112.2	155.8	203.8	233.5	273.8	263.4
研究与试验发展(R&D)项目(课题)情况	**Statistics on R&D Projects**									
R&D项目(课题)数（项）	R&D Projects(item)	49453	54900	61135	67050	70967	79343	85069	91465	99559
R&D项目(课题)人员全时当量（万人年）	Participants(10 000 man-year)	22.2	22.9	23.7	25.4	27.3	31.1	32.7	34.0	34.9
R&D项目(课题)经费内部支出（亿元）	Intramural Expenditure (100 million yuan)	451.7	537.7	579.8	681.5	807.1	1078.3	1221.7	1272.7	1513.8
科技产出及成果情况	**Statistics on S&T Outputs and Results**									
发表科技论文(篇)	Scientific Papers Issued(piece)	126527	132072	138119	140818	148039	158647	164440	171928	169989
#国外发表	Published in Foreign Periodicals	19596	21498	25882	26862	31598	35173	41072	47032	47301
出版科技著作（种）	Publication on Science and Technology (kind)	4134	4691	4788	3922	4292	4458	4619	5023	5662
专利申请受理数（件）	Number of Patents Applications Accepted(piece)	9802	12536	15773	19192	24059	30418	37040	41966	46559
#发明专利	Inventions	7782	9864	12361	14979	18227	23406	28628	32265	35092
专利申请授权数（件）	Number of Patents Applications Granted (piece)	4036	5048	6391	8698	12126	16551	20095	24870	30104
#发明专利	Inventions	2467	3102	4077	5249	7862	10935	12542	15786	19720

3-2 按隶属关系和学科分研究与开发机构R&D人员(2015年)

R&D Personnel in R&D Institutions by Subordination and Subject (2015)

项 目	Item	机构数(个) R&D Institutions (unit)	从业人员(人) Employed Persons (person)	R&D人员合计(人) R&D Personnel (person)	#女性 Female	#博士毕业 Doctor	#硕士毕业 Master	#本科毕业 Under-graduate
总 计		**3650**	**782821**	**436284**	**142578**	**73416**	**146329**	**148892**
按隶属关系分组	**by Subordination**							
中央部门属	Subordinated to Central Level	715	550653	336020	103352	61782	114512	107540
#中国科学院	Chinese Academy of Sciences	105	60208	94869	33390	36255	27894	19347
地方部门属	Subordi-nated to Local Level	2935	232168	100264	39226	11634	31817	41352
省级部门属	Provincial Level	1439	162538	77630	31505	10496	26179	30777
副省级城市部门属	Sub-provincial Cities Level	191	13335	3851	1384	347	1323	1684
地市级部门属	Miniciple Level	1305	56295	18783	6337	791	4315	8891
按门类学科分组	**by Subject**							
自然科学	Natural sciences	271	62760	80306	28754	28940	22944	18339
农业科学	Agricultural Sciences	1278	100026	56354	20280	8434	16613	20677
医药科学	Medical Science	296	64426	28867	15244	5642	8158	11178
工程与技术科学	Engineering and Technological Sciences	1138	518057	253554	70902	26014	93173	92874
人文与社会科学	Humanities and Social Sciences	667	37552	17203	7398	4386	5441	5824

项 目	Item	#全时人员 Full-time Personnel	R&D人员全时当量(人年) Full-time Equivalent of R&D Personnel (man-year)	#研究人员 Resear-chers	基础研究 Basic Research	应用研究 Applied Research	试验发展 Experi-mental Develop-ment
总 计		**346545**	**383597**	**250655**	**71170**	**131362**	**181065**
按隶属关系分组	**by Subordination**						
中央部门属	Subordinated to Central Level	275094	298087	202182	59867	105999	132221
#中国科学院	Chinese Academy of Sciences	63162	76057	47571	34409	35871	5777
地方部门属	Subordi-nated to Local Level	71451	85510	48473	11303	25363	48844
省级部门属	Provincial Level	55555	66326	38553	10239	21963	34124
副省级城市部门属	Sub-provincial Cities Level	2407	3049	1645	158	898	1993
地市级部门属	Miniciple Level	13489	16135	8275	906	2502	12727
按门类学科分组	**by Subject**						
自然科学	Natural sciences	53304	64953	40586	31639	24958	8356
农业科学	Agricultural Sciences	42968	49056	25945	6117	9661	33278
医药科学	Medical Science	19511	24262	13118	5889	11154	7219
工程与技术科学	Engineering and Technological Sciences	217440	230145	159471	23208	78115	128822
人文与社会科学	Humanities and Social Sciences	13322	15181	11535	4317	7474	3390

3-3 各地区研究与开发
R&D Personnel in R&D

地 区	Region	机构数 (个) R&D Institutions (unit)	从业人员 (人) Employed Persons (person)	R&D 人员合计 (人) R&D Personnel (person)	#女性 Female	#博士毕业 Doctor
全 国	**National Total**	**3650**	**782821**	**436284**	**142578**	**73416**
东部地区	Eastern Region	1443	394732	233427	80912	51119
中部地区	Middle Region	771	127958	63168	17471	6593
西部地区	Western Region	994	211227	108039	34109	10368
东北地区	Northeast Region	442	48904	31650	10086	5336
北 京	Beijing	389	170563	111272	40885	31287
天 津	Tianjin	60	17088	10336	3621	824
河 北	Hebei	79	21605	9400	2553	520
山 西	Shanxi	166	16208	5536	1910	382
内蒙古	Inner Mongolia	97	9002	3513	1234	253
辽 宁	Liaoning	161	21791	14758	4300	2526
吉 林	Jilin	109	12520	9126	2775	2169
黑龙江	Heilongjiang	172	14593	7766	3011	641
上 海	Shanghai	137	48056	33943	11691	6411
江 苏	Jiangsu	142	57002	25283	7078	3737
浙 江	Zhejiang	101	15775	8618	2651	1691
安 徽	Anhui	102	21373	11463	3230	2326
福 建	Fujian	100	7469	4977	1630	1024
江 西	Jiangxi	118	13094	6040	1662	279
山 东	Shandong	218	23079	12660	4634	2232
河 南	Henan	119	31241	15404	4061	790
湖 北	Hubei	134	32032	16295	3910	2295
湖 南	Hunan	132	14010	8430	2698	521
广 东	Guangdong	189	29124	15739	5660	3081
广 西	Guangxi	120	11986	5250	2151	404
海 南	Hainan	28	4971	1199	509	312
重 庆	Chongqing	27	11422	4933	1627	544
四 川	Sichuan	171	77723	37334	10395	3249
贵 州	Guizhou	81	6417	3451	1258	517
云 南	Yunnan	110	11112	8295	3302	1256
西 藏	Tibet	17	1272	554	184	15
陕 西	Shaanxi	111	63004	31520	9422	1593
甘 肃	Gansu	108	10687	7370	2294	1570
青 海	Qinghai	23	1364	894	327	230
宁 夏	Ningxia	21	855	626	240	26
新 疆	Xinjiang	108	6383	4299	1675	711

机构R&D人员(2015年)
Institutions by Region(2015)

#硕士毕业 Master	#本科毕业 Undergraduate	#全时人员 Full-time Personnel	R&D人员全时当量(人年) Full-time Equivalent of R&D Personnel (man-year)	#研究人员 Researchers	基础研究 Basic Research	应用研究 Applied Research	试验发展 Experimental Development
146329	**148892**	**346545**	**383597**	**250655**	**71170**	**131362**	**181065**
80901	72911	187754	207532	131714	44535	73138	89859
20235	23804	48800	53910	37063	7068	18240	28602
34777	40883	86615	94873	65710	14306	29733	50834
10416	11294	23376	27282	16168	5261	10251	11770
38888	29116	90048	97988	63890	26121	34857	37010
3146	4424	9654	10063	6100	805	3157	6101
2675	4780	8585	8757	5926	693	3597	4467
1771	2710	3817	4292	3232	662	1502	2128
1026	1528	1991	2881	1735	424	857	1600
4883	5123	11538	12945	8197	2536	5320	5089
2653	2852	5371	7349	3479	1012	2808	3529
2880	3319	6467	6988	4492	1713	2123	3152
11560	10665	25334	29432	16198	6453	10092	12887
9757	9261	21627	23652	16608	2394	9470	11788
2951	2950	5968	7133	4909	921	2141	4071
3329	3696	8665	10059	7154	2719	3884	3456
1718	1672	3248	4091	1649	1299	1263	1529
1427	2930	5042	5361	3869	439	1367	3555
4044	4689	10866	11881	7491	2237	3740	5904
4690	5552	10076	10958	7159	456	3699	6803
6593	5530	13958	15326	11388	2258	5828	7240
2425	3386	7242	7914	4261	534	1960	5420
5778	5032	11228	13336	8352	3508	4221	5607
1799	2188	3433	4168	2339	1003	1613	1552
384	322	1196	1199	591	104	600	495
1733	1908	3286	4283	2622	608	1917	1758
11862	13061	30356	31863	24629	2474	8242	21147
893	1556	2577	2987	1867	1033	537	1417
2530	3434	6330	7210	4744	2392	1700	3118
137	221	501	534	259	224	281	29
10543	12111	28111	29500	19892	2314	10646	16540
2107	2808	5964	6691	4233	2640	1828	2223
264	273	485	653	451	228	282	143
277	216	490	543	367	125	215	203
1606	1579	3091	3560	2572	841	1615	1104

3-4 各地区地方部门属研究与
R&D Personnel in R&D Institutions on

地　区	Region	机构数（个） R&D Institutions (unit)	从业人员（人） Employed Persons (person)	R&D人员合计（人） R&D Personnel (person)	#女性 Female	#博士毕业 Doctor
全　国	**National Total**	**2935**	**232168**	**100264**	**39226**	**11634**
东部地区	Eastern Region	929	84627	39123	15975	6995
中部地区	Middle Region	705	45578	17863	6151	1573
西部地区	Western Region	886	73483	31207	12170	2270
东北地区	Northeast Region	415	28480	12071	4930	796
北　京	Beijing	51	7494	4645	2301	1161
天　津	Tianjin	40	3177	1598	757	279
河　北	Hebei	71	3964	1599	678	209
山　西	Shanxi	161	9839	2258	833	174
内蒙古	Inner Mongolia	89	6919	2450	900	178
辽　宁	Liaoning	147	8665	2963	1113	222
吉　林	Jilin	103	8728	3693	1521	252
黑龙江	Heilongjiang	165	11087	5415	2296	322
上　海	Shanghai	86	9582	3851	1867	1122
江　苏	Jiangsu	114	13287	5973	2242	1066
浙　江	Zhejiang	86	7363	3710	1387	804
安　徽	Anhui	93	4599	2951	988	224
福　建	Fujian	96	5984	2831	918	286
江　西	Jiangxi	114	8788	2981	926	251
山　东	Shandong	207	17741	7978	3088	1151
河　南	Henan	105	6913	2352	788	316
湖　北	Hubei	106	6623	2371	854	300
湖　南	Hunan	126	8816	4950	1762	308
广　东	Guangdong	161	14039	6734	2628	897
广　西	Guangxi	118	10797	4448	2016	373
海　南	Hainan	17	1996	204	109	20
重　庆	Chongqing	24	9753	3810	1262	361
四　川	Sichuan	144	12775	4668	1830	460
贵　州	Guizhou	74	4276	2071	825	159
云　南	Yunnan	101	7047	4626	1932	219
西　藏	Tibet	17	1272	554	184	15
陕　西	Shaanxi	73	6531	1848	770	134
甘　肃	Gansu	99	6880	3191	1117	163
青　海	Qinghai	21	914	240	90	10
宁　夏	Ningxia	21	855	626	240	26
新　疆	Xinjiang	105	5464	2675	1004	172

开发机构R&D人员(2015年)
Local Governments by Region (2015)

#硕士毕业 Master	#本科毕业 Undergraduate	#全时人员 Full-time Personnel	R&D人员全时当量(人年) Full-time Equivalent of R&D Personnel (man-year)	#研究人员 Researchers	基础研究 Basic Research	应用研究 Applied Research	试验发展 Experimental Development
31817	**41352**	**71451**	**85510**	**48473**	**11303**	**25363**	**48844**
13288	14199	28770	33727	19504	4817	10830	18080
4709	7649	13710	15916	8938	1655	3925	10336
9903	14042	20679	25666	14814	3845	7938	13883
3917	5462	8292	10201	5217	986	2670	6545
1499	1422	3422	3949	2137	684	1180	2085
520	681	1124	1396	855	92	390	914
486	709	1287	1447	979	134	351	962
793	1061	1386	1835	911	231	517	1087
692	1164	1159	1946	954	216	568	1162
855	1427	2083	2558	1338	40	532	1986
946	1642	1918	2911	1036	204	677	2030
2116	2393	4291	4732	2843	742	1461	2529
1241	1116	2830	3221	1605	190	1493	1538
2314	2109	4918	5546	3068	352	2799	2395
1531	1115	1965	2778	1704	340	921	1517
812	1204	2317	2672	1508	455	1072	1145
947	1206	1884	2274	1030	316	478	1480
731	1219	2219	2484	1494	434	828	1222
2479	3192	6722	7386	4712	1335	1823	4228
629	1000	2071	2235	1374	157	486	1592
713	902	1848	2194	1281	118	266	1810
1031	2263	3869	4496	2370	260	756	3480
2199	2560	4417	5526	3293	1373	1311	2842
1495	1767	2898	3633	1929	801	1348	1484
72	89	201	204	121	1	84	119
1405	1420	2215	3180	1731	249	1470	1461
1458	2118	2535	3341	1982	166	600	2575
674	995	1510	1771	1039	445	537	789
1330	2335	3352	3804	2255	469	737	2598
137	221	501	534	259	224	281	29
587	786	1087	1512	853	258	279	975
753	1738	2718	2890	1631	417	911	1562
66	117	109	178	101	38	111	29
277	216	490	543	367	125	215	203
1029	1165	2105	2334	1713	437	881	1016

3-5 按服务的国民经济行业分研究与

R&D Personnel in R&D Institutions by Industrial Sector

行　业	Industry	机构数（个） R&D Institutions (unit)	从业人员（人） Employed Persons (person)	R&D人员合计（人） R&D Personnel (person)
总　计	**Total**	**3650**	**782821**	**436284**
农、林、牧、渔服务业小计	**Farming, Forestry, Animal Husbandry and Fishery**	**1211**	**95169**	**53972**
农　业	Farming	570	52732	31063
林　业	Forestry	192	11028	5557
畜牧业	Animal Husbandry	81	7602	4485
渔　业	Fishery	57	4721	2571
农、林、牧、渔服务业	Service Activities for Agriculture, Forestry, Farming of Animals and Fishing	311	19086	10296
采矿业小计	**Mining**	**9**	**1636**	**1077**
煤炭开采和洗选业	Mining and Washing of Coal	6	533	139
有色金属矿采选业	Mining of Non-ferrous Metal Ores	2	1079	918
其他采矿业	Other Minerals Mining and Dressing	1	24	20
制造业小计	**Manufacturing**	**619**	**434728**	**209901**
农副食品加工业	Processing of Food from Agricultural Products	36	2754	1271
食品制造业	Manufacture of Foods	13	616	297
酒、饮料和精制茶制造业	Manufacture of Liquor, Beverages and Refined Tea	2	173	49
烟草制品业	Manufacture of Tobacco	1	35	
纺织业	Manufacture of Textile	8	344	39
纺织服装、服饰业	Manufacture of Textile, Apparel and Accessories	5	79	21
皮革、毛皮、羽毛及其制品和制鞋业	Manufacture of Leather, Fur, Feather and Related Products and Shoes	3	48	6
木材加工及木、竹、藤、棕、草制品业	Processing of Timbers and Manufacture of Wood, Bamboo, Rattan, Palm and Straw	2	229	270
家具制造业	Manufacture of Furniture	1	17	11
造纸及纸制品业	Manufacture of Paper and Paper Products	2	96	14
印刷和记录媒介复制业	Printing,Reproduction of Recording Media	3	76	
文教、工美、体育和娱乐用品制造业	Manufacture of Artworks, and Articles for Culture, Education, Sports and Recreation	9	143	11
石油加工、炼焦及核燃料加工业	Processing of Petroleum ,Coking and Processing of Nucleus Fuel	21	20842	7883
化学原料及化学制品制造业	Manufacture of Chemical Raw Material and Chemical Products	34	2692	1917
医药制造业	Manufacture of Medicines	47	7762	4811
化学纤维制造业	Manufacture of Chemical Fiber	4	120	56
塑料制品业	Manufacture of Rubber and Plastic	5	273	113
非金属矿物制品业	Manufacture of Non-metallic Mineral Products	17	1208	153
黑色金属冶炼及压延加工业	Manufacture and Processing of Ferrous Metals	4	122	27

开发机构R&D人员(2015年)
in which the R&D Institutions Served (2015)

#女性 Female	#博士毕业 Doctor	#硕士毕业 Master	#本科毕业 Under-graduate	#全时人员 Full-time Personnel	R&D人员全时当量(人年) Full-time Equivalent of R&D Personnel (man-year)	#研究人员 Researchers	基础研究 Basic Research	应用研究 Applied Research	试验发展 Experimental Development
142578	**73416**	**146329**	**148892**	**346545**	**383597**	**250655**	**71170**	**131362**	**181065**
19625	**8062**	**16132**	**19558**	**41294**	**47159**	**25199**	**6033**	**9214**	**31912**
11438	4081	9464	11388	24224	27528	14812	3058	5173	19297
2101	907	1381	2415	3828	4474	2388	509	695	3270
1616	621	1207	1537	3335	3899	1915	639	1010	2250
857	528	834	831	2013	2262	1281	467	512	1283
3613	1925	3246	3387	7894	8996	4803	1360	1824	5812
357	**72**	**346**	**512**	**534**	**871**	**369**	**20**	**45**	**806**
28	3	13	74	84	105	43		14	91
315	68	322	433	433	746	316	7	26	713
14	1	11	5	17	20	10	13	5	2
57393	**14430**	**76593**	**80620**	**186847**	**194250**	**138871**	**17543**	**61955**	**114752**
507	168	383	496	800	1074	529	146	157	771
147	34	76	138	223	260	147	88	64	108
22	6	31	10	15	22	10		7	15
12		7	9	33	36	18		6	30
		1	17	17	17	11		11	6
3		1	4	6	6	3		2	4
106	98	76	74	225	237	114	53	31	153
2			7	8	11	5			11
6		2	10	12	14	6			14
		2	5	11	11	7		11	
2003	530	2423	2924	5510	5949	4515	2420	2031	1498
670	367	283	494	1304	1563	974	550	620	393
2357	990	1472	1811	3535	4019	2515	522	1578	1919
19		4	25	41	51	24			51
52	7	47	45	80	101	36	40	8	53
32	6	51	86	56	115	54			115
4		2	21	27	27	6		27	

3-5 续表 1

行　业	Industry	机构数（个） R&D Institutions (unit)	从业人员（人） Employed Persons (person)	R&D人员合计（人） R&D Personnel (person)
有色金属冶炼和压延加工业	Manufacture and Processing of Non-ferrous Metals	2	130	17
金属制品业	Manufacture of Metal Products	1	60	48
通用设备制造业	Manufacture of General Purpose Machinery	23	2296	589
专用设备制造业	Manufacture of Special Purpose Machinery	74	5912	2919
汽车制造业	Manufacture of Motor Vehicles	2	114	
铁路、船舶、航空航天和其他运输设备制造业	Manufacture of Railway, Ships, Aerospace and Other Transport Equipment	184	213632	113861
电气机械和器材制造业	Manufacture of Electrical Machinery and Equipment	3	19	
计算机、通信和其他电子设备制造业	Manufacture of Computer, Communication and Other Electronic Equipment	66	123357	50220
仪器仪表制造业	Manufacture of Measuring Instrument and Meter	14	916	386
其他制造业	Other Manufacturing	33	50663	24912
电力、热力、燃气及水生产和供应业小计	**Production and Distribution of Electricity, Gas and Water**	**10**	**1865**	**566**
电力、热力的生产和供应业	Production and Supply of Electric Power and Heat Power	8	1735	513
燃气生产和供应业	Production and Distribution of Gas	2	130	53
水的生产和供应业	Production and Distribution of Water			
建筑业小计	**Construction**	**39**	**6905**	**1345**
房屋建筑业	Construction of Building	20	3328	426
土木工程建筑业	Construction of Civil Engineering	15	3415	847
建筑安装业	Construction Installation			
建筑装饰和其他建筑业	Building Decoration and Other Construction	4	162	72
批发和零售业小计	**Wholesale and Retail Trade**	**3**	**53**	**5**
批发业	Wholesale	2	24	
零售业	Retail trade	1	29	5
交通运输、仓储和邮政业小计	**Traffic,Transport, Storage and Post**	**20**	**3484**	**1479**
铁路运输业	Railway Transportation	1	59	3
道路运输业	Transport via Road	14	2253	974
水上运输业	Water Transport	3	710	301
航空运输业	Air Transport	1	260	201
装卸搬运和运输代理业	Loading, Unloading, Portage and Other Transport Services	1	202	
信息传输、软件和信息技术服务业小计	**Information Transfer,Software and Information Technology Services**	**41**	**4527**	**2727**
电信、广播电视和卫星传输服务	Telecommunications, Broadcasting,Television and Satellite Transmission Services	12	1742	806
互联网和相关服务	Internet and Related Services	5	440	363
软件和信息技术服务业	Software and Information Technology Services	24	2345	1558

continued

#女性 Female	#博士毕业 Doctor	#硕士毕业 Master	#本科毕业 Under-graduate	#全时人员 Full-time Personnel	R&D人员全时当量(人年) Full-time Equivalent of R&D Personnel (man-year)	#研究人员 Researchers	基础研究 Basic Research	应用研究 Applied Research	试验发展 Experimental Development
7		7	9	7	8	4			8
16	15	10	17	48	48	46	19	18	11
169	162	180	223	330	494	258		224	270
633	218	877	1489	2027	2336	1208	42	547	1747
29987	7103	46799	40756	104524	108954	74317	6646	33446	68862
12957	2580	16085	21760	44205	45015	35917	4585	15142	25288
94	42	142	115	323	348	246	28	82	238
7588	2104	7632	10075	23480	23534	17901	2404	7943	13187
179	**237**	**150**	**98**	**420**	**471**	**256**	**54**	**158**	**259**
159	232	127	77	391	431	221	54	157	220
20	5	23	21	29	40	35		1	39
271	**173**	**515**	**537**	**728**	**1000**	**545**	**56**	**213**	**731**
78	38	120	222	217	270	122		96	174
162	124	355	299	463	670	378	56	117	497
31	11	40	16	48	60	45			60
1		**2**	**3**	**2**	**3**	**1**			**3**
1		2	3	2	3	1			3
427	**237**	**632**	**512**	**1166**	**1274**	**731**	**232**	**172**	**870**
1	1	1	1	3	3	3		1	2
243	120	339	429	718	800	398	216	76	508
107	46	206	46	273	288	233	2	18	268
76	70	86	36	172	183	97	14	77	92
834	**591**	**1160**	**848**	**1878**	**2070**	**1063**	**87**	**899**	**1084**
204	141	429	214	621	664	495		143	521
102	27	81	224	339	355	36		87	268
528	423	650	410	918	1051	532	87	669	295

3-5 续表 2

行　业	Industry	机构数（个）R&D Institutions (unit)	从业人员（人）Employed Persons (person)	R&D 人员合计（人）R&D Personnel (person)
金融业小计	**Finance**	**2**	**40**	**34**
货币金融服务	Monetary Financial Services	2	40	34
房地产业小计	**Real Estate**	**2**	**45**	
房地产业	Real Estate	2	45	
租赁和商务服务业小计	**Tenancy and Business Services**	**8**	**165**	**37**
商务服务业	Business Service	8	165	37
科学研究和技术服务业小计	**Scientific Research, Technical Service**	**1024**	**145885**	**130133**
研究和试验发展	Research and Experimental Development	472	89424	107208
专业技术服务业	Professional Technique Services	357	49055	20550
科技推广和应用服务业	Technique Generalization and Application Services	195	7406	2375
水利、环境和公共设施管理业小计	**Management of Water Conservancy, Environment and Public Establishment**	**219**	**21404**	**9810**
水利管理业	Management of Water Conservancy	80	8699	3355
生态保护和环境治理业	Environmental Management	127	11769	6268
公共设施管理业	Management of Public Establishment	12	936	187
居民服务、修理和其他服务业小计	**Resident Services and Other Services**	**4**	**113**	**33**
居民服务业	Resident Services	2	70	33
机动车、电子产品和日用产品修理业	Repair of Motor Vehicles, Electronics and Household Appliances	2	43	
教育小计	**Education**	**38**	**2466**	**1055**
教　育	Education	38	2466	1055
卫生和社会工作小计	**Sanitation and Social Works**	**231**	**51305**	**19978**
卫　生	Sanitation	231	51305	19978
文化、体育和娱乐业小计	**Culture, Sports and Entertainment**	**93**	**6223**	**1654**
新闻和出版业	Journalism and Publishing Activities	2	229	25
广播、电视、电影和影视录音制作业	Broadcasting, Television,Movies,Videos and Sound Recording	2	77	21
文化艺术业	Culture and Art	57	4679	1155
体　育	Sports Activities	31	1131	348
娱乐业	Entertainment	1	107	105
公共管理、社会保障和社会组织小计	**Public Management and Social Organization**	**77**	**6808**	**2478**
中国共产党机关	Chinese Communist Party Organs	2	30	20
国家机构	Organ of State	73	6754	2458
群众团体、社会团体和其他成员组织	Mass Communities, Social Communities and Religion Organizations	2	24	

continued

#女性 Female	#博士毕业 Doctor	#硕士毕业 Master	#本科毕业 Under-graduate	#全时人员 Full-time Personnel	R&D人员全时当量(人年) Full-time Equivalent of R&D Personnel (man-year)	#研究人员 Researchers	基础研究 Basic Research	应用研究 Applied Research	试验发展 Experimental Development
16	**2**	**14**	**18**	**17**	**26**	**17**		**21**	**5**
16	2	14	18	17	26	17		21	5
17		**12**	**19**	**34**	**36**	**16**		**36**	
17		12	19	34	36	16		36	
46940	**42711**	**39727**	**32837**	**89944**	**107263**	**66620**	**41454**	**45906**	**19903**
39144	38794	31968	24183	73263	87689	55965	37835	39640	10214
7005	3639	6890	7658	14935	17476	9543	3537	5160	8779
791	278	869	996	1746	2098	1112	82	1106	910
3618	**2282**	**3820**	**3178**	**6986**	**8194**	**4934**	**762**	**3104**	**4328**
942	499	1332	1322	2305	2786	1580	307	935	1544
2581	1747	2426	1777	4560	5258	3284	445	2136	2677
95	36	62	79	121	150	70	10	33	107
15	**4**	**13**	**9**	**21**	**27**	**8**		**10**	**17**
15	4	13	9	21	27	8		10	17
510	**233**	**364**	**410**	**709**	**873**	**648**	**50**	**465**	**358**
510	233	364	410	709	873	648	50	465	358
10711	**3793**	**5525**	**7977**	**13184**	**16747**	**9232**	**4076**	**7982**	**4689**
10711	3793	5525	7977	13184	16747	9232	4076	7982	4689
701	**115**	**450**	**812**	**1182**	**1407**	**823**	**544**	**516**	**347**
16	2	10	11	15	19	15			19
9		6	11	21	21	13			21
470	80	298	555	841	1010	557	510	373	127
162	26	110	174	200	252	162	28	114	110
44	7	26	61	105	105	76	6	29	70
963	**474**	**874**	**944**	**1599**	**1926**	**1322**	**259**	**666**	**1001**
11	3	12	5	20	20	19		20	
952	471	862	939	1579	1906	1303	259	646	1001

3-6 按隶属关系和学科分研究与开发
Intramural Expenditure on R&D of R&D Institutions

单位：万元

项　目	Item	R&D经费内部支出 Intramural Expenditure on R&D	基础研究 Basic Research	应用研究 Applied Research	试验发展 Experimental Development
总　计	**Total**	**21364865**	**2952866**	**6183550**	**12228450**
按隶属关系分组	**by Subordination**				
中央部门属	Subordinated to Central Level	18910667	2609302	5472463	10828902
#中国科学院	Chinese Academy of Sciences	4070408	1649351	2032024	389033
地方部门属	Subordi-nated to Local Level	2454198	343564	711087	1399548
省级部门属	Provincial Level	2104217	304649	649769	1149799
副省级城市部门属	Sub-provincial Cities Level	69890	3900	20240	45750
地市级部门属	Miniciple Level	280091	35015	41078	203998
按门类学科分组	**by Subject**				
自然科学	Natural sciences	3340694	1468903	1398834	472958
农业科学	Agricultural Sciences	1485688	165329	312924	1007435
医药科学	Medical Science	938114	212351	393253	332510
工程与技术科学	Engineering and Technological Sciences	15165576	965850	3872493	10327234
人文与社会科学	Humanities and Social Sciences	434792	140434	206046	88313

机构R&D经费内部支出(2015年)

by Subordination and Subject (2015)

(10 000 yuan)

日常性支出 Routine Expenses	#人员劳务费 Labor Cost	资产性支出 Assets Expenditure	#仪器和设备支出 Equipment	政府资金 Government Funds	企业资金 Self-raised Funds by Enterprises	国外资金 Foreign Funds	其他资金 Other Funds
16908742	**4256742**	**4456123**	**2792814**	**18026930**	**653588**	**50026**	**2634320**
14968849	3325219	3941818	2466570	16092004	591070	44917	2182676
3071544	1136332	998865	652544	3627333	251305	34736	157035
1939893	931523	514306	326243	1934926	62519	5109	451645
1650300	764453	453918	293635	1629565	53204	4846	416602
57489	31876	12401	8219	54679	1270	25	13916
232104	135194	47987	24390	250683	8045	237	21127
2515833	907659	824861	555295	3057572	117252	23670	142201
1198493	534569	287195	190540	1304676	43505	8182	129325
768782	358150	169332	120285	662525	33490	8001	234098
12027273	2289248	3138303	1895645	12607960	452295	8106	2097216
398361	167115	36432	31049	394197	7047	2068	31481

3-7 各地区研究与开发机构R&D
Intramural Expenditure on R&D of R&D

单位：万元

地　区	Region	R&D经费内部支出 Intramural Expenditure on R&D	基础研究 Basic Research	应用研究 Applied Research	试验发展 Experimental Development
全　国	**National Total**	**21364865**	**2952866**	**6183550**	**12228450**
东部地区	Eastern Region	13437449	2086179	3776946	7574324
中部地区	Middle Region	1928836	219030	643134	1066673
西部地区	Western Region	4848651	477009	1308115	3063527
东北地区	Northeast Region	1149929	170648	455355	523926
北　京	Beijing	7027642	1232527	1940278	3854837
天　津	Tianjin	442132	30332	116926	294873
河　北	Hebei	406037	13306	100804	291927
山　西	Shanxi	154623	16010	41461	97152
内蒙古	Inner Mongolia	93504	15267	35290	42947
辽　宁	Liaoning	602499	104247	290065	208188
吉　林	Jilin	290165	23375	118244	148546
黑龙江	Heilongjiang	257266	43027	47047	167192
上　海	Shanghai	2647025	367799	639853	1639373
江　苏	Jiangsu	1303174	75684	448564	778926
浙　江	Zhejiang	302803	31015	92936	178852
安　徽	Anhui	480534	101470	123848	255217
福　建	Fujian	154848	60679	58440	35728
江　西	Jiangxi	122029	3950	28854	89225
山　东	Shandong	480902	89962	151658	239283
河　南	Henan	331388	21018	86731	223639
湖　北	Hubei	644219	68923	309304	265992
湖　南	Hunan	196044	7660	52935	135449
广　东	Guangdong	639820	182808	211936	245076
广　西	Guangxi	130616	33585	46779	50252
海　南	Hainan	33067	2068	15551	15448
重　庆	Chongqing	179589	19106	67599	92884
四　川	Sichuan	2116421	101075	514338	1501009
贵　州	Guizhou	78854	45461	8061	25331
云　南	Yunnan	225672	73038	40743	111891
西　藏	Tibet	13956	4724	8171	1062
陕　西	Shaanxi	1636352	55375	476562	1104415
甘　肃	Gansu	248233	99966	64329	83938
青　海	Qinghai	23354	10912	6618	5824
宁　夏	Ningxia	15723	3366	4410	7946
新　疆	Xinjiang	86377	15133	35217	36028

经费内部支出(2015年)

Institutions by Region (2015)

(10 000 yuan)

日常性支出 Routine Expenses	#人员劳务费 Labor Cost	资产性支出 Assets Expenditure	#仪器和设备支出 Equipment	政府资金 Government Funds	企业资金 Self-raised Funds by Enterprises	国外资金 Foreign Funds	其他资金 Other Funds
16908742	**4256742**	**4456123**	**2792814**	**18026930**	**653588**	**50026**	**2634320**
10828021	2646212	2609428	1710292	11172926	350397	37075	1877051
1439003	444915	489833	287541	1486260	118625	4828	319124
3766898	836183	1081753	629218	4316375	142802	4771	384704
874820	329433	275109	165763	1051369	41765	3352	53443
5597785	1277295	1429857	972218	6196676	150103	20088	660775
355994	93473	86137	64129	368098	4479		69554
313637	79252	92400	44273	346804	549	245	58438
104203	32270	50420	28803	128765	8265	139	17454
68427	30347	25077	11699	82226	1005		10273
457339	182977	145160	78189	551628	36176	2489	12206
228460	84351	61704	43894	275968	4010	439	9748
189022	62106	68244	43680	223774	1579	424	31488
2218389	479973	428636	285423	2384007	53129	12933	196957
1117774	239905	185400	108692	685198	64412	1082	552481
221767	71058	81036	50357	200857	14131	423	87392
339359	111886	141175	64989	391900	18209	3114	67312
94235	49671	60613	26252	117673	7317	190	29668
89717	38973	32312	24867	110979	5140		5910
383704	156717	97199	69012	416496	16178	805	47423
261395	79134	69993	52225	229893	10014		91481
483175	129914	161045	90710	492405	36621	1360	113834
161155	52738	34889	25949	132319	40378	216	23132
499143	180061	140677	84059	426376	40097	1309	172038
101744	46068	28873	21028	105871	2360	39	22346
25593	18806	7474	5877	30741	3		2323
92857	46309	86731	22704	162802	7446		9340
1668362	250172	448060	292924	1831484	79460	1058	204420
51225	23327	27629	8518	51514	424	92	26825
170965	72924	54707	33114	192201	17655	2178	13638
12817	8675	1140	905	13951			6
1324793	249011	311559	172740	1534823	23199	89	78241
179717	63943	68516	42498	227444	8855	716	11218
18351	10078	5003	1982	20153	1942		1259
13126	5445	2596	2596	15587	26		110
64514	29884	21863	18509	78319	431	599	7029

3-8 各地区地方部门属研究与开发
Intramural Expenditure on R&D in Local

单位：万元

地　区	Region	R&D经费内部支出 Intramural Expenditure on R&D	基础研究 Basic Research	应用研究 Applied Research	试验发展 Experimental Development
全　国	**National Total**	**2454198**	**343564**	**711087**	**1399548**
东部地区	Eastern Region	1259582	195151	403959	660472
中部地区	Middle Region	290552	37331	59164	194057
西部地区	Western Region	688166	95817	198198	394152
东北地区	Northeast Region	215898	15265	49766	150868
北　京	Beijing	185666	26000	51250	108416
天　津	Tianjin	53739	3099	10960	39680
河　北	Hebei	44689	2437	7597	34655
山　西	Shanxi	38494	11780	6742	19972
内蒙古	Inner Mongolia	59272	9197	17435	32640
辽　宁	Liaoning	67332	1000	14123	52210
吉　林	Jilin	69990	4434	15556	50000
黑龙江	Heilongjiang	78576	9831	20087	48658
上　海	Shanghai	141729	12866	54042	74822
江　苏	Jiangsu	176673	6108	85026	85540
浙　江	Zhejiang	110115	14169	29991	65956
安　徽	Anhui	70518	13710	21004	35804
福　建	Fujian	49847	6967	10976	31904
江　西	Jiangxi	37763	3937	12984	20842
山　东	Shandong	175570	24100	45793	105677
河　南	Henan	27139	1616	4403	21121
湖　北	Hubei	50352	4103	5887	40362
湖　南	Hunan	66288	2186	8145	55958
广　东	Guangdong	316311	99391	106513	110408
广　西	Guangxi	109669	25040	37279	47349
海　南	Hainan	5243	15	1813	3415
重　庆	Chongqing	145304	8251	53428	83626
四　川	Sichuan	79368	3500	11494	64375
贵　州	Guizhou	27147	6099	8054	12994
云　南	Yunnan	106458	8889	19645	77924
西　藏	Tibet	13956	4724	8171	1062
陕　西	Shaanxi	26822	6160	4846	15817
甘　肃	Gansu	48748	11274	14746	22728
青　海	Qinghai	4432	2069	1823	540
宁　夏	Ningxia	15723	3366	4410	7946
新　疆	Xinjiang	51265	7247	16867	27151

机构R&D经费内部支出(2015年)
R&D Institutions by Region (2015)

(10 000 yuan)

日常性支出 Routine Expenses		资产性支出 Assets Expenditure		政府资金 Government Funds	企业资金 Self-raised Funds by Enterprises	国外资金 Foreign Funds	其他资金 Other Funds
	#人员劳务费 Labor Cost		#仪器和设备支出 Equipment				
1939893	**931523**	**514306**	**326243**	**1934926**	**62519**	**5109**	**451645**
1019608	450747	239974	169861	901127	32361	3565	322529
225349	127574	65203	36683	236665	9580	441	43867
511395	256076	176771	91676	604094	18596	783	64693
183540	97126	32357	28024	193041	1982	320	20555
133949	56802	51717	48609	166992	2687	2191	13796
45788	16927	7951	7568	34655			19084
38222	14235	6467	6217	42369	249	245	1825
32315	17908	6179	4591	36296	389		1808
44382	22678	14890	8036	57613			1659
59944	26486	7388	7013	62816		45	4472
57410	28252	12580	9830	63468	925	276	5321
66187	42388	12389	11181	66757	1056		10762
127439	58382	14290	14267	115140	2110	672	23807
143349	70028	33324	22186	109289	7192	43	60149
84127	39593	25989	12210	73923	9047	33	27112
46650	23963	23868	7474	56071	1920	19	12508
40007	24823	9839	7382	42435	806		6605
31658	19726	6105	3548	31858	88		5817
149267	91433	26303	20548	131435	3177	61	40898
22767	13154	4372	4022	21466	430		5243
38399	22702	11953	6686	43210	2329	379	4434
53560	30121	12728	10362	47763	4424	43	14058
252789	75414	63522	30508	179646	7093	320	129252
85769	40586	23900	16055	84924	2360	39	22346
4672	3110	571	367	5243			
73336	38880	71968	15620	131846	4118		9340
66957	28233	12411	10626	72052	723	28	6566
22360	12893	4788	3070	25716	219		1213
81964	37735	24494	16834	86095	10180	717	9467
12817	8675	1140	905	13951			6
24270	16519	2552	1551	24110	63		2649
40886	20725	7862	6750	44650	767		3332
4060	2390	372	372	3455			978
13126	5445	2596	2596	15587	26		110
41468	21318	9798	9260	44096	141		7029

3-9 按服务的国民经济行业分研究与

Intramural Expenditure on R&D of R&D Institutions by

单位：万元

行　业	Industry	R&D经费内部支出 Intramural Expenditure on R&D	基础研究 Basic Research	应用研究 Applied Research
总　计	**Total**	**21364865**	**2952866**	**6183550**
农、林、牧、渔业小计	**Farming, Forestry, Animal Husbandry and Fishery**	**1443180**	**162314**	**297317**
农　业	Farming	808336	79497	158831
林　业	Forestry	120518	12586	20619
畜牧业	Animal Husbandry	123043	15056	29301
渔　业	Fishery	108572	14196	34862
农、林、牧、渔服务业	Service Activities for Agriculture, Forestry, Farming of Animals and Fishing	282712	40978	53704
采矿业小计	**Mining**	**35864**	**322**	**1018**
煤炭开采和洗选业	Mining and Washing of Coal	1361		124
有色金属矿采选业	Mining of Non-ferrous Metal Ores	34410	264	869
其他采矿业	Other Minerals Mining and Dressing	93	57	26
制造业小计	**Manufacturing**	**13150782**	**654766**	**2907611**
农副食品加工业	Processing of Food from Agricultural Products	42790	3387	2788
食品制造业	Manufacture of Foods	6705	1540	1610
酒、饮料和精制茶制造业	Manufacture of Liquor, Beverages and Refined Tea	1065		212
纺织业	Manufacture of Textile	199		34
纺织服装、服饰业	Manufacture of Textile, Apparel and Accessories	91		45
皮革、毛皮、羽毛及其制品和制鞋业	Manufacture of Leather, Fur, Feather and Related Products and Shoes	40		15
木材加工和木、竹、藤、棕、草制品业	Processing of Timbers and Manufacture of Wood, Bamboo,Rattan, Palm and Straw	5085	1081	424
家具制造业	Manufacture of Furniture	184		
造纸和纸制品业	Manufacture of Paper and Paper Products	319		
文教、工美、体育和娱乐用品制造业	Manufacture of Artworks, and Articles for Culture, Education, Sports and Recreation	192		192
石油加工、炼焦及核燃料加工业	Processing of Petroleum ,Coking and Processing of Nucleus Fuel	399930	136269	133091
化学原料和化学制品制造业	Manufacture of Chemical Raw Material and Chemical Products	56994	23368	27308
医药制造业	Manufacture of Medicines	137369	15238	39341
化学纤维制造业	Manufacture of Chemical Fiber	771		
橡胶和塑料制品业	Manufacture of Rubber and Plastic	3163	819	149
非金属矿物制品业	Manufacture of Non-metallic Mineral Products	3189		
黑色金属冶炼和压延加工业	Manufacture and Processing of Ferrous Metals	196		196
有色金属冶炼和压延加工业	Manufacture and Processing of Non-ferrous Metals	75		
金属制品业	Manufacture of Metal Products	487	68	208
通用设备制造业	Manufacture of General Purpose Machinery	12375		2857
专用设备制造业	Manufacture of Special Purpose Machinery	88274	603	26891
汽车制造业	Manufacture of Motor Vehicles			
铁路、船舶、航空航天和其他运输设备制造业	Manufacture of Railway, Ships, Aerospace and Other Transport Equipment	8445300	203279	1684666
电气机械和器材制造业	Manufacture of Electrical Machinery and Equipment			
计算机、通信和其他电子设备制造业	Manufacture of Computer, Communication and Other Electronic Equipment	2593769	217585	682595
仪器仪表制造业	Manufacture of Measuring Instrument and Meter	6477	419	975
电力、热力、燃气及水生产和供应业小计	**Production and Distribution of Electricity, Gas and Water**	**43106**	**2841**	**9687**
电力、热力生产和供应业	Production and Supply of Electric Power and Heat Power	41652	2841	9671
燃气生产和供应业	Production and Distribution of Gas	1455		16

开发机构R&D经费内部支出(2015年)
Industrial Sector in which the R&D Institutions Served (2015)

(10 000 yuan)

试验发展 Experimental Development	日常性支出 Routine Expenses		资产性支出 Assets Expenditure		政府资金 Government Funds	企业资金 Self-raised Funds by Enterprises	国外资金 Foreign Funds	其他资金 Other Funds
		#人员劳务费 Labor Cost		#仪器和设备支出 Equipment				
12228450	**16908742**	**4256742**	**4456123**	**2792814**	**18026930**	**653588**	**50026**	**2634320**
983550	**1157670**	**509105**	**285511**	**191131**	**1267229**	**44239**	**9149**	**122563**
570007	661959	305453	146376	95377	708969	24768	7059	67540
87313	98744	41103	21774	15727	111443	948	851	7277
78685	99023	35926	24020	15584	109669	7155	156	6063
59514	79990	30363	28582	16027	99270	3787		5515
188030	217953	96260	64759	48415	237878	7581	1083	36169
34524	**24153**	**10880**	**11711**	**9457**	**21861**	**1976**		**12027**
1237	1199	535	162	162	570			791
33277	22864	10333	11546	9292	21198	1976		11236
10	91	12	2	2	93			
9588406	**10544633**	**1731782**	**2606149**	**1550336**	**10975412**	**304531**	**937**	**1869902**
36615	33333	12145	9458	5415	37324	939		4527
3554	5984	3114	721	711	5139		12	1554
853	602	291	463	63	473	212		380
165	199	189			199			
46	89	68	2	2	60			31
26	40	20			17			23
3580	4576	845	509	509	5035	20		31
184	104	60	80	80				184
319	319	228			123	196		
	190	119	2	2	192			
130570	177138	35740	222792	190216	237043	656		162231
6317	36993	28765	20001	17716	52892	2037	49	2017
82790	108382	44588	28987	19434	112082	13414	745	11129
771	619	373	151	151	513	258		
2194	1649	981	1514	294	3084			79
3189	3145	1069	45	12	2912			278
	195	137	1	1				196
75	69	40	6	6	75			
212	157	56	331	331	487			
9518	7315	3064	5060	2164	2783	1955		7637
60780	72462	29047	15812	15143	68940	2354	123	16856
6557355	7051687	1097303	1393613	766727	7414113	103208		927979
1693589	1923535	334018	670234	391858	1738903	163997	8	690861
5083	5992	2889	485	485	3508	420		2549
30579	**38114**	**12737**	**4992**	**4806**	**39020**	**2011**	**9**	**2067**
29140	37371	12244	4281	4095	38006	1951	9	1686
1439	743	493	712	712	1014	60		381

3-9 续表

单位：万元

行　　业	Industry	R&D经费内部支出 Intramural Expenditure on R&D	基础研究 Basic Research	应用研究 Applied Research
建筑业小计	**Construction**	**21139**	**740**	**3774**
房屋建筑业	Construction of Building	4160		1181
土木工程建筑业	Construction of Civil Engineering	15183	740	2593
建筑装饰和其他建筑业	Building Decoration and Other Construction	1796		
批发和零售业小计	**Wholesale and Retail Trade**	**49**		
批发业	Wholesale			
零售业	Retail trade	49		
交通运输、仓储和邮政业小计	**Traffic,Transport, Storage and Post**	**63734**	**859**	**5160**
铁路运输业	Railway Transportation	361		84
道路运输业	Transport via Road	45467	762	3825
水上运输业	Water Transport	14780	28	448
航空运输业	Air Transport	3126	69	803
信息传输、软件和信息技术服务业小计	**Information Transfer,Software and Information Technology Services**	**110414**	**8609**	**34459**
电信、广播电视和卫星传输服务	Telecommunications, Broadcasting,Television and Satellite Transmission Services	59017		9332
互联网和相关服务	Internet and Related Services	6051		1487
软件和信息技术服务业	Software and Information Technology Services	45347	8609	23639
金融业小计	**Finance**	**585**		**409**
货币金融服务	Monetary Financial Services	585		409
租赁和商务服务业小计	**Tenancy and Business Services**	**711**		**711**
商务服务业	Business Service	711		711
科学研究和技术服务业小计	**Scientific Research, Technical Service**	**5348934**	**1901158**	**2452710**
研究和试验发展	Research and Experimental Development	4353812	1721837	2100989
专业技术服务业	Professional Technique Services	894948	177860	297321
科技推广和应用服务业	Technique Generalization and Application Services	100174	1461	54400
水利、环境和公共设施管理业小计	**Management of Water Conservancy, Environment and Public Establishment**	**326758**	**26100**	**124248**
水利管理业	Management of Water Conservancy	130320	13506	45903
生态保护和环境治理业	Environmental Management	192272	12556	77935
公共设施管理业	Management of Public Establishment	4166	38	411
居民服务、修理和其他服务业小计	**Resident Services and Other Services**	**1588**		**923**
居民服务业	Resident Services	1588		923
机动车、电子产品和日用产品修理业	Repair of Motor Vehicles, Electronics and Household Appliances			
教育小计	**Education**	**31955**	**1484**	**17921**
教　育	Education	31955	1484	17921
卫生和社会工作小计	**Sanitation and Social Works**	**657759**	**154028**	**288561**
卫　生	Sanitation	657759	154028	288561
文化、体育和娱乐业小计	**Culture, Sports and Entertainment**	**56371**	**32363**	**12543**
新闻和出版业	Journalism and Publishing Activities	929		
广播、电视、电影和影视录音制作业	Broadcasting, Television,Movies,Videos and Sound Recording	2233		2
文化艺术业	Culture and Art	45589	31886	9494
体　育	Sports Activities	5646	441	2479
娱乐业	Entertainment	1974	36	568
公共管理、社会保障和社会组织小计	**Public Management and Social Organization**	**71935**	**7283**	**26499**
中国共产党机关	Chinese Communist Party Organs	705		705
国家机构	Organ of State	71230	7283	25794

continued

(10 000 yuan)

试验发展 Experimental Development	日常性支出 Routine Expenses	#人员劳务费 Labor Cost	资产性支出 Assets Expenditure	#仪器和设备支出 Equipment	政府资金 Government Funds	企业资金 Self-raised Funds by Enterprises	国外资金 Foreign Funds	其他资金 Other Funds
16625	**17942**	**11338**	**3197**	**3093**	**10323**	**1908**		**8909**
2979	2882	1722	1278	1174	921	204		3035
11850	13339	8337	1844	1844	7605	1703		5874
1796	1721	1279	75	75	1796			
49	**49**	**36**	**0**	**0**	**39**	**10**		
49	49	36	0	0	39	10		
57715	**46818**	**14004**	**16916**	**10841**	**60058**	**707**	**272**	**2698**
277	327	29	34	34	174	187		
40880	34459	8557	11008	5745	43515	127	108	1718
14304	10865	4252	3915	3103	13243	393	164	980
2254	1166	1166	1960	1960	3126			
67346	**91672**	**41277**	**18742**	**18415**	**91352**	**6283**		**12779**
49684	44991	16278	14026	14026	58154	142		720
4563	5678	4469	373	373	6051			
13098	41004	20529	4343	4016	27148	6140		12059
176	**580**	**242**	**5**	**5**	**585**			
176	580	242	5	5	585			
	705	**442**	**7**	**7**	**354**			**358**
	705	442	7	7	354			358
995066	**4048935**	**1498758**	**1299998**	**860617**	**4737082**	**263126**	**34936**	**313790**
530986	3318675	1234317	1035137	684744	3867832	229879	34898	221203
419767	682238	244438	212710	164648	780795	26924	38	87192
44313	48022	20003	52152	11225	88455	6323		5396
176411	**256950**	**105829**	**69809**	**44110**	**258484**	**15808**	**1003**	**51463**
70911	94195	41930	36125	16594	89549	11874	4	28892
101782	158981	62325	33291	27137	165775	3859	999	21640
3718	3774	1574	392	380	3160	76		931
666	**1340**	**99**	**248**	**248**	**1588**			
666	1340	99	248	248	1588			
12550	**29215**	**14899**	**2741**	**2137**	**31226**		**75**	**654**
12550	29215	14899	2741	2137	31226		75	654
215170	**542153**	**266176**	**115606**	**80972**	**432073**	**11520**	**3260**	**210906**
215170	542153	266176	115606	80972	432073	11520	3260	210906
11465	**49828**	**15918**	**6543**	**6495**	**46907**	**1334**		**8130**
929	748	234	181	181	929			
2231	891	536	1342	1342	2233			
4209	42078	12251	3511	3463	37131	1322		7136
2726	4251	2243	1395	1395	5591	13		43
1370	1861	653	114	114	1024			951
38154	**57986**	**23221**	**13950**	**10143**	**53338**	**137**	**386**	**18075**
	678	362	27	27	705			
38154	57308	22859	13923	10116	52633	137	386	18075

3-10 按隶属关系和学科分研究与开发机构R&D经费外部支出(2015年)

External Expenditure on R&D of R&D Institutions by Subordination and Subject (2015)

单位：万元 (10 000 yuan)

项 目	Item	R&D经费外部支出 Total	对境内研究机构支出 to Domestic Research Institutions	对境内高等学校支出 to Domestic Higher Education	对境内企业支出 to Domestic Enterprises	对境外机构支出 to Foreign Institutions
总 计	**Total**	**681651**	**358241**	**68464**	**132357**	**579**
按隶属关系分组	**by Subordination**					
中央部门属	Subordinated to Central Level	654580	339887	63939	129189	579
#中国科学院	Chinese Academy of Sciences	42070	21682	5628	974	180
地方部门属	Subordi-nated to Local Level	27071	18353	4525	3168	
省级部门属	Provincial Level	25814	17650	4426	2830	
副省级城市部门属	Sud-provincial Cities Level	236	129	22	85	
地市级部门属	Miniciple Level	1021	575	77	253	
按门类学科分组	**by Subject**					
自然科学	Natural sciences	72236	44897	11480	2252	325
农业科学	Agricultural Sciences	30462	21272	6400	2673	
医药科学	Medical Science	28732	24289	2289	1910	15
工程与技术科学	Engineering and Technological Sciences	532087	251073	47214	125178	238
人文与社会科学	Humanities and Social Sciences	18134	16709	1081	344	

3-11 各地区研究与开发机构R&D经费外部支出(2015年)
External Expenditure on R&D of R&D Institutions by Region (2015)

单位：万元 (10 000 yuan)

地区	Region	R&D经费外部支出 Total	对境内研究机构支出 to Domestic Research institutions	对境内高等学校支出 to Domestic Higher Education	对境内企业支出 to Domestic Enterprises	对境外机构支出 to Foreign Institutions
全　国	**National Total**	**681651**	**358241**	**68464**	**132357**	**579**
东部地区	Eastern Region	424798	207611	33283	87739	341
中部地区	Middle Region	99065	63301	15764	9114	
西部地区	Western Region	99227	58996	4456	26496	180
东北地区	Northeast Region	58562	28333	14962	9008	58
北　京	Beijing	330641	163326	18945	68765	15
天　津	Tianjin	12581	7838	1808	1099	
河　北	Hebei	2002	1320	436	246	
山　西	Shanxi	1992				
内蒙古	Inner Mongolia	152	152			
辽　宁	Liaoning	51949	24168	14605	8942	
吉　林	Jilin	552	129	357	66	
黑龙江	Heilongjiang	6060	4035			58
上　海	Shanghai	11654	4341	1337	2967	
江　苏	Jiangsu	29168	9190	1420	8433	
浙　江	Zhejiang	21034	14577	3980	1432	219
安　徽	Anhui	1445	100		19	
福　建	Fujian	494	181	128	186	
江　西	Jiangxi	7986	1620	948	4163	
山　东	Shandong	8892	3642	3089	1617	107
河　南	Henan	2446	1663	565	218	
湖　北	Hubei	79366	57510	13840	1703	
湖　南	Hunan	5830	2407	411	3011	
广　东	Guangdong	8015	3001	2088	2926	
广　西	Guangxi	2122	2122			
海　南	Hainan	318	196	52	70	
重　庆	Chongqing	3384	1604	1197	404	180
四　川	Sichuan	49611	43599	1459	2556	
贵　州	Guizhou	95	57		38	
云　南	Yunnan	263	84	52	127	
西　藏	Tibet					
陕　西	Shaanxi	40801	9672	978	23102	
甘　肃	Gansu	2318	1574	534	210	
青　海	Qinghai					
宁　夏	Ningxia	153	15	85		
新　疆	Xinjiang	329	117	152	60	

3-12 按隶属关系和学科分研究与开发机构R&D课题(2015年)
R&D Projects of R&D Institutions by Subordination and Subject (2015)

项　目	Item	R&D课题数 (项) R&D Projects (item)	投入人员 (人年) Input of Personnel (man-year)	投入经费 (万元) Input of Funds (10 000 yuan)
总　计	**Total**	**99559**	**348699**	**15137870**
按隶属关系分组	**by Subordination**			
中央部门属	Subordinated to Central Level	64489	275235	13904475
#中国科学院	Chinese Academy of Sciences	39702	64341	2478902
地方部门属	Subordi-nated to Local Level	35070	73463	1233395
省级部门属	Provincial Level	29983	57088	1042656
副省级城市部门属	Sub-provincial Cities Level	1075	2617	37033
地市级部门属	Miniciple Level	4012	13759	153706
按门类学科分组	**by Subject**			
自然科学	Natural sciences	31150	52968	1965698
农业科学	Agricultural Sciences	23166	41160	710539
医药科学	Medical Science	9529	21731	553420
工程与技术科学	Engineering and Technological Sciences	28805	219855	11678076
人文与社会科学	Humanities and Social Sciences	6909	12985	230138

3-13 各地区研究与开发机构R&D课题(2015年)
R&D Projects of R&D Institutions by Region (2015)

地区	Region	R&D课题数 (项) R&D Projects (item)	投入人员 (人年) Input of Personnel (man-year)	投入经费 (万元) Input of Funds (10 000 yuan)
全国	**National Total**	**99559**	**348699**	**15137870**
东部地区	Eastern Region	63417	191653	9708065
中部地区	Middle Region	9318	48945	1318534
西部地区	Western Region	19948	84473	3433770
东北地区	Northeast Region	6876	23629	677501
北京	Beijing	28534	91376	5176868
天津	Tianjin	1614	9783	290670
河北	Hebei	857	7958	266479
山西	Shanxi	1256	3999	77311
内蒙古	Inner Mongolia	667	2305	51412
辽宁	Liaoning	2292	11640	368163
吉林	Jilin	2539	5856	164089
黑龙江	Heilongjiang	2045	6133	145248
上海	Shanghai	8946	26267	2011725
江苏	Jiangsu	6490	22252	1072872
浙江	Zhejiang	3060	6890	172191
安徽	Anhui	1563	9219	338352
福建	Fujian	2703	3272	68250
江西	Jiangxi	1016	5092	76222
山东	Shandong	4469	11180	265118
河南	Henan	900	10021	235196
湖北	Hubei	3161	13413	447628
湖南	Hunan	1422	7201	143826
广东	Guangdong	6172	11693	369292
广西	Guangxi	1996	3211	50294
海南	Hainan	572	982	14599
重庆	Chongqing	2014	3282	61583
四川	Sichuan	2729	29178	1566126
贵州	Guizhou	1397	2532	33289
云南	Yunnan	3091	6092	118419
西藏	Tibet	129	338	12572
陕西	Shaanxi	2407	27808	1318129
甘肃	Gansu	2637	5632	148459
青海	Qinghai	453	492	9366
宁夏	Ningxia	358	433	7404
新疆	Xinjiang	2070	3170	56716

3-14 各地区地方部门属研究与开发机构R&D课题(2015年)
R&D Projects Taken by Local R&D Institutions by Region (2015)

地　区	Region	R&D课题数 (项) R&D Projects (item)	投入人员 (人年) Input of Personnel (man-year)	投入经费 (万元) Input of Funds (10 000 yuan)
全　国	**National Total**	**35070**	**73463**	**1233395**
东部地区	Eastern Region	15725	30211	722144
中部地区	Middle Region	5303	13391	133610
西部地区	Western Region	10918	21501	284387
东北地区	Northeast Region	3124	8361	93255
北　京	Beijing	1612	3613	106688
天　津	Tianjin	568	1250	26756
河　北	Hebei	588	1083	16058
山　西	Shanxi	853	1658	18655
内蒙古	Inner Mongolia	496	1497	31219
辽　宁	Liaoning	525	2146	22912
吉　林	Jilin	923	2180	25486
黑龙江	Heilongjiang	1676	4035	44857
上　海	Shanghai	1704	2879	70358
江　苏	Jiangsu	2701	4970	135339
浙　江	Zhejiang	1651	2661	47544
安　徽	Anhui	953	2091	25078
福　建	Fujian	1623	1816	28188
江　西	Jiangxi	984	2215	16105
山　东	Shandong	2792	6931	108198
河　南	Henan	627	1842	15840
湖　北	Hubei	753	1762	24905
湖　南	Hunan	1133	3824	33026
广　东	Guangdong	2358	4844	179776
广　西	Guangxi	1939	2858	36576
海　南	Hainan	128	162	3239
重　庆	Chongqing	1680	2708	50973
四　川	Sichuan	1232	2881	24978
贵　州	Guizhou	875	1459	10744
云　南	Yunnan	1534	3370	53260
西　藏	Tibet	129	338	12572
陕　西	Shaanxi	511	1254	10571
甘　肃	Gansu	830	2411	17002
青　海	Qinghai	40	143	1366
宁　夏	Ningxia	358	433	7404
新　疆	Xinjiang	1294	2149	27721

3-15 按服务的国民经济行业分研究与开发机构R&D课题(2015年)
R&D Projects of R&D Institutions by Industry (2015)

行　　业	Industry	R&D课题数(项) R&D Projects (item)	投入人员(人年) Input of Personnel (man-year)	投入经费(万元) Input of Funds (10 000 yuan)
总　计	**Total**	**99559**	**348699**	**15137870**
农、林、牧、渔业小计	**Farming, Forestry, Animal Husbandry and Fishery**	**21787**	**39444**	**687658**
农　业	Farming	13365	24168	419593
林　业	Forestry	1732	3415	44060
畜牧业	Animal Husbandry	1787	3473	54515
渔　业	Fishery	1172	1938	43495
农、林、牧、渔服务业	Service Activities for Agriculture, Forestry, Farming of Animals and Fishing	3731	6451	125996
采矿业小计	**Mining**	**408**	**1099**	**29321**
煤炭开采和洗选业	Mining and Washing of Coal	27	58	495
石油和天然气开采业	Extraction of Petroleum and Natural Gas	91	218	5744
黑色金属矿采选业	Mining of Ferrous Metal Ores	30	54	2242
有色金属矿采选业	Mining of Non-ferrous Metal Ores	175	385	13243
非金属矿采选业	Mining and Processing of Nonmetal Ores	23	25	883
开采辅助活动	Mining Support Service Activities	47	255	5700
其他采矿业	Other Minerals Mining and Dressing	15	105	1014
制造业小计	**Manufacturing**	**7999**	**17054**	**545759**
农副食品加工业	Processing of Food from Agricultural Products	571	795	15966
食品制造业	Manufacture of Foods	214	390	6650
酒、饮料和精制茶制造业	Manufacture of Liquor, Beverages and Refined Tea	144	264	3524
烟草制品业	Manufacture of Tobacco	77	82	4493
纺织业	Manufacture of Textile	14	25	1118
纺织服装、服饰业	Manufacture of Textile, Apparel and Accessories	5	24	360
皮革、毛皮、羽毛及其制品和制鞋业	Manufacture of Leather, Fur, Feather and Related Products and Shoes	6	18	183
木材加工和木、竹、藤、棕、草制品业	Processing of Timbers and Manufacture of Wood,Bamboo, Rattan, Palm and Straw	174	297	2832
家具制造业	Manufacture of Furniture	13	28	359
造纸和纸制品业	Manufacture of Paper and Paper Products	6	21	157
印刷和记录媒介复制业	Printing,Reproduction of Recording Media	2	4	127
文教、工美、体育和娱乐用品制造业	Manufacture of Artworks, and Articles for Culture, Education, Sports and Recreation	6590	175271	10295067
石油加工、炼焦和核燃料加工业	Processing of Petroleum ,Coking and Processing of Nucleus Fuel	349	5769	194844
化学原料和化学制品制造业	Manufacture of Chemical Raw Material and Chemical Products	911	1759	55727
医药制造业	Manufacture of Medicines	1654	2715	67982
化学纤维制造业	Manufacture of Chemical Fiber	20	76	1224
橡胶和塑料制品业	Manufacture of Rubber and Plastic	86	143	1806
非金属矿物制品业	Manufacture of Non-metallic Mineral Products	220	257	6578
黑色金属冶炼和压延加工业	Manufacture and Processing of Ferrous Metals	20	85	1840
有色金属冶炼和压延加工业	Manufacture and Processing of Non-ferrous Metals	37	51	1182
金属制品业	Manufacture of Metal Products	105	178	4830
通用设备制造业	Manufacture of General Purpose Machinery	331	1286	37442
专用设备制造业	Manufacture of Special Purpose Machinery	826	2080	50788
汽车制造业	Manufacture of Motor Vehicles	40	201	1724
铁路、船舶、航空航天和其他运输设备制造业	Manufacture of Railway, Ships, Aerospace and Other Transport Equipment	4075	105873	7058955
电气机械和器材制造业	Manufacture of Electrical Machinery and Equipment	177	393	9228
计算机、通信和其他电子设备制造业	Manufacture of Computer, Communication and Other Electronic Equipment	1894	43775	2118974
仪器仪表制造业	Manufacture of Measuring Instrument and Meter	764	2068	96996
其他制造业	Other Manufacturing	1807	23492	1091951
废弃资源综合利用业	Waste Recycling and Recovery	29	111	1724
金属制品、机械和设备修理业	Repaire Service of Metal Products, Machinery and Equipment	4	2	176
电力、热力、燃气及水生产和供应业小计	**Production and Distribution of Electricity, Gas and Water**	**423**	**1180**	**64337**
电力、热力生产和供应业	Production and Supply of Electric Power and Heat Power	239	820	56337
燃气生产和供应业	Production and Distribution of Gas	100	186	5374
水的生产和供应业	Production and Distribution of Water	84	174	2626
建筑业小计	**Construction**	**390**	**915**	**14954**
房屋建筑业	Construction of Building	101	323	3197
土木工程建筑业	Construction of Civil Engineering	270	533	11030
建筑安装业	Construction Installation	3	2	55
建筑装饰和其他建筑业	Building Decoration and Other Construction	16	57	672
批发和零售业小计	**Wholesale and Retail Trade**	**9**	**38**	**842**
批发业	Wholesale	8	34	836
零售业	Retail trade	1	4	7

3-15 续表 continued

行 业	Industry	R&D课题数(项) R&D Projects (item)	投入人员(人年) Input of Personnel (man-year)	投入经费(万元) Input of Funds (10 000 yuan)
交通运输、仓储和邮政业小计	**Traffic,Transport, Storage and Post**	**537**	**1207**	**30167**
铁路运输业	Railway Transportation	4	8	639
道路运输业	Transport via Road	292	531	15813
水上运输业	Water Transport	184	306	8509
航空运输业	Air Transport	27	189	1383
管道运输业	Pipeline Transport	3	49	1091
装卸搬运和运输代理业	Loading,Unloading,Portage and Other Transport Services			
仓储业	Storage	25	121	2650
邮政业	Post	2	3	83
住宿和餐饮业小计	**Accommodation and Restaurants**	**5**	**17**	**292**
住宿业	Accommodation	4	14	255
餐饮业	Restaurants	1	4	37
信息传输、软件和信息技术服务业小计	**Information Transfer,Software and Information Technology Services**	**1013**	**2935**	**84662**
电信、广播电视和卫星传输服务	Telecommunications, Broadcasting,Television and Satellite Transmission Services	76	611	33903
互联网和相关服务	Internet and Related Services	94	479	16080
软件和信息技术服务业	Software and Information Technology Services	843	1845	34679
金融业小计	**Finance**	**24**	**32**	**266**
货币金融服务	Monetary financial services	11	16	126
资本市场服务	Capital Market Services	9	10	91
保险业	Insurance	1	1	24
其他金融业	Other Financial Services	3	6	25
房地产业小计	**Real Estate**	**9**	**13**	**172**
房地产业	Real Estate	9	13	172
租赁和商务服务业小计	**Tenancy and Business Services**	**86**	**145**	**2144**
商务服务业	Business Service	84	139	2125
科学研究和技术服务业小计	**Scientific Research, Technical Service**	**47158**	**81049**	**2707598**
研究和试验发展	Research and Experimental Development	39151	63898	2175072
专业技术服务业	Professional Technique Services	7001	13970	473651
科技推广和应用服务业	Technique Generalization and Application Services	1006	3182	58875
水利、环境和公共设施管理业小计	**Management of Water Conservancy, Environment and public Establishment**	**4982**	**8675**	**234224**
水利管理业	Management of Water Conservancy	1069	1773	60637
生态保护和环境治理业	Environmental Management	3636	6670	160978
公共设施管理业	Management of Public Establishment	277	233	12609
居民服务、修理和其他服务业小计	**Resident Services and Other Services**	**101**	**214**	**4026**
居民服务业	Resident Services	17	72	996
机动车、电子产品和日用产品修理业	Repair of Motor Vehicles, Electronics and Household Appliances	35	42	1157
其他服务业	Other Services	49	101	1874
教育小计	**Education**	**463**	**960**	**17314**
教 育	Education	463	960	17314
卫生和社会工作小计	**Sanitation and Social Works**	**5770**	**14580**	**350757**
卫 生	Sanitation	5769	14579	350743
社会工作	Social Works	1	1	13
文化、体育和娱乐业小计	**Culture, Sports and Entertainment**	**505**	**1353**	**19532**
新闻和出版业	Journalism and Publishing Activities	22	52	964
广播、电视、电影和影视录音制作业	Broadcasting, Television,Movies,Videos and Sound Recording	20	38	1150
文化艺术业	Culture and Art	412	1103	15970
体 育	Sports Activities	44	141	1296
娱乐业	Entertainment	7	19	153
公共管理、社会保障和社会组织小计	**Public Management and Social Organization**	**1301**	**2542**	**49135**
中国共产党机关	Chinese Communist Party Organs	49	70	1336
国家机构	Organ of State	1106	1989	41899
人民政协、民主党派	People's Political Consultative Conference and Democratic Prties	18	49	603
社会保障	Social Security	27	81	560
群众团体、社会团体和其他成员组织	Mass Communities, Social Organizations and other Membership Organizations	97	341	4694
基层群众自治组织	Grass Roots Self-government Organizations	4	13	43
国际组织小计	**International Organizations**	**6**	**5**	**185**
国际组织	International Organizations	6	5	185

3-16 按学科分组的R&D课题(2015年)
R&D Projects Taken by R&D Institutions by Discipline (2015)

学 科	Discipline	R&D课题数(项) R&D Projects (item)	投入人员(人年) Input of Personnel (man-year)	投入经费(万元) Input of Funds (10 000 yuan)
全 国	**National Total**	**99559**	**348699**	**15137870**
数 学	Mathematics	515	969	21342
信息科学与系统科学	Information & System Science	895	4629	221857
力 学	Mechanics	423	647	25643
物理学	Physics	4096	7813	422504
化 学	Chemistry	3528	7334	211551
天文学	Astronomy	1489	1768	96846
地球科学	Earth Science	10481	14792	575748
生物学	Biology	9547	14582	379365
心理学	Psychology	176	433	10842
农 学	Agriculture	16098	28319	495008
林 学	Forestry	2487	4858	65383
畜牧、兽医科学	Livestock, Veterinary Medicine	3004	5552	95536
水产学	Aquatic	1577	2432	54612
基础医学	Basic Medicine	1347	3215	98828
临床医学	Clinic Medicine	2968	7420	205373
预防医学与卫生学	Protective Medicine	1051	3785	83958
军事医学与特种医学	Military Medicine & Special Medicine	28	91	4720
药 学	Pharmacy	1268	2069	71411
中医学与中药学	Traditional Chinese Medicine	2867	5151	89131
工程与技术科学基础学科	Engineering & Basic Technology Science	2269	20052	756240
信息与系统科学相关工程与技术	Information and System Science,Engineering and Technology Related	639	1683	82630
自然科学相关工程与技术	Science and Technology Related Projects	1163	3026	99639
测绘科学技术	Surveying & Mapping	1653	2485	100052
材料科学	Material Science	3200	10713	347013
矿山工程技术	Mining	192	531	11291
冶金工程技术	Metallurgy	102	241	5646
机械工程	Mechanical Engineering	463	2264	48424
动力与电气工程	Power & Electrical Engineering	617	4090	214680
能源科学技术	Energy Technology	647	2677	38506
核科学技术	Nuclear Technology	562	14482	976912
电子、通信与自动控制技术	Electronics, Communication & Automation	3716	53653	2640165

3-16 续表 continued

学 科	Discipline	R&D课题数 (项) R&D Projects (item)	投入人员 (人年) Input of Personnel (man-year)	投入经费 (万元) Input of Funds (10 000 yuan)
计算机科学技术	Computer Technology	1686	6844	237634
化学工程	Chemical Engineering	679	1606	39102
产品应用相关工程与技术	Engineering and Technology Related Products Application	148	478	4855
纺织科学技术	Textile Technology	27	115	1599
食品科学技术	Food Technology	481	848	17453
土木建筑工程	Civil Construction	306	755	17474
水利工程	Water Conservancy	1546	2210	86592
交通运输工程	Transportaiton Engineering	840	3628	162073
航空、航天科学技术	Aviation and Aerospace	2745	77294	5532441
环境科学技术	Environment	3595	6846	189681
安全科学技术	Security	555	1668	42574
管理学	Management	974	1666	25400
马克思主义	Marxism	186	457	8010
哲 学	Phylosophy	173	301	6594
宗教学	Religion	104	218	2159
语言学	Linguistics	106	144	2385
文 学	Literature	190	339	6458
艺术学	Arts	136	873	9699
历史学	Histry	557	808	17350
考古学	Archaeology	400	824	22026
经济学	Economics	2130	2966	54443
政治学	Politics	340	628	11282
法 学	Law	551	608	16871
军事学	Military	85	710	5123
社会学	Sociology	620	1144	17689
民族学	Ethnography	299	566	7880
新闻学与传播学	Journalism	97	173	4971
图书馆、情报与文献学	Library and Information Literature	384	1105	17336
教育学	Education	430	847	16715
体育科学	Physical Science	80	216	2193
统计学	Statistics	41	60	956

3-17 按来源和合作形式分研究与开发机构R&D课题(2015年)
R&D Projects of R&D Institutions by Sources and Cooperation Modality (2015)

项 目	Item	R&D课题数 (项) R&D Projects (item)	投入人员 (人年) Input of Personnel (man-year)	投入经费 (万元) Input of Funds (10 000 yuan)
总 计	**Total**	**99559**	**348699**	**15137870**
按课题来源分组	**By Sources of Topics**			
国家科技项目	National S&T Projects	49061	230743	11331270
地方科技项目	Local S&T Projects	27224	51719	889871
企业委托科技项目	S&T Projects Entrusted by Enterprise	4737	12534	411066
自选科技项目	S&T Projects Chosen by Enterprise	7216	15962	395354
来自国外的科技项目	Oversease S&T Projects	851	1651	85442
其它科技项目	Others	10470	36091	2024867
按合作形式分组	**By Cooperation Modality**			
与境外机构合作	Cooperation with Oversease Institutes	1018	1969	60947
与国内高校合作	Cooperation with Higher Education	3430	12562	364968
与国内独立研究机构合作	Cooperation with Independent Research Institutes	7918	32879	1893839
与境内注册的外商独资企业合作	Cooperation with Sole Foreign Enterprise	36	83	2289
与境内注册的其他企业合作	Cooperation with Other Enterprise	2919	7667	279637
独立完成	Independent Implementation	81899	281527	12148197
其 他	Others	2339	12013	387993

3-18 按隶属关系和学科分研究与
S&T Output of R&D Institutions by

项　目	Item	发表科技论文（篇）Scientific Papers Issued (piece)	#国外发表 Published in Foreign Periodicals	出版科技著作（种）Publication on S&T (kind)
总　计	**Total**	**169989**	**47301**	**5662**
按隶属关系分组	**by Subordination**			
中央部门属	Subordinated to Central Level	107562	41014	2737
#中国科学院	Chinese Academy of Sciences	42443	29383	491
地方部门属	Subordi-nated to Local Level	62427	6287	2925
省级部门属	Provincial Level	52032	5884	2127
副省级城市部门属	Sub-provincial Cities Level	2400	142	478
地市级部门属	Miniciple Level	7995	261	320
按门类学科分组	**by Subject**			
自然科学	Natural sciences	36668	21997	542
农业科学	Agricultural Sciences	32508	5294	974
医药科学	Medical Science	20397	5585	658
工程与技术科学	Engineering and Technological Sciences	57188	13900	990
人文与社会科学	Humanities and Social Sciences	23228	525	2498

开发机构科技产出(2015年)
Subordination and Subject(2015)

专利申请数 (件) Patents Application (piece)	#发明专利 Invetions	有效发明专利 (件) Patent in Force (piece)	专利所有权转让及许可数 (件) Number of Transfer and Licensing of Patent Ownership (piece)	专利所有权转让及许可收入 (万元) Revenue from Transfer and Licensing of Patent Ownership (10 000 yuan)	形成国家或行业标准数 (项) Number of National and Industrial Standard (item)
46559	**35092**	**86367**	**3567**	**72435**	**3813**
37799	29872	73414	959	66102	2685
12501	10999	32723	547	41660	115
8760	5220	12953	2608	6334	1128
7547	4701	11739	164	5779	885
310	149	282	1	5	18
903	370	932	2443	550	225
7642	6617	17921	280	21057	134
6898	4247	11658	218	5718	735
1127	868	3221	53	12962	314
30782	23326	53471	3016	32698	2607
110	34	96			23

3-19 各地区研究与开发
S&T Output of R&D Institutions

地 区	Region	发表科技论文(篇) Scientific Papers Issued (piece)	#国外发表 Published in Foreign Periodicals	出版科技著作(种) Publication on S&T (kind)
全 国	**National Total**	**169989**	**47301**	**5662**
东部地区	Eastern Region	107482	34673	3979
中部地区	Middle Region	19926	3540	572
西部地区	Western Region	31846	5859	916
东北地区	Northeast Region	10735	3229	195
北 京	Beijing	57061	19988	2385
天 津	Tianjin	2781	344	62
河 北	Hebei	2352	167	124
山 西	Shanxi	2493	338	53
内蒙古	Inner Mongolia	1126	28	59
辽 宁	Liaoning	4228	1602	60
吉 林	Jilin	3548	1356	24
黑龙江	Heilongjiang	2959	271	111
上 海	Shanghai	10107	4253	218
江 苏	Jiangsu	9895	2556	147
浙 江	Zhejiang	4754	1160	162
安 徽	Anhui	3077	959	31
福 建	Fujian	4147	1097	61
江 西	Jiangxi	1829	99	76
山 东	Shandong	7007	2001	222
河 南	Henan	3454	254	174
湖 北	Hubei	6741	1578	154
湖 南	Hunan	2332	312	84
广 东	Guangdong	7703	2777	565
广 西	Guangxi	3302	363	86
海 南	Hainan	1675	330	33
重 庆	Chongqing	1795	161	45
四 川	Sichuan	6697	1301	139
贵 州	Guizhou	2063	277	56
云 南	Yunnan	3951	899	163
西 藏	Tibet	206	16	19
陕 西	Shaanxi	5296	592	89
甘 肃	Gansu	4121	1631	121
青 海	Qinghai	448	167	11
宁 夏	Ningxia	485	24	44
新 疆	Xinjiang	2356	400	84

机构科技产出(2015年)
by Region(2015)

专利申请数(件) Patents Application (piece)	#发明专利 Invetions	有效发明专利(件) Patent in Force (piece)	专利所有权转让及许可数(件) Number of Transfer and Licensing of Patent Ownership (piece)	专利所有权转让及许可收入(万元) Revenue from Transfer and Licensing of Patent Ownership (10 000 yuan)	形成国家或行业标准数(项) Number of National and Industrial Standard (item)
46559	**35092**	**86367**	**3567**	**72435**	**3813**
28038	21787	57700	3206	54718	2804
5720	4051	8431	137	4663	353
9166	6493	13074	118	5570	483
3635	2761	7162	106	7485	173
12676	10264	28985	368	19800	1857
1264	1005	1783	71	4570	39
665	430	1215	6	110	15
689	369	983	14	584	43
131	83	253			39
2217	1734	3493	66	7114	83
809	751	3041	30	360	36
609	276	628	10	12	54
4095	3364	7143	114	15597	232
3016	2324	5557	2511	3858	170
1261	953	2635	68	6698	96
1450	1111	1626	22	2116	95
629	454	851	10	1249	35
357	232	318	4	360	21
1845	1241	2972	7	1707	116
1069	819	1884	24	438	45
1651	1162	3206	27	834	103
504	358	414	46	330	46
2301	1637	6107	49	1128	223
647	429	604	7	7	24
286	115	452	2	1	21
480	286	528	7	34	6
2454	1792	4362	12	616	202
213	116	389	1	20	10
434	281	565	19	216	21
15	13				3
3160	2597	4108	16	1511	45
902	417	1402	38	3084	15
205	190	167	13	8	
17	12	20	1	50	30
508	277	676	4	25	88

3-20 各地区地方部门属研究与
S&T Output in R&D Institutions of

地 区	Region	发表科技论文（篇）Scientific Papers Issued (piece)	#国外发表 Published in Foreign Periodicals	出版科技著作（种）Publication on S&T (kind)
全 国	**National Total**	**62427**	**6287**	**2925**
东部地区	Eastern Region	29087	4353	1517
中部地区	Middle Region	10153	636	473
西部地区	Western Region	17844	1091	765
东北地区	Northeast Region	5343	207	170
北 京	Beijing	4175	1024	328
天 津	Tianjin	1314	71	43
河 北	Hebei	1590	120	104
山 西	Shanxi	1866	96	52
内 蒙 古	Inner Mongolia	959	14	23
辽 宁	Liaoning	1752	62	47
吉 林	Jilin	1052	36	16
黑 龙 江	Heilongjiang	2539	109	107
上 海	Shanghai	3294	777	142
江 苏	Jiangsu	4557	640	78
浙 江	Zhejiang	3031	369	124
安 徽	Anhui	1048	91	29
福 建	Fujian	2988	134	54
江 西	Jiangxi	1727	98	76
山 东	Shandong	4616	676	179
河 南	Henan	1737	115	138
湖 北	Hubei	2028	113	96
湖 南	Hunan	1747	123	82
广 东	Guangdong	3209	522	458
广 西	Guangxi	3133	333	84
海 南	Hainan	313	20	7
重 庆	Chongqing	1567	148	45
四 川	Sichuan	2369	115	111
贵 州	Guizhou	1655	125	55
云 南	Yunnan	2640	141	145
西 藏	Tibet	206	16	19
陕 西	Shaanxi	1326	37	76
甘 肃	Gansu	1665	67	86
青 海	Qinghai	151	5	6
宁 夏	Ningxia	485	24	44
新 疆	Xinjiang	1688	66	71

开发机构科技产出(2015年)
Local Governments by Region(2015)

专利申请数(件) Patents Application (piece)	#发明专利 Invetions	有效发明专利(件) Patent in Force (piece)	专利所有权转让及许可数(件) Number of Transfer and Licensing of Patent Ownership (piece)	专利所有权转让及许可收入(万元) Revenue from Transfer and Licensing of Patent Ownership (10 000 yuan)	形成国家或行业标准数(项) Number of National and Industrial Standard (item)
8760	**5220**	**12953**	**2608**	**6334**	**1128**
4662	3001	8018	2501	5807	551
1319	717	1445	31	155	200
2170	1215	2579	37	368	265
609	287	911	39	5	112
580	347	816	12	809	48
131	85	308			8
118	65	215	4	30	13
392	106	306			31
47	16	35			36
111	51	213	1		39
72	42	237	29		34
426	194	461	9	5	39
320	248	516	3	36	158
866	651	1624	2444	2692	67
434	261	1035	5	388	59
178	110	253			51
406	259	537	7	10	35
187	130	197			21
1233	732	1828	7	1707	94
173	99	201			16
206	146	247	2	155	43
183	126	241	29		38
561	349	1107	19	135	64
614	404	583	7	7	24
13	4	32			5
278	151	402	6	34	6
261	142	450	3	247	52
130	70	224	1	20	7
145	104	172	11		17
15	13				3
49	25	78	1		12
215	103	219	4		8
3		4			
17	12	20	1	50	30
396	175	392	3	10	70

3-21 按服务的国民经济行业分研究与
S&T Output of R&D Institutions by Industrial Sector

行 业	Industry	发表科技论文（篇） Scientific Papers Issued (piece)	#国外发表 Published in Foreign Periodicals
总 计	**Total**	**169989**	**47301**
农、林、牧、渔业小计	**Farming, Forestry, Animal Husbandry and Fishery**	**31081**	**5018**
农 业	Farming	16532	2356
林 业	Forestry	3316	396
畜牧业	Animal Husbandry	2621	554
渔 业	Fishery	2354	613
农、林、牧、渔服务业	Service Activities for Agriculture, Forestry, Farming of Animals and Fishing	6258	1099
采矿业小计	**Mining**	**305**	**20**
煤炭开采和洗选业	Mining and Washing of Coal	35	
有色金属矿采选业	Mining of Non-ferrous Metal Ores	259	20
其他矿采选业	Other Minerals Mining and Dressing	11	
制造业小计	**Manufacturing**	**33238**	**4818**
农副食品加工业	Processing of Food from Agricultural Products	632	139
食品制造业	Manufacture of Foods	170	69
酒、饮料和精制茶制造业	Manufacture of Liquor, Beverages and Refined Tea	35	3
烟草制品业	Manufacture of Tobacco	12	
纺织业	Manufacture of Textile	45	1
纺织服装、服饰业	Manufacture of Textile, Apparel and Accessories	5	
皮革、毛皮、羽毛及其制品和制鞋业	Manufacture of Leather, Fur, Feather and Related Products and Shoes	3	
木材加工和木、竹、藤、棕、草制品业	Processing of Timbers and Manufacture of Wood,Bamboo, Rattan, Palm and Straw	157	43
家具制造业	Manufacture of Furniture		
造纸和纸制品业	Manufacture of Paper and Paper Products		
印刷和记录媒介复制业	Printing,Reproduction of Recording Media		
文教、工美、体育和娱乐用品制造业	Manufacture of Artworks, and Articles for Culture, Education, Sports and Recreation	1	
石油加工、炼焦及核燃料加工业	Processing of Petroleum ,Coking and Processing of Nucleus Fuel	1296	111
化学原料和化学制品制造业	Manufacture of Chemical Raw Material and Chemical Products	675	380
医药制造业	Manufacture of Medicines	3270	936
化学纤维制造业	Manufacture of Chemical Fiber	3	
橡胶和塑料制品业	Manufacture of Rubber and Plastic	72	17
非金属矿物制品业	Manufacture of Non-metallic Mineral Products	89	1
黑色金属冶炼和压延加工业	Manufacture and Processing of Ferrous Metals	12	

开发机构科技产出(2015年)
in which the R&D Institutions Served (2015)

出版科技著作(种) Publication on S&T (kind)	专利申请数(件) Patents Application (piece)	#发明专利 Invetions	有效发明专利(件) Patent in Force (piece)	专利所有权转让及许可数(件) Number of Transfer and Licensing of Patent Ownership (piece)	专利所有权转让及许可收入(万元) Revenue from Transfer and Licensing of Patent Ownership (10 000 yuan)	形成国家或行业标准数(项) Number of National and Industrial Standard (item)
5662	**46559**	**35092**	**86367**	**3567**	**72435**	**3813**
987	**6665**	**4239**	**10952**	**185**	**5412**	**643**
443	3407	2350	4963	141	4298	343
97	467	363	860	7		95
125	749	291	1231	15	1043	46
59	569	302	1277	8	20	31
263	1473	933	2621	14	51	128
3	**97**	**85**	**232**			**24**
	8	3	18			
3	83	77	207			24
	6	5	7			
367	**22880**	**17792**	**36650**	**494**	**26863**	**1469**
8	249	180	464	8	843	30
	69	67	207	6	56	8
2	10	10	24			10
1	4	2	3			
1	15	4	3			
						3
3	44	39	90	8	43	20
8	1258	890	1954	47	3200	130
5	275	245	697	22	2255	8
85	403	354	1011	32	5290	152
	13	9	75	1	20	
6	13	7	8			13
	2					

3-21 续表 1

行　业	Industry	发表科技论文（篇） Scientific Papers Issued (piece)	#国外发表 Published in Foreign Periodicals
有色金属冶炼和压延加工业	Manufacture and Processing of Non-ferrous Metals	1	
金属制品业	Manufacture of Metal Products	25	7
通用设备制造业	Manufacture of General Purpose Machinery	246	17
专用设备制造业	Manufacture of Special Purpose Machinery	966	183
铁路、船舶、航空航天和其他运输设备制造业	Manufacture of Railway, Ships, Aerospace and Other Transport Equipment	15591	1584
电气机械和器材制造业	Manufacture of Electrical Machinery and Equipment		
计算机、通信和其他电子设备制造业	Manufacture of Computer, Communication and Other Electronic Equipment	4874	509
仪器仪表制造业	Manufacture of Measuring Instrument and Meter	193	60
电力、热力、燃气及水生产和供应业小计	**Production and Distribution of Electricity, Gas and Water**	**664**	**187**
电力、热力的生产和供应业	Production and Supply of Electric Power and Heat Power	652	187
燃气生产和供应业	Production and Distribution of Gas	12	
建筑业小计	**Construction**	**2003**	**50**
房屋建筑业	Construction of Building	1178	8
土木工程建筑业小计	**Construction of Civil Engineering**	**68**	
建筑装饰和其他建筑业	Building Decoration and Other Construction	4	
批发和零售业小计	**Wholesale and Retail Trabe**	**4**	
零售业	Retail Trade	4	
交通运输、仓储和邮政业小计	**Traffic,Transport, Storage and Post**	**1224**	**189**
铁路运输业	Railway Transportation		
道路运输业	Transport via Road	989	147
水上运输业	Water Transport	204	29
航空运输业	Air Transport	31	13
装卸搬运和运输代理业	Loading, Unloading, Portage and Other Transport Services		
信息传输、软件和信息技术服务业小计	**Information Transfer,Software and Information Technology Services**	**966**	**361**
电信、广播电视和卫星传输服务	Telecommunications, Broadcasting,Television and Satellite Transmission Services	443	20
互联网和相关服务	Internet and Related Services	8	3
软件和信息技术服务业	Software and Information Technology Services	515	338

continued

出版科技著作(种) Publication on S&T (kind)	专利申请数(件) Patents Application (piece)	#发明专利 Invetions	有效发明专利(件) Patent in Force (piece)	专利所有权转让及许可数(件) Number of Transfer and Licensing of Patent Ownership (piece)	专利所有权转让及许可收入(万元) Revenue from Transfer and Licensing of Patent Ownership (10 000 yuan)	形成国家或行业标准数(项) Number of National and Industrial Standard (item)
	2	2	9			1
12	67	25	82	2	183	37
20	683	267	458	26	507	92
137	13068	10223	22137	208	10504	335
65	4242	3352	6516	132	3961	525
	90	63	267			
54	**190**	**98**	**281**			**21**
54	184	96	270			20
	6	2	11			1
21	**380**	**109**	**280**	**2**		**33**
5	51	22	57	2		16
8	**327**	**86**	**219**			**11**
8	2	1	4			6
	1	**1**				
	1	1				
50	**177**	**48**	**277**			**123**
34	142	37	247			100
6	26	4	20			23
10	9	7	10			
6	**415**	**302**	**1253**	**10**	**1011**	**227**
2	139	48	141			212
	9	9				
4	267	245	1112	10	1011	15

3-21 续表 2

行 业	Industry	发表科技论文 (篇) Scientific Papers Issued (piece)	#国外发表 Published in Foreign Periodicals	出版科技著作 (种) Publication on S&T (kind)
金融业小计	**Finance**	**16**		
货币金融服务	Monetary Financial Services	16		
租赁和商务服务业小计	**Tenancy and Business Services**	**14**	**4**	**6**
商务服务业	Business Service	14	4	6
科学研究和技术服务业小计	**Scientific Research, Technical Service**	**73817**	**31337**	**2523**
研究和试验发展	Research and Experimental Development	61658	28903	2200
专业技术服务业	Professional Technique Services	10974	2204	281
科技推广和应用服务业	Technique Generalization and Application Services	1185	230	42
水利、环境和公共设施管理业小计	**Management of Water Conservancy, Environment and Public Establishment**	**6019**	**1220**	**291**
水利管理业	Management of Water Conservancy	1999	194	61
生态保护和环境治理业	Environmental Management	3855	991	229
公共设施管理业	Management of Public Establishment	165	35	1
居民服务、修理和其他服务业小计	**Resident Services and Other Services**	**23**		**1**
居民服务业	Resident Services	21		1
机动车、电子产品和日用产品修理业	Repair of Motor Vehicles, Electronics and Household Appliances	2		
教育小计	**Education**	**1333**	**15**	**515**
教 育	Education	1333	15	515
卫生和社会工作小计	**Sanitation and Social Works**	**14889**	**3658**	**504**
卫 生	Sanitation	14889	3658	504
文化、体育和娱乐业小计	**Culture, Sports and Entertainment**	**1178**	**32**	**139**
新闻和出版业	Journalism and Publishing Activities	7		
广播、电视、电影和影视录音制作业	Broadcasting, Television,Movies,Videos and Sound Recording	66		3
文化艺术业	Culture and Art	837	23	120
体 育	Sports Activities	268	9	16
娱乐业	Entertainment			
公共管理、社会保障和社会组织小计	**Public Management and Social Organization**	**3215**	**392**	**195**
中国共产党机关	Chinese Communist Party Organs	50		1
国家机构	Organ of State	3156	392	193
群众团体、社会团体和其他成员组织	Mass Communities,Social Organizations and other Membership Organizations			

continued

专利申请数(件) Patents Application (piece)	#发明专利 Invetions	有效发明专利(件) Patent in Force (piece)	专利所有权转让及许可数(件) Number of Transfer and Licensing of Patent Ownership (piece)	专利所有权转让及许可收入(万元) Revenue from Transfer and Licensing of Patent Ownership (10 000 yuan)	形成国家或行业标准数(项) Number of National and Industrial Standard (item)
					1
					1
14107	**11547**	**33463**	**2844**	**38416**	**1076**
11995	10307	30440	2837	38402	571
1820	1064	2750	3	1	456
292	176	273	4	14	49
1073	**559**	**1658**	**22**	**597**	**119**
412	169	562	2	280	33
639	380	1061	20	317	84
22	10	35			2
3		**39**			
3		39			
					5
					5
393	**216**	**1107**	**8**	**136**	**48**
393	216	1107	8	136	48
33	**10**	**27**			**7**
		3			7
24	6	14			
9	4	10			
145	**86**	**148**	**2**		**17**
145	86	148	2		17

四、高等学校

Higher Education

4-1 高等学校
Basic Statistics on Higher Education for

指　标	Item	2006	2007	2008
高等学校基本情况	**Basic Statistics on Higher Education**			
学校数（个）	Number of Institutions(unit)	1867	1908	2263
#理工农医	Natural Sciences & Technology	800	786	827
#人文社科	Social Sciences & Humanities	843	840	869
R&D机构（个）	R&D Institutions(unit)	4154	4502	5159
研究与试验发展(R&D)投入情况	**Statistics on R&D Input**			
R&D人员（万人）	R&D Personnel(10 000 persons)	42.1	44.8	47.8
R&D人员全时当量（万人年）	Full-time Equivalent of R&D Personnel(10 000 man-year)	24.2	25.4	26.6
#基础研究	Basic Research	9.0	9.4	10.9
应用研究	Applied Research	11.3	12.0	13.7
试验发展	Experimental Development	3.9	4.0	2.0
R&D经费内部支出(亿元)	Intramural Expenditure on R&D(100 million yuan)	276.8	314.7	390.2
#基础研究	Basic Research	71.4	86.8	114.8
应用研究	Applied Research	137.3	161.8	208.9
试验发展	Experimental Development	68.2	66.1	66.5
#政府资金	Government Funds	151.5	177.7	225.5
企业资金	Self-raised Funds by Enterprises	101.2	110.3	134.9
研究与试验发展(R&D)项目(课题)情况	**Statistics on R&D Projects**			
R&D项目(课题)数(项)	R&D Projects(item)	365294	375425	429096
R&D项目(课题)人员全时当量(万人年)	Participants(10 000 man-year)	26.8	25.2	26.6
R&D项目(课题)经费内部支出(亿元)	Intramural Expenditure(100 million yuan)	287.0	258.2	323.2
科技产出及成果情况	**Statistics on S&T Outputs and Results**			
发表科技论文(篇)	Scientific Papers Issued(piece)	830948	905985	964877
#国外发表	Published in Foreign Periodicals	90722	108727	134058
出版科技著作（种）	Publication on Science and Technology(kind)	34633	35733	37541
专利申请受理数（件）	Number of Patents Applications Accepted (piece)	24490	29860	40610
#发明专利	Inventions	18059	21864	29337
专利申请授权数（件）	Number of Patents Applications Granted (piece)	12043	14111	19248
#发明专利	Inventions	6650	8251	10216

科技活动情况
Science and technology Activities

2009	2010	2011	2012	2013	2014	2015
2305	2358	2409	2442	2491	2529	2560
1003	970	975	1039	1070	1356	1713
954	963	997	1090	1150	1540	1814
6082	7833	8630	9225	9842	10632	11732
50.9	59.4	63.2	67.8	71.5	76.3	83.9
27.5	29.0	29.9	31.4	32.5	33.5	35.5
11.3	12.0	12.9	14.0	14.7	15.5	16.4
14.1	14.8	15.0	15.4	15.9	16.1	17.2
2.1	2.1	2.0	1.9	1.9	1.9	1.9
468.2	597.3	688.8	780.6	856.7	898.1	998.6
145.5	179.9	226.7	275.7	307.6	328.6	391.0
250.0	337.0	372.4	402.7	441.3	476.4	516.3
72.6	80.3	89.8	102.2	107.8	93.1	91.3
262.2	358.8	405.1	474.1	516.9	536.5	637.3
171.7	198.5	242.9	260.5	289.3	302.7	301.5
476708	547717	604107	657027	711010	766731	841520
27.4	28.9	29.9	31.3	32.4	33.5	35.4
363.5	467.0	535.3	607.3	662.7	701.8	765.6
1016354	1062512	1109965	1117742	1127210	1152147	1220467
156750	182247	218301	226097	249673	278599	313698
40919	38101	37472	38760	37866	39326	43136
56641	72744	95592	113430	133865	149961	190351
36241	44132	54362	66755	81251	93415	109911
25570	37490	53055	74550	84930	85006	127329
14408	18055	25064	34441	35873	39468	55021

4-2 各地区高等
R&D Personnel in Higher

地 区	Region	学校数 (个) Number of Institutions (unit)	从业人员 (人) Employed Persons (person)	R&D人员合计 (人) R&D Personnel (person)	#女性 Female	#博士毕业 Doctor
全 国	**National Total**	**2560**	**2998285**	**838786**	**347313**	**230928**
东部地区	Eastern Region	989	1263192	410868	170066	126717
中部地区	Middle Region	674	719046	151002	60105	36070
西部地区	Western Region	642	712625	180787	74296	40519
东北地区	Northeast Region	255	303422	96129	42846	27622
北 京	Beijing	91	178641	80744	34033	33034
天 津	Tianjin	55	59611	24546	10389	7787
河 北	Hebei	118	124936	27616	14090	4286
山 西	Shanxi	79	70600	15225	7090	3702
内 蒙 古	Inner Mongolia	53	48772	6844	3288	1233
辽 宁	Liaoning	116	126623	37090	16262	10750
吉 林	Jilin	58	81213	32725	15489	9905
黑 龙 江	Heilongjiang	81	95586	26314	11095	6967
上 海	Shanghai	67	95710	43574	16001	17098
江 苏	Jiangsu	162	204451	59954	23704	18321
浙 江	Zhejiang	105	119027	44919	19013	12710
安 徽	Anhui	119	104511	27710	8970	5935
福 建	Fujian	88	89757	26035	10829	6129
江 西	Jiangxi	97	92979	13083	4826	2863
山 东	Shandong	143	187937	42966	17969	10195
河 南	Henan	129	171284	26290	12746	4785
湖 北	Hubei	126	156366	34086	12672	10051
湖 南	Hunan	124	123306	34608	13801	8734
广 东	Guangdong	143	183550	57346	22534	16537
广 西	Guangxi	71	79144	24472	10038	4324
海 南	Hainan	17	19572	3168	1504	620
重 庆	Chongqing	64	74070	20011	7067	5409
四 川	Sichuan	109	149768	49323	19865	12035
贵 州	Guizhou	59	54089	12191	5387	2155
云 南	Yunnan	69	67065	18003	8419	3850
西 藏	Tibet	6	4870	1113	376	159
陕 西	Shaanxi	92	127053	23654	8790	6822
甘 肃	Gansu	45	47030	9564	3764	1941
青 海	Qinghai	12	8171	1336	529	190
宁 夏	Ningxia	18	14581	3003	1281	532
新 疆	Xinjiang	44	38012	11273	5492	1869

学校R&D人员(2015年)
Education by Region (2015)

#硕士毕业 Master	#本科毕业 Undergraduate	#全时人员 Full-time Personnel	R&D人员全时当量(人年) Full-time Equivalent of R&D Personnel (man-year)	#研究人员 Researchers	基础研究 Basic Research	应用研究 Applied Research	试验发展 Experimental Development
324311	**239966**	**310685**	**354861**	**298728**	**164155**	**172110**	**18596**
152783	111348	153074	174752	146472	77803	89154	7795
60637	44719	54635	63193	51938	28205	30470	4518
71211	58443	58162	70456	59820	34921	31220	4314
39680	25456	44814	46461	40498	23227	21266	1969
23504	18773	31941	34460	28189	13690	19989	781
9407	6545	9727	11369	9518	4589	6164	616
12680	9880	7650	10036	8833	4313	5477	246
6569	4334	5648	6434	5180	3336	2675	423
3225	2217	2995	3255	2815	1138	1608	509
15334	9781	15871	16747	15015	7790	7990	967
13983	8347	14337	14886	12759	6887	7539	460
10363	7328	14606	14828	12724	8550	5737	541
12851	10943	22974	23283	18841	11724	10197	1362
23697	15903	20520	23875	21581	11350	10844	1681
17726	12433	11844	16149	14192	7101	8425	623
12057	8324	12654	13541	10613	6579	6319	643
11309	7651	7888	9915	8045	2780	6845	291
4871	4319	5516	5743	4555	2650	2616	477
18143	12500	19525	21053	18011	9919	9780	1353
12328	8207	5329	7848	6491	3503	3482	862
11668	8517	13383	15285	12995	5376	8630	1278
13144	11018	12105	14343	12104	6761	6748	834
22008	15672	20374	23630	18443	11767	11078	784
11317	7589	8253	9788	8224	5423	4038	327
1458	1048	631	984	820	568	356	60
7157	5510	6135	7815	6517	3400	3991	424
16029	16651	14163	17613	14878	8090	8561	961
5312	4367	3576	4317	3916	2361	1820	136
7377	6274	5417	7094	5870	3807	2764	522
553	374	198	318	252	208	110	
9016	6707	9866	10611	9271	5665	3857	1090
3881	3496	3160	3810	3110	1659	1963	188
610	518	449	632	529	394	220	19
1236	1142	1217	1420	1071	699	664	57
5498	3598	2733	3784	3367	2077	1625	82

4-3 各地区理工农医类高等
R&D Personnel in Higher Education in Natural

地 区	Region	学校数 (个) Number of Institutions (unit)	从业人员 (人) Employed Persons (person)	R&D人员合计 (人) R&D Personnel (person)	#女性 Female	#博士毕业 Doctor
全 国	**National Total**	**1713**	**2369326**	**381155**	**118219**	**124103**
东部地区	Eastern Region	721	990650	187227	59823	67073
中部地区	Middle Region	349	579076	66866	18540	19302
西部地区	Western Region	477	562547	71327	20554	20091
东北地区	Northeast Region	166	237053	55735	19302	17637
北 京	Beijing	72	142440	39316	14256	17918
天 津	Tianjin	23	47077	11796	3774	4474
河 北	Hebei	69	102778	9419	3307	1613
山 西	Shanxi	23	59508	6963	2460	1833
内蒙古	Inner Mongolia	32	38648	3684	1310	792
辽 宁	Liaoning	63	97924	19685	6256	6069
吉 林	Jilin	47	63043	17824	6978	5968
黑龙江	Heilongjiang	56	76086	18226	6068	5600
上 海	Shanghai	57	73578	27351	8709	10521
江 苏	Jiangsu	142	162257	25547	7257	10179
浙 江	Zhejiang	66	88744	14568	4238	6424
安 徽	Anhui	94	79397	15567	3458	4096
福 建	Fujian	84	67155	9747	2699	2408
江 西	Jiangxi	33	78938	6844	2093	1233
山 东	Shandong	114	147035	23764	7601	6335
河 南	Henan	44	133369	6652	2010	1655
湖 北	Hubei	67	129118	16073	4188	5789
湖 南	Hunan	88	98746	14767	4331	4696
广 东	Guangdong	80	145449	24934	7734	6993
广 西	Guangxi	61	60203	10294	2749	2137
海 南	Hainan	14	14137	785	248	208
重 庆	Chongqing	52	56283	7186	1870	2281
四 川	Sichuan	87	122099	17378	4664	5754
贵 州	Guizhou	38	42097	4445	1511	793
云 南	Yunnan	54	50303	6722	2439	1606
西 藏	Tibet	3	3643	249	50	26
陕 西	Shaanxi	61	103911	12096	2952	4376
甘 肃	Gansu	31	38641	3917	1051	1271
青 海	Qinghai	11	6357	550	185	74
宁 夏	Ningxia	13	11469	1478	409	304
新 疆	Xinjiang	34	28893	3328	1364	677

学校R&D人员(2015年)
Sciences & Technology by Region (2015)

#硕士毕业 Master	#本科毕业 Undergraduate	#全时人员 Full-time Personnel	R&D人员全时当量 (人年) Full-time Equivalent of R&D Personnel (man-year)	#研究人员 Researchers	基础研究 Basic Research	应用研究 Applied Research	试验发展 Experimental Development
123068	**105598**	**304852**	**253988**	**214655**	**113036**	**122874**	**18078**
54686	50108	149753	124773	104481	54498	62674	7601
22371	20278	53471	44551	36950	17899	22345	4306
25200	20885	57047	47520	40968	22901	20402	4216
20811	14327	44581	37145	32256	17737	17453	1955
8949	8150	31449	26205	21517	10555	14920	730
3674	2983	9137	7864	6676	3237	4093	534
3651	3562	7531	6275	5600	2586	3466	223
2655	2011	5570	4641	3756	2577	1686	378
1484	1251	2944	2454	2111	685	1263	507
7454	5034	15744	13120	11847	6042	6125	953
7113	4386	14258	11879	10208	5267	6152	460
6244	4907	14579	12146	10201	6428	5176	541
7351	7032	21875	18229	14508	8909	7964	1357
7572	5809	20434	17025	15856	8381	6964	1680
4251	3507	11659	9710	8761	3690	5399	621
5881	4476	12443	10368	8123	5028	4730	611
3336	3153	7792	6491	5158	1090	5115	286
2092	2563	5473	4560	3552	1800	2297	463
8108	7608	19000	15832	13580	7275	7214	1342
2383	2182	5320	4431	3745	1378	2198	855
4770	4162	12859	10711	9153	3289	6211	1211
4590	4884	11806	9840	8622	3828	5223	788
7508	8030	19949	16621	12363	8519	7320	782
3981	3295	8241	6863	5735	3602	2975	285
286	274	627	522	463	256	218	47
2462	1984	5748	4788	3972	2123	2247	418
5429	4446	13895	11577	10064	5942	4676	959
1687	1659	3555	2961	2706	1432	1403	125
2455	2425	5378	4478	3794	2465	1509	503
100	122	198	166	116	124	42	
3818	2973	9674	8061	7138	3685	3286	1090
1488	932	3133	2608	2231	928	1500	181
231	234	441	366	308	185	168	14
500	598	1179	984	782	416	513	54
1565	966	2661	2216	2011	1314	821	80

4-4 各地区人文社科类高等
R&D Personnel in Higher Education in Social

地　区	Region	学校数（个）Number of Institutions (unit)	从业人员（人）Employed Persons (person)	R&D人员合计（人）R&D Personnel (person)	#女性 Female	#博士毕业 Doctor
全　国	**National Total**	**1814**	**628959**	**457631**	**229094**	**106825**
东部地区	Eastern Region	758	272542	223641	110243	59644
中部地区	Middle Region	382	139970	84136	41565	16768
西部地区	Western Region	458	150078	109460	53742	20428
东北地区	Northeast Region	216	66369	40394	23544	9985
北　京	Beijing	88	36201	41428	19777	15116
天　津	Tianjin	31	12534	12750	6615	3313
河　北	Hebei	66	22158	18197	10783	2673
山　西	Shanxi	20	11092	8262	4630	1869
内蒙古	Inner Mongolia	33	10124	3160	1978	441
辽　宁	Liaoning	99	28699	17405	10006	4681
吉　林	Jilin	52	18170	14901	8511	3937
黑龙江	Heilongjiang	65	19500	8088	5027	1367
上　海	Shanghai	64	22132	16223	7292	6577
江　苏	Jiangsu	157	42194	34407	16447	8142
浙　江	Zhejiang	59	30283	30351	14775	6286
安　徽	Anhui	108	25114	12143	5512	1839
福　建	Fujian	84	22602	16288	8130	3721
江　西	Jiangxi	27	14041	6239	2733	1630
山　东	Shandong	113	40902	19202	10368	3860
河　南	Henan	104	37915	19638	10736	3130
湖　北	Hubei	62	27248	18013	8484	4262
湖　南	Hunan	61	24560	19841	9470	4038
广　东	Guangdong	80	38101	32412	14800	9544
广　西	Guangxi	68	18941	14178	7289	2187
海　南	Hainan	16	5435	2383	1256	412
重　庆	Chongqing	62	17787	12825	5197	3128
四　川	Sichuan	81	27669	31945	15201	6281
贵　州	Guizhou	40	11992	7746	3876	1362
云　南	Yunnan	50	16762	11281	5980	2244
西　藏	Tibet	2	1227	864	326	133
陕　西	Shaanxi	56	23142	11558	5838	2446
甘　肃	Gansu	19	8389	5647	2713	670
青　海	Qinghai	8	1814	786	344	116
宁　夏	Ningxia	10	3112	1525	872	228
新　疆	Xinjiang	29	9119	7945	4128	1192

学校R&D人员(2015年)
Sciences & Humanities by Region (2015)

			R&D人员全时当量				
#硕士毕业 Master	#本科毕业 Undergraduate	#全时人员 Full-time Personnel	(人年) Full-time Equivalent of R&D Personnel (man-year)	#研究人员 Researchers	基础研究 Basic Research	应用研究 Applied Research	试验发展 Experimental Development
201243	**134368**	**5833**	**100874**	**84073**	**51120**	**49236**	**518**
98097	61240	3321	49979	41991	23305	26480	194
38266	24441	1164	18642	14988	10306	8125	211
46011	37558	1115	22936	18852	12020	10818	99
18869	11129	233	9317	8242	5489	3813	14
14555	10623	492	8255	6672	3135	5069	50
5733	3562	290	3506	2842	1353	2071	82
9029	6318	119	3761	3233	1727	2011	23
3914	2323	78	1793	1424	759	989	45
1741	966	51	801	704	453	345	3
7880	4747	127	3627	3168	1748	1865	14
6870	3961	79	3007	2551	1620	1387	
4119	2421	27	2682	2523	2122	560	
5500	3911	1099	5053	4333	2815	2233	5
16125	10094	86	6850	5726	2969	3880	0
13475	8926	185	6439	5431	3411	3026	2
6176	3848	211	3173	2490	1551	1589	33
7973	4498	96	3424	2887	1689	1729	5
2779	1756	43	1183	1004	850	318	14
10035	4892	525	5221	4430	2644	2566	11
9945	6025	9	3417	2746	2126	1284	7
6898	4355	524	4574	3842	2087	2420	67
8554	6134	299	4503	3482	2933	1524	45
14500	7642	425	7009	6081	3249	3758	2
7336	4294	12	2925	2489	1821	1063	42
1172	774	4	462	357	312	137	13
4695	3526	387	3027	2545	1277	1744	6
10600	12205	268	6036	4814	2148	3885	2
3625	2708	21	1356	1211	929	416	11
4922	3849	39	2616	2076	1342	1255	19
453	252		152	136	84	68	
5198	3734	192	2551	2133	1980	571	
2393	2564	27	1202	879	732	463	8
379	284	8	266	221	209	52	5
736	544	38	436	290	283	151	2
3933	2632	72	1569	1356	763	805	1

4-5 各地区高等学校R&D
Intramural Expenditures on R&D in

单位：万元

地　区	Region	R&D经费内部支出 Intramural Expenditures on R&D	基础研究 Basic Research	应用研究 Applied Research	试验发展 Experimental Development
全　国	**National Total**	**9985884**	**3910288**	**5163095**	**912502**
东部地区	Eastern Region	5881588	2340225	3113561	427802
中部地区	Middle Region	1484420	564279	716739	203404
西部地区	Western Region	1518205	612884	698334	206987
东北地区	Northeast Region	1101672	392901	634462	74310
北　京	Beijing	1626476	622027	932921	71528
天　津	Tianjin	611820	172596	390678	48547
河　北	Hebei	127417	49188	73391	4837
山　西	Shanxi	114327	56152	49315	8860
内蒙古	Inner Mongolia	32707	8609	18775	5324
辽　宁	Liaoning	465524	162218	259883	43424
吉　林	Jilin	226777	96540	115560	14676
黑龙江	Heilongjiang	409371	134143	259018	16210
上　海	Shanghai	866479	378701	416507	71270
江　苏	Jiangsu	913873	378232	433728	101913
浙　江	Zhejiang	561427	233897	303971	23559
安　徽	Anhui	272859	134804	102365	35691
福　建	Fujian	153655	33184	111934	8537
江　西	Jiangxi	103843	45673	44784	13386
山　东	Shandong	373713	160993	166427	46294
河　南	Henan	187075	57160	94123	35792
湖　北	Hubei	545156	158686	301507	84963
湖　南	Hunan	261159	111803	124644	24711
广　东	Guangdong	629667	303871	276512	49284
广　西	Guangxi	112496	70682	39313	2501
海　南	Hainan	17061	7536	7493	2032
重　庆	Chongqing	189929	69394	103230	17305
四　川	Sichuan	465250	175472	204985	84793
贵　州	Guizhou	65231	31109	31039	3083
云　南	Yunnan	105504	52799	32945	19760
西　藏	Tibet	11283	7032	4251	0
陕　西	Shaanxi	397362	136946	196451	63965
甘　肃	Gansu	69583	27762	35385	6435
青　海	Qinghai	10507	4925	3938	1644
宁　夏	Ningxia	18250	8359	8991	901
新　疆	Xinjiang	40103	19795	19032	1276

经费内部支出(2015年)
Higher Education by Region (2015)

(10 000 yuan)

日常性支出 Routine Expenses	#人员劳务费 Labor Cost	资产性支出 Assets Expenditure	#仪器和设备支出 Equipment	政府资金 Government Funds	企业资金 Self-raised Funds by Enterprises	国外资金 Foreign Funds	其他资金 Other Funds
8067684	**1538159**	**1918200**	**1467579**	**6372574**	**3014958**	**52431**	**545922**
4673097	916045	1208491	886357	3819194	1744277	42870	275247
1157647	223793	326773	283769	987440	364807	3148	129026
1277758	254905	240447	182513	917458	496952	4313	99483
959182	143416	142490	114941	648483	408923	2100	42166
1380680	216615	245796	221517	1132410	448191	25868	20007
336378	44064	273442	69610	362444	213644	4702	31030
102767	25203	24650	21056	79348	34442	10	13617
87647	13447	26680	22085	72861	29191	29	12246
31063	3921	1644	1644	24230	7087		1389
394203	71141	71321	65423	231032	204051	945	29496
210654	31042	16122	13990	185727	33574	1113	6362
354324	41233	55047	35527	231723	171298	42	6307
731646	137735	134833	107802	553512	272630	3687	36651
685147	135448	228726	199638	517900	339805	3160	53008
494294	143588	67133	58920	340756	188927	2384	29360
208273	49562	64585	52277	198132	48299	57	26371
124972	42461	28683	27994	108053	30865	342	14395
70171	17519	33673	28322	71121	21529	357	10837
310519	70312	63194	53375	244899	90528	826	37460
142429	16781	44646	41107	118813	36412	29	31821
443776	75597	101381	90257	357990	162272	1815	23079
205351	50887	55808	49721	168523	67104	859	24672
491468	98413	138199	124724	465519	123720	1892	38536
90062	20908	22434	15775	86787	13481	188	12040
15227	2207	1834	1721	14354	1524		1183
146900	36993	43028	36093	104174	64021	1772	19961
401683	89679	63567	49501	223929	210207	1076	30037
47159	14762	18072	12820	48925	10640	37	5630
96154	14444	9350	8547	78597	17113	529	9265
10858	899	425	425	9746	1169		367
339452	47622	57910	41446	239616	146917	711	10118
60197	11514	9386	5433	41976	19693		7914
6079	1940	4428	1506	9195	969		343
13146	3626	5104	4224	15699	1597		955
35005	8595	5098	5098	34584	4057	0	1462

4-6 各地区理工农医类高等学校R&D

Intramural Expenditures on R&D in Higher Education

单位：万元

地　区	Region	R&D经费内部支出 Intramural Expenditures on R&D	基础研究 Basic Research	应用研究 Applied Research	试验发展 Experimental Development
全　国	**National Total**	**8771501**	**3387956**	**4480969**	**902576**
东部地区	Eastern Region	5143573	2051530	2669015	423029
中部地区	Middle Region	1282899	463765	620038	199097
西部地区	Western Region	1308067	512716	589157	206194
东北地区	Northeast Region	1036963	359946	602759	74257
北　京	Beijing	1442326	560321	811959	70046
天　津	Tianjin	583593	162238	373397	47958
河　北	Hebei	108488	41233	62656	4600
山　西	Shanxi	102008	50368	43112	8527
内 蒙 古	Inner Mongolia	28264	6148	16793	5323
辽　宁	Liaoning	438136	149914	244851	43371
吉　林	Jilin	201074	84761	101637	14676
黑 龙 江	Heilongjiang	397754	125272	256272	16210
上　海	Shanghai	754000	321645	361392	70963
江　苏	Jiangsu	837112	351741	383457	101913
浙　江	Zhejiang	462982	198683	240837	23462
安　徽	Anhui	239628	118009	86651	34969
福　建	Fujian	117814	19041	90298	8474
江　西	Jiangxi	89869	37031	39807	13031
山　东	Shandong	319537	135650	139405	44483
河　南	Henan	160636	41922	82978	35736
湖　北	Hubei	472507	129350	259132	84025
湖　南	Hunan	218252	87085	108357	22810
广　东	Guangdong	503580	255150	199177	49253
广　西	Guangxi	92813	59550	30954	2309
海　南	Hainan	14143	5828	6438	1877
重　庆	Chongqing	153433	57617	78558	17259
四　川	Sichuan	411718	159470	167492	84756
贵　州	Guizhou	52565	22839	27000	2726
云　南	Yunnan	83414	41135	22651	19628
西　藏	Tibet	2981	1742	1239	0
陕　西	Shaanxi	364428	114521	185942	63965
甘　肃	Gansu	59498	21564	31504	6430
青　海	Qinghai	9682	4420	3638	1624
宁　夏	Ningxia	15785	6966	7923	897
新　疆	Xinjiang	33486	16746	15465	1276

经费内部支出(2015年)

in Natural Sciences & Technology by Region (2015)

(10 000 yuan)

#日常性支出 Routine Expenses	#人员劳务费 Labor Cost	资产性支出 Assets Expenditure	#仪器和设备支出 Equipment	政府资金 Government Funds	企业资金 Self-raised Funds by Enterprises	国外资金 Foreign Funds	其他资金 Other Funds
6944752	**1240387**	**1826749**	**1379884**	**5707898**	**2597080**	**36760**	**429763**
3990784	750985	1152790	832791	3446609	1459869	30324	206771
975220	170345	307679	266056	857825	313707	2010	109358
1079885	197169	228182	170467	795683	430152	2625	79607
898864	121888	138099	110570	607782	393353	1802	34026
1207954	191278	234371	210169	1034166	380902	17201	10057
311000	34680	272592	66760	347836	200875	4432	30450
85464	16228	23024	19430	68356	28456	5	11672
78247	9384	23760	19183	64030	27210	5	10764
26683	2726	1580	1580	20967	6105		1191
368676	62792	69460	63572	215036	196787	809	25504
187190	23795	13884	11763	170796	26500	951	2826
342998	35302	54756	35236	221950	170065	42	5696
626240	123607	127760	100729	492397	230344	3151	28108
617520	122434	219591	190539	474295	313960	2209	46648
403262	110796	59720	52072	301870	133682	1511	25919
178196	38398	61432	49668	176589	41466	41	21533
90965	32568	26848	26160	89964	16966	196	10688
58070	14685	31799	26479	62793	17472	357	9246
259500	41344	60038	50421	222689	80517	709	15622
118832	8775	41804	38278	98239	32141	14	30242
374998	63985	97509	86986	316282	137428	982	17815
166877	35118	51375	45462	139891	57991	611	19759
376477	76764	127102	114881	402637	73370	911	26662
72200	14898	20613	14093	75200	7570	185	9857
12400	1288	1743	1630	12401	798		945
112493	25950	40940	34061	83561	50850	1278	17744
352490	73261	59228	45184	199049	189299	584	22785
34853	9425	17713	12461	40537	7032	4	4992
75448	8730	7965	7162	63136	14353	453	5471
2677	469	304	304	2305	583		93
308101	42780	56327	39863	222895	133255	120	8158
50415	9396	9083	5133	36410	15711		7377
5298	1551	4384	1462	8406	967		309
10689	2774	5096	4216	14067	1014		705
28539	5207	4948	4948	29148	3413		925

4-7 各地区人文社科类高等学校R&D
Intramural Expenditures on R&D in Higher Education

单位：万元

地区	Region	R&D经费内部支出 Intramural Expenditures on R&D	基础研究 Basic Research	应用研究 Applied Research	试验发展 Experimental Development	日常性支出 Routine Expenses
全国	**National Total**	**1214383**	**522332**	**682126**	**9926**	**1122932**
东部地区	Eastern Region	738015	288695	444546	4773	682314
中部地区	Middle Region	201521	100514	96701	4306	182427
西部地区	Western Region	210139	100169	109176	794	197874
东北地区	Northeast Region	64709	32954	31702	52	60318
北京	Beijing	184151	61707	120962	1482	172725
天津	Tianjin	28227	10358	17280	589	25377
河北	Hebei	18928	7955	10736	237	17302
山西	Shanxi	12320	5784	6203	333	9400
内蒙古	Inner Mongolia	4444	2461	1982	0	4380
辽宁	Liaoning	27389	12304	15032	52	25527
吉林	Jilin	25703	11780	13924		23465
黑龙江	Heilongjiang	11617	8871	2746		11326
上海	Shanghai	112479	57056	55116	307	105406
江苏	Jiangsu	76762	26492	50270		67627
浙江	Zhejiang	98445	35214	63134	97	91032
安徽	Anhui	33231	16795	15714	722	30077
福建	Fujian	35841	14143	21636	62	34007
江西	Jiangxi	13974	8642	4977	355	12100
山东	Shandong	54176	25343	27022	1811	51020
河南	Henan	26440	15239	11144	57	23597
湖北	Hubei	72649	29336	42375	938	68778
湖南	Hunan	42907	24719	16287	1901	38475
广东	Guangdong	126088	48720	77336	32	114991
广西	Guangxi	19684	11132	8360	192	17862
海南	Hainan	2918	1707	1055	156	2827
重庆	Chongqing	36495	11777	24673	46	34407
四川	Sichuan	53532	16003	37493	36	49194
贵州	Guizhou	12666	8270	4039	357	12306
云南	Yunnan	22090	11664	10293	132	20706
西藏	Tibet	8302	5290	3012	0	8181
陕西	Shaanxi	32934	22425	10509		31351
甘肃	Gansu	10085	6199	3881	6	9783
青海	Qinghai	825	505	300	20	781
宁夏	Ningxia	2465	1393	1068	4	2457
新疆	Xinjiang	6617	3049	3567	1	6466

经费内部支出(2015年)
in Social Sciences & Humanities by Region (2015)

(10 000 yuan)

#人员劳务费 Labor Cost	资产性支出 Assets Expenditure	#仪器和设备支出 Equipment	政府资金 Government Funds	企业资金 Self-raised Funds by Enterprises	国外资金 Foreign Funds	其他资金 Other Funds
297772	**91451**	**87695**	**664676**	**417878**	**15671**	**116159**
165060	55701	53566	372585	284408	12546	68475
53448	19094	17713	129615	51100	1138	19668
57736	12265	12046	121775	66800	1688	19876
21528	4391	4371	40701	15570	298	8140
25338	11425	11348	98244	67290	8667	9950
9384	2850	2850	14609	12769	270	580
8975	1626	1626	10992	5986	5	1945
4063	2920	2903	8831	1982	25	1483
1195	64	64	3263	982		198
8349	1861	1851	15996	7264	136	3992
7247	2238	2228	14931	7074	162	3536
5931	291	291	9774	1232		611
14128	7073	7073	61115	42285	536	8543
13014	9135	9099	43605	25845	951	6360
32792	7413	6848	38886	55245	873	3441
11164	3153	2609	21543	6833	16	4838
9893	1835	1835	18090	13899	146	3707
2833	1874	1843	8327	4057		1590
28968	3156	2954	22210	10012	117	21837
8006	2842	2829	20574	4271	16	1579
11612	3871	3271	41707	24844	833	5264
15769	4433	4259	28632	9113	248	4913
21649	11097	9843	62882	50351	981	11874
6010	1821	1682	11587	5911	2	2184
919	91	91	1953	727		238
11043	2088	2032	20613	13171	494	2217
16418	4338	4317	24880	20908	492	7252
5337	360	360	8388	3608	32	637
5714	1385	1385	15460	2760	76	3794
429	121	121	7441	587		274
4842	1583	1583	16722	13662	590	1960
2119	303	300	5565	3983		537
390	44	44	789	1		35
852	8	8	1632	583		250
3388	151	151	5435	644	0	537

4-8 各地区高等学校R&D经费外部支出(2015年)
External Expenditure on R&D in Higher Education by Region (2015)

单位：万元 (10 000 yuan)

地 区	Region	R&D经费外部支出 Total	对境内研究机构支出 to Domestic Research institutions	对境内高等学校支出 to Domestic Higher Education	对境内企业支出 to Domestic Enterprises	对境外机构支出 to Foreign Institutions
全 国	**National Total**	**672624**	**223019**	**199311**	**220101**	**26018**
东部地区	Eastern Region	453925	161420	128648	142888	18919
中部地区	Middle Region	70326	20401	26385	15803	6073
西部地区	Western Region	104091	28554	33564	40942	663
东北地区	Northeast Region	44282	12644	10714	20469	364
北 京	Beijing	186077	64724	55070	65749	199
天 津	Tianjin	13179	4485	4098	3416	1169
河 北	Hebei	5975	1939	2072	1858	0
山 西	Shanxi	3334	655	485	2194	
内蒙古	Inner Mongolia	1554	391	1052	78	31
辽 宁	Liaoning	20689	4376	5652	10519	82
吉 林	Jilin	12260	4581	3371	4014	280
黑龙江	Heilongjiang	11332	3686	1691	5936	2
上 海	Shanghai	61111	21785	11668	22289	4913
江 苏	Jiangsu	72147	30936	18634	19839	2236
浙 江	Zhejiang	37941	10143	13407	8029	5977
安 徽	Anhui	7275	2266	1570	1886	1423
福 建	Fujian	10805	3104	2019	2404	3236
江 西	Jiangxi	5751	1050	1975	756	1852
山 东	Shandong	26884	11377	6077	8961	466
河 南	Henan	1661	646	672	342	
湖 北	Hubei	41039	11037	17312	9163	2114
湖 南	Hunan	11267	4746	4371	1463	683
广 东	Guangdong	39443	12796	15448	10269	718
广 西	Guangxi	3246	839	906	946	447
海 南	Hainan	364	131	154	75	4
重 庆	Chongqing	7999	3223	2866	1807	102
四 川	Sichuan	54052	15296	17250	21444	20
贵 州	Guizhou	1987	816	663	501	
云 南	Yunnan	2294	888	1306	90	5
西 藏	Tibet	508	149	359		
陕 西	Shaanxi	24704	3838	5631	14983	51
甘 肃	Gansu	3973	2050	1813	108	0
青 海	Qinghai	196	81	96	19	
宁 夏	Ningxia	1879	396	711	772	
新 疆	Xinjiang	1700	588	910	193	8

4-9 各地区理工农医类高等学校R&D经费外部支出(2015年)

External Expenditure on R&D in Higher Education in Natural Sciences & Technology by Region (2015)

单位：万元 (10 000 yuan)

地 区	Region	R&D经费外部支出 Total	对境内研究机构支出 to Domestic Research institutions	对境内高等学校支出 to Domestic Higher Education	对境内企业支出 to Domestic Enterprises	对境外机构支出 to Foreign Institutions
全 国	**National Total**	**657234**	**220605**	**193895**	**216894**	**25840**
东部地区	Eastern Region	445184	160039	125324	141038	18783
中部地区	Middle Region	64775	19551	24577	14591	6056
西部地区	Western Region	103296	28442	33367	40851	637
东北地区	Northeast Region	43979	12573	10628	20414	364
北 京	Beijing	182044	63993	52843	65007	199
天 津	Tianjin	13003	4379	4055	3403	1167
河 北	Hebei	5864	1939	2067	1858	0
山 西	Shanxi	3334	655	485	2194	
内 蒙 古	Inner Mongolia	1519	372	1041	74	31
辽 宁	Liaoning	20451	4318	5585	10467	82
吉 林	Jilin	12213	4570	3353	4010	280
黑 龙 江	Heilongjiang	11315	3686	1691	5936	2
上 海	Shanghai	60235	21707	11401	22215	4913
江 苏	Jiangsu	70929	30731	18293	19676	2230
浙 江	Zhejiang	37108	9994	13372	7887	5855
安 徽	Anhui	6959	2192	1495	1849	1423
福 建	Fujian	10704	3104	2007	2356	3236
江 西	Jiangxi	5483	1006	1924	701	1852
山 东	Shandong	26613	11296	5977	8878	461
河 南	Henan	1660	646	672	342	
湖 北	Hubei	36817	10333	16280	8105	2098
湖 南	Hunan	10523	4719	3721	1400	683
广 东	Guangdong	38325	12764	15155	9688	718
广 西	Guangxi	3107	829	894	937	447
海 南	Hainan	359	129	154	72	4
重 庆	Chongqing	7980	3223	2858	1798	102
四 川	Sichuan	54005	15294	17249	21442	20
贵 州	Guizhou	1975	816	658	501	
云 南	Yunnan	2281	880	1306	90	5
西 藏	Tibet	490	149	341		
陕 西	Shaanxi	24195	3765	5490	14916	24
甘 肃	Gansu	3971	2050	1813	108	0
青 海	Qinghai	196	81	96	19	
宁 夏	Ningxia	1879	396	711	772	
新 疆	Xinjiang	1699	588	910	193	8

4-10 各地区人文社科类高等学校R&D经费外部支出(2015年)
External Expenditure on R&D in Higher Education in Social Sciences & Humanities by Region (2015)

单位：万元 (10 000 yuan)

地区	Region	R&D经费外部支出 Total	对境内研究机构支出 to Domestic Research institutions	对境内高等学校支出 to Domestic Higher Education	对境内企业支出 to Domestic Enterprises	对境外机构支出 to Foreign Institutions
全国	**National Total**	**15391**	**2414**	**5416**	**3207**	**179**
东部地区	Eastern Region	8741	1381	3324	1850	135
中部地区	Middle Region	5551	850	1808	1212	17
西部地区	Western Region	795	112	198	91	26
东北地区	Northeast Region	303	70	86	55	
北京	Beijing	4033	729	2227	742	
天津	Tianjin	176	106	44	14	2
河北	Hebei	111	0	5		
山西	Shanxi					
内蒙古	Inner Mongolia	36	19	11	4	
辽宁	Liaoning	238	59	68	51	
吉林	Jilin	48	11	19	4	
黑龙江	Heilongjiang	18				
上海	Shanghai	876	79	267	74	
江苏	Jiangsu	1217	205	342	163	6
浙江	Zhejiang	833	149	35	142	122
安徽	Anhui	316	74	75	37	
福建	Fujian	101		12	48	
江西	Jiangxi	268	44	51	55	1
山东	Shandong	271	80	100	83	5
河南	Henan	1			0	
湖北	Hubei	4223	704	1032	1057	17
湖南	Hunan	744	28	650	62	
广东	Guangdong	1118	32	293	581	0
广西	Guangxi	140	10	13	9	
海南	Hainan	5	1	1	3	
重庆	Chongqing	20	0	8	9	
四川	Sichuan	47	2	2	2	
贵州	Guizhou	11		5		
云南	Yunnan	13	8	0	0	
西藏	Tibet	18		18		
陕西	Shaanxi	509	74	141	67	26
甘肃	Gansu	2				
青海	Qinghai					
宁夏	Ningxia					
新疆	Xinjiang	1				

4-11 各地区高等学校R&D课题(2015年)
R&D Projects of Higher Education by Region (2015)

地 区	Region	R&D课题数 (项) R&D Projects (item)	投入人员 (人年) Input of Personnel (man-year)	投入经费 (万元) Input of Funds (10 000 yuan)
全 国	**National Total**	**841520**	**354475**	**7656447**
东部地区	Eastern Region	430634	174520	4269967
中部地区	Middle Region	160315	63105	1307242
西部地区	Western Region	182413	70412	1178378
东北地区	Northeast Region	68158	46442	900860
北 京	Beijing	92243	34424	1251731
天 津	Tianjin	21801	11359	161131
河 北	Hebei	20395	10022	69545
山 西	Shanxi	9783	6425	61429
内 蒙 古	Inner Mongolia	7071	3254	28978
辽 宁	Liaoning	29611	16741	364196
吉 林	Jilin	19913	14876	189824
黑 龙 江	Heilongjiang	18634	14825	346840
上 海	Shanghai	52167	23268	636134
江 苏	Jiangsu	59887	23869	611094
浙 江	Zhejiang	54236	16139	402008
安 徽	Anhui	28685	13524	376823
福 建	Fujian	27715	9912	118802
江 西	Jiangxi	18902	5723	90609
山 东	Shandong	37093	20950	268085
河 南	Henan	25932	7846	156519
湖 北	Hubei	42709	15276	443381
湖 南	Hunan	34304	14313	178481
广 东	Guangdong	61677	23594	433844
广 西	Guangxi	19233	9785	63842
海 南	Hainan	3420	984	14292
重 庆	Chongqing	20651	7807	146599
四 川	Sichuan	45656	17604	343998
贵 州	Guizhou	13567	4316	48545
云 南	Yunnan	15399	7087	93751
西 藏	Tibet	966	318	3884
陕 西	Shaanxi	37790	10602	333052
甘 肃	Gansu	9319	3809	55545
青 海	Qinghai	1225	629	9998
宁 夏	Ningxia	3604	1420	16441
新 疆	Xinjiang	7932	3780	33744

4-12 各地区理工农医类高等学校R&D课题(2015年)
R&D Projects of Higher Education in Natural Sciences & Technology by Region (2015)

地区	Region	R&D课题数 (项) R&D Projects (item)	投入人员 (人年) Input of Personnel (man-year)	投入经费 (万元) Input of Funds (10 000 yuan)
全国	**National Total**	**450726**	**253988**	**7001624**
东部地区	Eastern Region	231133	124779	3872344
中部地区	Middle Region	79138	44551	1202663
西部地区	Western Region	100675	47517	1061509
东北地区	Northeast Region	39780	37145	865108
北京	Beijing	54221	26205	1135760
天津	Tianjin	13019	7864	447650
河北	Hebei	8318	6275	63537
山西	Shanxi	5356	4641	57114
内蒙古	Inner Mongolia	4181	2454	25737
辽宁	Liaoning	15996	13120	347364
吉林	Jilin	9730	11879	176056
黑龙江	Heilongjiang	14054	12146	341689
上海	Shanghai	30501	18229	583552
江苏	Jiangsu	32560	17025	562530
浙江	Zhejiang	25546	9710	352774
安徽	Anhui	16700	10368	365501
福建	Fujian	13649	6496	100922
江西	Jiangxi	8540	4560	81378
山东	Shandong	18984	15832	250112
河南	Henan	9458	4431	146414
湖北	Hubei	24050	10711	388583
湖南	Hunan	15034	9840	163674
广东	Guangdong	32903	16621	362852
广西	Guangxi	9951	6863	53759
海南	Hainan	1432	522	12654
重庆	Chongqing	10774	4788	128086
四川	Sichuan	22806	11577	314789
贵州	Guizhou	8176	2961	43175
云南	Yunnan	8389	4473	80036
西藏	Tibet	202	166	1706
陕西	Shaanxi	23899	8061	310824
甘肃	Gansu	5542	2608	48569
青海	Qinghai	717	366	9387
宁夏	Ningxia	2122	984	14829
新疆	Xinjiang	3916	2216	30612

4-13 各地区人文社科类高等学校R&D课题(2015年)
R&D Projects of Higher Education in Social Sciences & Humanities by Region (2015)

地 区	Region	R&D课题数 (项) R&D Projects (item)	投入人员 (人年) Input of Personnel (man-year)	投入经费 (万元) Input of Funds (10 000 yuan)
全 国	**National Total**	**390794**	**100487**	**654823**
东部地区	Eastern Region	199501	49741	397623
中部地区	Middle Region	81177	18554	104579
西部地区	Western Region	81738	22895	116870
东北地区	Northeast Region	28378	9297	35751
北 京	Beijing	38022	8219	115970
天 津	Tianjin	8782	3495	16784
河 北	Hebei	12077	3747	6007
山 西	Shanxi	4427	1784	4315
内蒙古	Inner Mongolia	2890	800	3241
辽 宁	Liaoning	13615	3621	16832
吉 林	Jilin	10183	2997	13768
黑龙江	Heilongjiang	4580	2679	5151
上 海	Shanghai	21666	5039	52581
江 苏	Jiangsu	27327	6844	48564
浙 江	Zhejiang	28690	6429	49234
安 徽	Anhui	11985	3156	11322
福 建	Fujian	14066	3416	17879
江 西	Jiangxi	10362	1163	9231
山 东	Shandong	18109	5118	17973
河 南	Henan	16474	3415	10105
湖 北	Hubei	18659	4565	54799
湖 南	Hunan	19270	4473	14808
广 东	Guangdong	28774	6973	70993
广 西	Guangxi	9282	2922	10083
海 南	Hainan	1988	462	1637
重 庆	Chongqing	9877	3019	18513
四 川	Sichuan	22850	6027	29209
贵 州	Guizhou	5391	1355	5371
云 南	Yunnan	7010	2614	13715
西 藏	Tibet	764	152	2178
陕 西	Shaanxi	13891	2541	22228
甘 肃	Gansu	3777	1201	6976
青 海	Qinghai	508	263	611
宁 夏	Ningxia	1482	436	1613
新 疆	Xinjiang	4016	1564	3132

4-14 按学科分高等学校R&D课题(2015年)
R&D Projects Taken by R&D Institutions by Discipline (2015)

学　科	Discipline	R&D课题数(项) R&D Projects (item)	投入人员(人年) Input of Personnel (man-year)	投入经费(万元) Input of Funds (10 000 yuan)
全　国	**National Total**	**841520**	**354475**	**7656447**
数　学	Mathematics	12389	6449	155240
信息科学与系统科学	Information & System Science	8396	4091	171036
力　学	Mechanics	3031	1347	53848
物理学	Physics	13795	7202	229778
化　学	Chemistry	20567	10792	310043
天文学	Astronomy	476	215	5890
地球科学	Earth Science	15039	7118	319741
生物学	Biology	23364	11587	345033
心理学	Psychology	601	215	5124
农　学	Agriculture	19745	8405	253978
林　学	Forestry	4298	2287	47690
畜牧、兽医科学	Livestock, Veterinary Medicine	6311	2838	86944
水产学	Aquatic	2809	1281	36162
基础医学	Basic Medicine	20228	14932	212080
临床医学	Clinic Medicine	48492	43694	442406
预防医学与卫生学	Protective Medicine	3507	2150	34667
军事医学与特种医学	Military Medicine & Special Medicine	106	56	833
药　学	Pharmacy	7086	4093	115406
中医学与中药学	Traditional Chinese Medicine	16899	12541	101865
工程与技术科学基础学科	Engineering & Basic Technology Science	4325	1819	88120
信息与系统科学相关工程与技术	Information and System Science-related Engineering and Technology	5124	2527	130049
自然科学相关工程与技术	Science and Technology-related Engineering and Technology	2446	1342	48985
测绘科学技术	Surveying & Mapping	2093	1129	35886
材料科学	Material Science	22612	11724	422531
矿山工程技术	Mining	6993	3111	121668
冶金工程技术	Metallurgy	1963	1100	46325
机械工程	Mechanical Engineering	23470	12301	431215
动力与电气工程	Power & Electrical Engineering	13862	6437	278380
能源科学技术	Energy Technology	4764	2506	92848
核科学技术	Nuclear Technology	1148	524	29093
电子、通信与自动控制技术	Electronics, Communication & Automation	24125	12458	468973
计算机科学技术	Computer Technology	24397	12695	290703
化学工程	Chemical Engineering	11797	5912	192477
产品应用相关工程与技术	Products Application-related Engineering and Technology	997	600	18644
纺织科学技术	Textile Technology	1814	879	30060
食品科学技术	Food Technology	6025	3036	82087
土木建筑工程	Civil Construction	17613	9111	350608
水利工程	Water Conservancy	3777	1684	74535
交通运输工程	Transportaiton Engineering	9295	4805	148557
航空、航天科学技术	Aviation and Aerospace	5048	2189	275088
环境科学技术	Environment	15813	7609	246682
安全科学技术	Security	1480	826	20760
管理学	Management	87621	23885	290972
马克思主义	Marxism	14915	4037	15473
哲　学	Phylosophy	6308	1622	10616
宗教学	Religion	1180	336	2182
语言学	Linguistics	24718	7172	21812
文　学	Literature	19882	5305	23969
艺术学	Arts	30419	8010	60989
历史学	Histry	10113	2664	23783
考古学	Archaeology	1559	336	10825
经济学	Economics	54954	14357	118075
政治学	Politics	9542	2416	13820
法　学	Law	24546	5698	43725
军事学	Military	27	22	672
社会学	Sociology	22898	5562	39007
民族学	Ethnography	5871	1773	10332
新闻学与传播学	Journalism	9838	2139	16559
图书馆、情报与文献学	Library and Information Literature	7052	1924	11243
教育学	Education	53271	14140	56096
体育科学	Physical Science	14840	4188	18764
统计学	Statistics	3371	957	9992
其　他	Others	475	315	5507

4-15 按来源和合作形式分高等学校R&D课题(2015年)
R&D Projects of Higher Education by Sources and Cooperation Modality (2015)

项　目	Item	R&D课题数 (项) R&D Projects (item)	投入人员 (人年) Input of Personnel (man-year)	投入经费 (万元) Input of Funds (10 000 yuan)
总　计	**Total**	**841520**	**354475**	**7656447**
按课题来源分组	**By Sources of Topics**			
国家科技项目	National S&T Projects	246924	133651	3754314
地方科技项目	Local S&T Projects	274327	110298	1031680
企业委托科技项目	S&T Projects Entrusted by Enterprise	179545	65291	2445141
自选科技项目	S&T Projects Chosen by Enterprise	124382	37693	329754
来自国外的科技项目	Oversease S&T Projects	3480	1238	60002
其它科技项目	Others	12862	6304	35556
按合作形式分组	**By Cooperation Modality**			
与境外机构合作	Cooperation with Oversease Institutes	3319	1514	59029
与国内高校合作	Cooperation with Higher Education	27445	13187	484429
与国内独立研究机构合作	Cooperation with Independent Research Institutes	18657	9649	451819
与境内注册的外商独资企业合作	Cooperation with Sole Foreign Enterprise	688	189	10357
与境内注册的其他企业合作	Cooperation with Other Enterprise	35446	15643	600807
独立完成	Independent Implementation	740514	309271	5930864
其　他	Others	15451	5022	119142

4-16 各地区高等学校
S&T Output of Higher

地 区	Region	发表科技论文（篇）Scientific Papers Issued (piece)	#国外发表 Published in Foreign Periodicals	出版科技著作（种）Publication on S&T (kind)
全 国	**National Total**	**1220467**	**313698**	**43136**
东部地区	Eastern Region	571455	173815	20378
中部地区	Middle Region	247628	53658	8987
西部地区	Western Region	275272	51198	8951
东北地区	Northeast Region	126112	35027	4820
北 京	Beijing	118985	34855	5225
天 津	Tianjin	32619	11024	739
河 北	Hebei	30563	5039	1112
山 西	Shanxi	15600	3261	505
内蒙古	Inner Mongolia	14310	930	885
辽 宁	Liaoning	53488	11900	2590
吉 林	Jilin	34501	9077	963
黑龙江	Heilongjiang	38123	14050	1267
上 海	Shanghai	78275	32095	2877
江 苏	Jiangsu	114407	35059	3236
浙 江	Zhejiang	43304	13945	1822
安 徽	Anhui	39406	9023	1177
福 建	Fujian	23109	6064	814
江 西	Jiangxi	20724	4712	737
山 东	Shandong	53793	16497	2186
河 南	Henan	51017	7668	2356
湖 北	Hubei	72464	19863	2529
湖 南	Hunan	48417	9131	1683
广 东	Guangdong	70934	18400	2042
广 西	Guangxi	25619	3360	708
海 南	Hainan	5466	837	325
重 庆	Chongqing	30373	8281	1288
四 川	Sichuan	66867	16367	1828
贵 州	Guizhou	16359	1131	514
云 南	Yunnan	24681	3422	898
西 藏	Tibet	1024	78	26
陕 西	Shaanxi	56985	12914	1548
甘 肃	Gansu	17459	3170	848
青 海	Qinghai	2261	76	58
宁 夏	Ningxia	4909	331	99
新 疆	Xinjiang	14425	1138	251

科技产出(2015年)
Education by Region(2015)

专利申请数 (件) Patents Application (piece)	#发明专利 Invetions	有效发明专利 (件) Patent in Force (piece)	专利所有权转让及许可数 (件) Number of Transfer and Licensing of Patent Ownership (piece)	专利所有权转让及许可收入 (万元) Revenue from Transfer and Licensing of Patent Ownership (10 000 yuan)	形成国家或行业标准数 (项) Number of National and Industrial Standard (item)
190351	**109911**	**201492**	**2786**	**66942**	**427**
103834	64463	126777	1845	45508	300
37330	17535	25765	423	12300	35
30580	17518	31291	395	7933	61
18607	10395	17659	123	1201	31
13363	10795	38050	302	28442	193
5691	3961	6223	40	297	23
3152	991	2026	32	276	7
1428	1148	1954	43	375	7
572	176	387	14	90	3
6304	3916	6943	61	692	20
2995	1716	2623	5	86	
9308	4763	8093	57	424	11
9507	7695	15445	243	3570	
29665	18152	25682	691	6586	47
15949	8118	16624	203	2627	16
8520	2948	3578	121	4996	
4249	2531	4529	110	1023	
4252	1190	2357	24	1363	
12377	6430	8256	116	977	3
5787	2543	3830	50	1373	6
9920	5853	8744	125	2969	1
7423	3853	5302	60	1225	21
9441	5616	9759	107	1705	11
4341	3492	2478	28	182	3
440	174	183	1	4	
4088	2085	4206	102	1467	15
7291	4209	6488	106	3504	2
1394	518	698	5	120	8
2178	1084	2712	5	52	1
14	5	12			
8927	5084	12656	122	2432	
878	375	1114	9	73	5
51	28	48			7
115	47	114			4
731	415	378	4	13	13

4-17 各地区理工农医类
S&T Output of Higher Education in Social

地区	Region	发表科技论文(篇) Scientific Papers Issued (piece)	#国外发表 Published in Foreign Periodicals	出版科技著作(种) Publication on S&T (kind)
全国	**National Total**	**870529**	**302414**	**13113**
东部地区	Eastern Region	413315	166893	5455
中部地区	Middle Region	172467	52195	3092
西部地区	Western Region	192257	49222	2952
东北地区	Northeast Region	92490	34104	1614
北京	Beijing	85613	33115	1074
天津	Tianjin	25468	10543	150
河北	Hebei	21240	4937	439
山西	Shanxi	11159	3215	181
内蒙古	Inner Mongolia	8801	781	260
辽宁	Liaoning	35992	11512	782
吉林	Jilin	25566	8644	240
黑龙江	Heilongjiang	30932	13948	592
上海	Shanghai	59957	30774	499
江苏	Jiangsu	86525	34201	1309
浙江	Zhejiang	29246	13234	450
安徽	Anhui	29429	8915	495
福建	Fujian	13426	5703	228
江西	Jiangxi	14125	4562	293
山东	Shandong	39667	16039	713
河南	Henan	31077	7447	744
湖北	Hubei	52584	19217	729
湖南	Hunan	34093	8839	650
广东	Guangdong	49405	17532	508
广西	Guangxi	17213	3279	178
海南	Hainan	2768	815	85
重庆	Chongqing	19599	7773	336
四川	Sichuan	50140	15651	726
贵州	Guizhou	9382	1109	144
云南	Yunnan	15791	3348	220
西藏	Tibet	554	75	
陕西	Shaanxi	43145	12605	671
甘肃	Gansu	11835	3093	310
青海	Qinghai	1810	76	26
宁夏	Ningxia	3586	315	26
新疆	Xinjiang	10401	1117	55

高等学校科技产出(2015年)
Sciences & Humanities by Region(2015)

专利申请数(件) Patents Application (piece)	#发明专利 Invetions	有效发明专利(件) Patent in Force (piece)	专利所有权转让及许可数(件) Number of Transfer and Licensing of Patent Ownership (piece)	专利所有权转让及许可收入(万元) Revenue from Transfer and Licensing of Patent Ownership (10 000 yuan)	形成国家或行业标准数(项) Number of National and Industrial Standard (item)
184423	**109445**	**200533**	**2695**	**66934**	**410**
101406	64253	126568	1783	45505	285
34715	17337	25092	395	12298	33
30293	17496	31268	394	7930	61
18009	10359	17605	123	1201	31
13356	10789	38034	302	28442	193
5379	3961	6221	40	297	23
2841	952	1992	32	276	7
1407	1145	1951	43	375	7
572	176	387	14	90	3
6043	3880	6889	61	692	20
2992	1716	2623	5	86	
8974	4763	8093	57	424	11
9455	7687	15434	243	3570	
29172	18064	25618	687	6585	47
15384	8090	16577	175	2625	8
7574	2931	3559	101	4994	
4082	2527	4521	110	1023	
3507	1169	1755	24	1363	
12017	6404	8238	86	977	3
5572	2532	3818	45	1373	6
9831	5827	8725	122	2969	1
6824	3733	5284	60	1225	19
9280	5605	9750	107	1705	4
4314	3491	2477	28	182	3
440	174	183	1	4	
3935	2077	4205	101	1464	15
7243	4207	6488	106	3504	2
1382	512	698	5	120	8
2145	1081	2693	5	52	1
14	5	12			
8922	5084	12656	122	2432	
878	375	1114	9	73	5
51	28	48			7
113	45	112			4
724	415	378	4	13	13

4-18 各地区人文社科类
S&T Output of Higher Education in Social

地　区	Region	发表科技论文（篇）Scientific Papers Issued (piece)	#国外发表 Published in Foreign Periodicals	出版科技著作（种）Publication on S&T (kind)
全　国	**National Total**	**349938**	**11284**	**30023**
东部地区	Eastern Region	158140	6922	14923
中部地区	Middle Region	75161	1463	5895
西部地区	Western Region	83015	1976	5999
东北地区	Northeast Region	33622	923	3206
北　京	Beijing	33372	1740	4151
天　津	Tianjin	7151	481	589
河　北	Hebei	9323	102	673
山　西	Shanxi	4441	46	324
内蒙古	Inner Mongolia	5509	149	625
辽　宁	Liaoning	17496	388	1808
吉　林	Jilin	8935	433	723
黑龙江	Heilongjiang	7191	102	675
上　海	Shanghai	18318	1321	2378
江　苏	Jiangsu	27882	858	1927
浙　江	Zhejiang	14058	711	1372
安　徽	Anhui	9977	108	682
福　建	Fujian	9683	361	586
江　西	Jiangxi	6599	150	444
山　东	Shandong	14126	458	1473
河　南	Henan	19940	221	1612
湖　北	Hubei	19880	646	1800
湖　南	Hunan	14324	292	1033
广　东	Guangdong	21529	868	1534
广　西	Guangxi	8406	81	530
海　南	Hainan	2698	22	240
重　庆	Chongqing	10774	508	952
四　川	Sichuan	16727	716	1102
贵　州	Guizhou	6977	22	370
云　南	Yunnan	8890	74	678
西　藏	Tibet	470	3	26
陕　西	Shaanxi	13840	309	877
甘　肃	Gansu	5624	77	538
青　海	Qinghai	451		32
宁　夏	Ningxia	1323	16	73
新　疆	Xinjiang	4024	21	196

高等学校科技产出(2015年)
Sciences & Humanities by Region(2015)

专利申请数(件) Patents Application (piece)	#发明专利 Invetions	有效发明专利(件) Patent in Force (piece)	专利所有权转让及许可数(件) Number of Transfer and Licensing of Patent Ownership (piece)	专利所有权转让及许可收入(万元) Revenue from Transfer and Licensing of Patent Ownership (10 000 yuan)	形成国家或行业标准数(项) Number of National and Industrial Standard (item)
5928	**466**	**959**	**91**	**9**	**17**
2428	210	209	62	3	15
2615	198	673	28	3	2
287	22	23	1	3	
598	36	54			
7	6	16			
312		2			
311	39	34			
21	3	3			
261	36	54			
3					
334					
52	8	11			
493	88	64	4	1	
565	28	47	28	2	8
946	17	19	20	2	
167	4	8			
745	21	602			
360	26	18	30		
215	11	12	5		
89	26	19	3		
599	120	18			2
161	11	9			7
27	1	1			
153	8	1	1	3	
48	2				
12	6				
33	3	19			
5					
2	2	2			
7					

五、高技术产业
High-tech Industry

5-1 高技术产业基本情况
Basic Statistics on High-tech Industry

指　　标	Item	2000	2005	2010	2011	2012	2013	2014	2015
生产经营情况	**Statistics on Production and Operation**								
企业数（个）	Number of Enterprises(unit)	9758	17527	28189	21682	24636	26894	27939	29631
主营业务收入（亿元）	Revenue from Principal Business (100 million yuan)	10033.7	33921.8	74482.8	87527.2	102284.0	116048.9	127367.7	139968.6
利润总额（亿元）	Profits (100 million yuan)	673.5	1423.2	4879.7	5244.9	6186.3	7233.7	8095.2	8986.3
出口交货值（亿元）	Export(100 million yuan)	3388.4	17636.0	37001.6	40600.3	46701.1	49285.1	50765.2	50923.1
科技活动及相关情况	**Statistics on Science and Technology Activities and Relative Statistics**								
研发机构数（个）	R&D Institutions(unit)	1379	1619	3184	3254	4566	4583	4763	5572
R&D人员折合全时当量(万人年)	Full-time Equivalent of R&D Personnel(10 000 man-year)	9.2	17.3	39.9	42.7	52.6	55.9	57.3	59.0
R&D经费内部支出（亿元）	Expenditure on R&D (100 million yuan)	111.0	362.5	967.8	1237.8	1491.5	1734.4	1922.2	2219.7
新产品开发经费（亿元）	Expenditure on New Produts Development(100 million yuan)	117.8	415.7	1006.9	1528.0	1827.5	2069.5	2350.6	2574.6
专利申请数（件）	Patent Applications (piece)	2245	16823	59683	77725	97200	102532	120077	114562
有效发明专利数（件）	Number of Inventions In Force (piece)	1443	6658	50166	67428	97878	115884	147927	199728
固定资产投资情况	**Statistics on Investment in Fixed Assets**								
施工项目个数（个）	Number of Projects under Construction(unit)	2734	7095	10723	13204	15681	17691	18403	20028
#新开工项目个数	Number of Projects Started This Year	1640	4460	7117	8447	10223	11637	12039	14122
全部建成投产项目个数（个）	Number of Projects Completed and Put into Use (unit)	1282	3158	6011	7735	8968	10528	11914	14100
投资额（亿元）	Investment(100 million yuan)	563.0	2144.0	6944.7	9468.5	12932.7	15557.7	17451.7	19950.7
新增固定资产（亿元）	Newly Increased Fixed Assets (100 million yuan)	421.0	1464.0	4450.4	6355.2	8377.1	9874.3	11790.7	14307.5

注：本表生产经营情况的数据口径为规模以上工业企业，科技活动及相关情况的数据口径为大中型工业企业；2011年及之后年份固定资产投资情况的数据口径为投资额在500万元及以上的项目，2011年之前的数据口径为50万元及以上的项目。

Note: Statistics on production and operation cover industrial enterprises above designated size and statistics on science and technology activities and S&T-related cover Large and Medium-sized Enterprises; From the year 2011,statistics on investment in fi

5-2 高技术产业生产经营情况（2015年）
Statistics on Production and Management in High-tech Industry(2015)

单位：亿元 (100 million yuan)

行　业	Industry	企业数(个) Number of Enter-prises (unit)	主营业务收入 Revenue from Principal Business	利润总额 Profits	出口交货值 Export
合　计	**Total**	**29631**	**139969**	**8986**	**50923**
医药制造业	**Manufacture of Medicines**	**7392**	**25730**	**2717**	**1342**
#化学药品制造	Manufacture of Chemical Medicine	2416	11417	1197	735
中成药生产	Manufacture of Finished Traditional Chinese Herbal Medicine	1622	6277	697	58
生物药品制造	Manufacture of Biological Medicine	975	3161	390	274
航空、航天器及设备制造业	**Manufacture of Aircrafts and Spacecrafts**	**382**	**3413**	**196**	**433**
#飞机制造	Manufacture of Airplanes	149	2284	125	240
航天器制造	Manufacture of Spacecrafts	30	211	17	2
电子及通信设备制造业	**Manufacture of Electronic Equipment and Communication Equipment**	**14634**	**78310**	**4349**	**35322**
#通信设备制造	Manufacture of Communication Equipment	1719	27108	1573	13810
#通信系统设备制造	Manufacture of Communication System Equipment	820	9748	1069	3386
通信终端设备制造	Manufacture of Communication Terminal Equipment	899	17361	504	10424
广播电视设备制造	Manufacture of Broadcasting and TV Equipment	644	1719	127	554
雷达及配套设备制造	Manufacture of Radar and Its Fittings	52	444	31	40
视听设备制造	Manufacture of Audio and Video Equipment	1022	7740	217	3410
电子器件制造	Manufacture of Electronic Appliances	2867	15809	771	9353
#电子真空器件制造	Manufacture of Electronic Vacuum Appliances	99	208	20	21
半导体分立器件制造	Manufacture of Semiconductor Discreting Appliances	334	967	45	493
集成电路制造	Manufacture of Integrate Circuit	459	2701	189	1705
电子元件制造	Manufacture of Electronic Components	5604	16012	999	6029
其他电子设备制造	Manufacture of Other Electronic Equipment	1234	4489	292	1359
计算机及办公设备制造业	**Manufacture of Computers and Office Equipment**	**1695**	**19408**	**622**	**11995**
#计算机整机制造	Manufacture of Entired Computer	188	11258	186	7055
计算机零部件制造	Manufacture of Parts and Fixture for Computer	580	2716	142	1695
计算机外围设备制造	Manufacture of Computer Peripheral Equipment	471	2902	160	1990
办公设备制造	Manufacture of Office Equipment	243	1122	68	648
医疗仪器设备及仪器仪表制造业	**Manufacture of Medical Equipment and Measuring Instrument and Meter**	**5062**	**10472**	**939**	**1449**
1.医疗仪器设备及器械制造	Manufacture of Medical Equipment and Appliances	1310	2431	246	478
2.仪器仪表制造	Manufacture of Measuring Instrument and Meter	3752	8041	693	971
信息化学品制造业	**Manufacture of Electronic Chemicals**	**466**	**2637**	**163**	**382**

注：表5-2至表5-11的数据口径为规模以上工业企业。
Note: Statistics from table 5-2 to table 5-11 cover industrial enterprises above designated size.

5-3　各地区高技术产业生产经营情况（2015年）
Statistics on Production and Management in High-tech Industry by Region(2015)

单位：亿元

地　区	Region	企业数（个）Number of Enterprises (unit)	主营业务收入 Revenue from Principal Business	利润总额 Profits	出口交货值 Export
全　国	**National Total**	**29631**	**139969**	**8986**	**50923**
东部地区	Eastern Region	19912	99930	6489	41196
中部地区	Middle Region	5426	20836	1291	5595
西部地区	Western Region	3104	14919	795	3789
东北地区	Northeast Region	1189	4284	412	342
北　京	Beijing	805	3997	268	695
天　津	Tianjin	591	4234	316	1504
河　北	Hebei	633	1706	160	167
山　西	Shanxi	139	865	55	450
内蒙古	Inner Mongolia	107	394	29	10
辽　宁	Liaoning	604	1814	155	306
吉　林	Jilin	406	1848	186	25
黑龙江	Heilongjiang	179	622	71	12
上　海	Shanghai	1020	7213	285	4485
江　苏	Jiangsu	4903	28530	1814	12063
浙　江	Zhejiang	2603	5288	519	1491
安　徽	Anhui	1198	3064	222	763
福　建	Fujian	844	3962	197	1983
江　西	Jiangxi	923	3318	228	377
山　东	Shandong	2268	11535	874	1969
河　南	Henan	1176	6654	408	2949
湖　北	Hubei	1037	3655	198	599
湖　南	Hunan	953	3280	179	458
广　东	Guangdong	6194	33308	2034	16836
广　西	Guangxi	313	1791	169	348
海　南	Hainan	51	156	21	3
重　庆	Chongqing	561	4029	163	2095
四　川	Sichuan	999	5172	173	939
贵　州	Guizhou	226	807	48	18
云　南	Yunnan	177	350	28	9
西　藏	Tibet	8	10	4	0
陕　西	Shaanxi	475	1903	138	326
甘　肃	Gansu	124	179	27	27
青　海	Qinghai	41	100	5	0
宁　夏	Ningxia	31	112	3	16
新　疆	Xinjiang	42	72	7	1

5-4 高技术产业R&D活动情况（2015年）
Statistics on R&D Activities in High-tech Industry(2015)

单位：万元 (10 000 yuan)

行　业	Industry	研发机构数（个）R&D Institutions (unit)	R&D人员折合全时当量（人年）Full-time Equivalent of R&D Personnel (man-year)	R&D经费内部支出 Intramual Expenditure on R&D	R&D项目数（项）R&D Projects (item)	R&D项目经费 Expenditure on R&D Projects
合　计	**Total**	**11265**	**726983**	**26266585**	**67648**	**24011832**
医药制造业	**Manufacture of Medicines**	**2781**	**128589**	**4414576**	**21761**	**4059088**
#化学药品制造	Manufacture of Chemical Medicine	1170	66855	2328590	11407	2153470
中成药生产	Manufacture of Finished Traditional Chinese Herbal Medicine	620	27018	810857	4554	738536
生物药品制造	Manufacture of Biological Medicine	462	19613	748810	3269	697144
航空、航天器及设备制造业	**Manufacture of Aircrafts and Spacecrafts**	**194**	**45832**	**1805926**	**2023**	**1356589**
#飞机制造	Manufacture of Airplanes	113	32523	1379483	1197	995249
航天器制造	Manufacture of Spacecrafts	15	4827	220204	159	187238
电子及通信设备制造业	**Manufacture of Electronic Equipment and Communication Equipment**	**5351**	**402513**	**15454606**	**27644**	**14492710**
#通信设备制造	Manufacture of Communication Equipment	727	146213	6820076	3870	6587058
#通信系统设备制造	Manufacture of Communication System Equipment	453	114242	5681853	2242	5507641
通信终端设备制造	Manufacture of Communication Terminal Equipment	274	31971	1138223	1628	1079417
广播电视设备制造	Manufacture of Broadcasting and TV Equipment	292	12433	392997	1342	356512
雷达及配套设备制造	Manufacture of Radar and Its Fittings	45	6005	127093	216	101988
视听设备制造	Manufacture of Audio and Video Equipment	320	31441	1273166	2407	1213859
电子器件制造	Manufacture of Electronic Appliances	1178	73248	3044801	6609	2709597
#电子真空器件制造	Manufacture of Electronic Vacuum Appliances	32	1641	37176	178	34848
半导体分立器件制造	Manufacture of Semiconductor Discreting Appliances	149	5535	156066	707	134063
集成电路制造	Manufacture of Integrate Circuit	206	22170	1043132	1567	928073
电子元件制造	Manufacture of Electronic Components	1775	83097	2147041	7940	1997776
其他电子设备制造	Manufacture of Other Electronic Equipment	406	22423	701490	2075	660565
计算机及办公设备制造业	**Manufacture of Computers and Office Equipment**	**565**	**57035**	**1738188**	**3233**	**1494166**
#计算机整机制造	Manufacture of Entired Computer	77	27812	893331	913	691878
计算机零部件制造	Manufacture of Parts and Fixture for Computer	142	6682	213481	583	203087
计算机外围设备制造	Manufacture of Computer Peripheral Equipment	169	7297	250178	694	227000
办公设备制造	Manufacture of Office Equipment	80	5312	128094	461	125012
医疗仪器设备及仪器仪表制造业	**Manufacture of Medical Equipment and Measuring Instrument and Meter**	**2164**	**83521**	**2399987**	**11907**	**2190169**
1.医疗仪器设备及器械制造	Manufacture of Medical Equipment and Appliances	516	**19172**	663731	2672	576497
2.仪器仪表制造	Manufacture of Measuring Instrument and Meter	1648	64349	1736256	9235	1613672
信息化学品制造业	**Manufacture of Electronic Chemicals**	**210**	**9493**	**453302**	**1080**	**419109**

5-5 各地区高技术产业R&D活动情况（2015年）
Statistics on R&D Activities in High-tech Industry by Region(2015)

单位：万元 (10 000 yuan)

地　区	Region	研发机构数（个） R&D Institutions (unit)	R&D人员折合全时当量(人年) Full-time Equivalent of R&D Personnel (man-year)	R&D经费内部支出 Intramual Expenditure on R&D	R&D项目数（项） R&D Projects (item)	R&D项目经费 Expenditure on R&D Projects
全　国	**National Total**	**11265**	**726983**	**26266585**	**67648**	**24011832**
东部地区	Eastern Region	8581	548436	20311193	49798	19112079
中部地区	Middle Region	1632	94775	2888117	8808	2381453
西部地区	Western Region	824	63171	2380332	6760	2038894
东北地区	Northeast Region	228	20601	686943	2282	479407
北　京	Beijing	313	22344	1202250	3144	934176
天　津	Tianjin	139	24660	824042	2216	758065
河　北	Hebei	167	13694	387330	1430	309460
山　西	Shanxi	47	2237	42822	280	40541
内蒙古	Inner Mongolia	29	1110	60445	158	57768
辽　宁	Liaoning	110	10095	391401	883	222373
吉　林	Jilin	55	3037	93606	510	78535
黑龙江	Heilongjiang	63	7469	201936	889	178499
上　海	Shanghai	185	27371	1282252	2586	1222436
江　苏	Jiangsu	3489	108805	3431437	11019	3225515
浙　江	Zhejiang	1308	69707	1853268	9081	1792861
安　徽	Anhui	535	15926	512012	2027	400752
福　建	Fujian	294	26466	936256	2175	867510
江　西	Jiangxi	203	10094	312507	1384	283168
山　东	Shandong	613	50774	2076753	6256	1919224
河　南	Henan	310	20525	439103	1693	405241
湖　北	Hubei	242	23673	941196	2045	660949
湖　南	Hunan	295	22321	640477	1379	590803
广　东	Guangdong	2045	203117	8271917	11468	8040857
广　西	Guangxi	67	2242	77969	425	74307
海　南	Hainan	28	1499	45689	423	41976
重　庆	Chongqing	153	9706	324767	1411	298223
四　川	Sichuan	225	18759	819832	1828	633475
贵　州	Guizhou	63	6372	168616	748	162161
云　南	Yunnan	54	2321	80008	591	76363
西　藏	Tibet	1	12	1464	8	616
陕　西	Shaanxi	160	20250	768874	1050	668472
甘　肃	Gansu	26	1118	33191	159	26922
青　海	Qinghai	7	82	4143	20	3140
宁　夏	Ningxia	18	805	28610	284	25738
新　疆	Xinjiang	21	395	12416	78	11709

5-6 高技术产业新产品开发及销售（2015年）
Statistics on New Products Development and Sale in High-tech Industry (2015)

单位：万元 (10 000 yuan)

行 业	Industry	新产品开发项目数（项） New Products (unit)	新产品开发经费支出 Expenditure on New Produts Development	新产品销售收入 Sales Revenue of New Products	#出口 Export
合 计	**Total**	**77167**	**30305841**	**414134905**	**167575462**
医药制造业	**Manufacture of Medicines**	**22106**	**4279485**	**47362675**	**3725503**
#化学药品制造	Manufacture of Chemical Medicine	11243	2162846	25336072	2477844
中成药生产	Manufacture of Finished Traditional Chinese Herbal Medicine	4695	805148	11442585	146356
生物药品制造	Manufacture of Biological Medicine	3364	761544	4925665	642500
航空、航天器及设备制造业	**Manufacture of Aircrafts and Spacecrafts**	**1980**	**1772021**	**13801343**	**722034**
#飞机制造	Manufacture of Airplanes	1157	1347070	11731541	447722
航天器制造	Manufacture of Spacecrafts	184	233458	584639	1850
电子及通信设备制造业	**Manufacture of Electronic Equipment and Communication Equipment**	**33649**	**19138167**	**267002580**	**123270151**
#通信设备制造	Manufacture of Communication Equipment	5076	8873008	134605575	75459402
#通信系统设备制造	Manufacture of Communication System Equipment	2930	7483808	48447217	23037280
通信终端设备制造	Manufacture of Communication Terminal Equipment	2146	1389199	86158358	52422122
广播电视设备制造	Manufacture of Broadcasting and TV Equipment	1655	479788	3777385	740630
雷达及配套设备制造	Manufacture of Radar and Its Fittings	273	154165	1433380	43453
视听设备制造	Manufacture of Audio and Video Equipment	2899	1405385	29872301	9642054
电子器件制造	Manufacture of Electronic Appliances	8224	3748213	42130095	18325892
#电子真空器件制造	Manufacture of Electronic Vacuum Appliances	215	43672	287639	46863
半导体分立器件制造	Manufacture of Semiconductor Discreting Appliances	790	177363	1327602	224442
集成电路制造	Manufacture of Integrate Circuit	1889	1173217	7386773	3669659
电子元件制造	Manufacture of Electronic Components	9114	2388936	31254616	13378023
其他电子设备制造	Manufacture of Other Electronic Equipment	2744	980953	10467376	3629675
计算机及办公设备制造业	**Manufacture of Computers and Office Equipment**	**4057**	**1944643**	**54940528**	**35815657**
#计算机整机制造	Manufacture of Entired Computer	888	919957	41954184	28634047
计算机零部件制造	Manufacture of Parts and Fixture for Computer	781	256422	2765797	1553887
计算机外围设备制造	Manufacture of Computer Peripheral Equipment	990	322277	5896192	3729766
办公设备制造	Manufacture of Office Equipment	632	152407	1903978	899958
医疗仪器设备及仪器仪表制造业	**Manufacture of Medical Equipment and Measuring Instrument and Meter**	**14430**	**2767238**	**21792583**	**2557796**
1.医疗仪器设备及器械制造	Manufacture of Medical Equipment and Appliances	3437	816196	3799666	615557
2.仪器仪表制造	Manufacture of Measuring Instrument and Meter	10993	1951042	17992917	1942239
信息化学品制造业	**Manufacture of Electronic Chemicals**	**945**	**404288**	**9235197**	**1484320**

5-7 各地区高技术产业新产品开发及销售（2015年）
Statistics on New Products Development and Sale in High-tech Industry by Region(2015)

单位：万元 (10 000 yuan)

地　区	Region	新产品开发项目数(项) New Products (unit)	新产品开发经费支出 Expenditure on New Produts Development	新产品销售收入 Sales Revenue of New Products	#出口 Export
全　国	**National Total**	**77167**	**30305841**	**414134905**	**167575462**
东部地区	Eastern Region	57684	23944676	315543985	124028075
中部地区	Middle Region	9380	3098399	62238334	32377807
西部地区	Western Region	7518	2508700	30596042	10884871
东北地区	Northeast Region	2585	754067	5756544	284709
北　京	Beijing	4490	1498012	15978092	1400824
天　津	Tianjin	1946	690950	17467974	8587208
河　北	Hebei	1401	343124	3410594	429461
山　西	Shanxi	325	53317	669986	19843
内蒙古	Inner Mongolia	116	28593	424529	220839
辽　宁	Liaoning	972	436090	3712202	180383
吉　林	Jilin	687	109691	1283218	73161
黑龙江	Heilongjiang	926	208285	761124	31165
上　海	Shanghai	3528	1655056	10354216	4880085
江　苏	Jiangsu	13020	4204112	78437606	35793375
浙　江	Zhejiang	9391	1939232	27125363	5908125
安　徽	Anhui	2487	725672	8707151	1671325
福　建	Fujian	2147	912795	12453956	7298121
江　西	Jiangxi	1377	293163	4240226	627607
山　东	Shandong	6282	1951473	26901847	4703819
河　南	Henan	1540	405451	28945135	26387233
湖　北	Hubei	2167	971175	8158763	494394
湖　南	Hunan	1484	649620	11517073	3177405
广　东	Guangdong	15127	10707322	123288580	55026909
广　西	Guangxi	437	70588	817294	123707
海　南	Hainan	352	42601	125759	150
重　庆	Chongqing	1589	345419	13105042	9025577
四　川	Sichuan	2270	915223	9945653	504857
贵　州	Guizhou	880	191035	999612	3718
云　南	Yunnan	500	72952	487188	20570
西　藏	Tibet	9	1631	335	
陕　西	Shaanxi	1198	795000	3556246	759283
甘　肃	Gansu	179	37185	496232	177655
青　海	Qinghai	24	19946	55221	
宁　夏	Ningxia	235	22277	454659	47076
新　疆	Xinjiang	81	8853	254031	1587

5-8 高技术产业专利情况（2015年）

Statistics on Patents in High-tech Industry(2015)

单位：件 (piece)

行业	Industry	专利申请数 Patent Applications	#发明专利 Inventions	有效发明专利数 Inventions in Force
合计	**Total**	**158463**	**88294**	**241404**
医药制造业	**Manufacture of Medicines**	**16020**	**10019**	**31259**
#化学药品制造	Manufacture of Chemical Medicine	6731	4500	14389
中成药生产	Manufacture of Finished Traditional Chinese Herbal Medicine	3011	1869	9055
生物药品制造	Manufacture of Biological Medicine	2638	1770	4224
航空、航天器及设备制造业	**Manufacture of Aircrafts and Spacecrafts**	**6279**	**3572**	**6234**
#飞机制造	Manufacture of Airplanes	4551	2673	3820
航天器制造	Manufacture of Spacecrafts	716	448	1125
电子及通信设备制造业	**Manufacture of Electronic Equipment and Communication Equipment**	**97956**	**56951**	**167800**
#通信设备制造	Manufacture of Communication Equipment	31503	25051	104204
#通信系统设备制造	Manufacture of Communication System Equipment	21884	18268	96681
通信终端设备制造	Manufacture of Communication Terminal Equipment	9619	6783	7523
广播电视设备制造	Manufacture of Broadcasting and TV Equipment	3948	1595	2791
雷达及配套设备制造	Manufacture of Radar and Its Fittings	868	431	1021
视听设备制造	Manufacture of Audio and Video Equipment	6932	3156	6223
电子器件制造	Manufacture of Electronic Appliances	26239	15229	29089
#电子真空器件制造	Manufacture of Electronic Vacuum Appliances	232	71	338
半导体分立器件制造	Manufacture of Semiconductor Discreting Appliances	1794	678	1696
集成电路制造	Manufacture of Integrate Circuit	5768	4384	9103
电子元件制造	Manufacture of Electronic Components	13830	5353	12594
其他电子设备制造	Manufacture of Other Electronic Equipment	6458	2614	5532
计算机及办公设备制造业	**Manufacture of Computers and Office Equipment**	**12159**	**7663**	**9832**
#计算机整机制造	Manufacture of Entired Computer	6872	5405	3228
计算机零部件制造	Manufacture of Parts and Fixture for Computer	1201	377	1340
计算机外围设备制造	Manufacture of Computer Peripheral Equipment	1987	760	2788
办公设备制造	Manufacture of Office Equipment	1152	559	899
医疗仪器设备及仪器仪表制造业	**Manufacture of Medical Equipment and Measuring Instrument and Meter**	**24260**	**9135**	**24140**
1.医疗仪器设备及器械制造	Manufacture of Medical Equipment and Appliances	7270	2811	8013
2.仪器仪表制造	Manufacture of Measuring Instrument and Meter	16990	6324	16127
信息化学品制造业	**Manufacture of Electronic Chemicals**	**1789**	**954**	**2139**

5-9 各地区高技术产业专利情况（2015年）
Statistics on Patents in High-tech Industry by Region(2015)

单位：件 (piece)

地 区	Region	专利申请数 Patent Applications	#发明专利 Inventions	有效发明专利数 Inventions in Force
全 国	**National Total**	**158463**	**88294**	**241404**
东部地区	Eastern Region	122557	70140	203837
中部地区	Middle Region	18393	9535	17515
西部地区	Western Region	13722	6436	15343
东北地区	Northeast Region	3791	2183	4709
北 京	Beijing	7837	5305	13044
天 津	Tianjin	3131	1705	5023
河 北	Hebei	1172	652	1899
山 西	Shanxi	233	134	585
内蒙古	Inner Mongolia	125	60	121
辽 宁	Liaoning	2383	1407	3018
吉 林	Jilin	360	212	769
黑龙江	Heilongjiang	1048	564	922
上 海	Shanghai	7229	5464	10987
江 苏	Jiangsu	23157	10403	22462
浙 江	Zhejiang	12938	4775	10383
安 徽	Anhui	5722	3173	4807
福 建	Fujian	4673	2266	4363
江 西	Jiangxi	2418	1030	1601
山 东	Shandong	11527	6998	9569
河 南	Henan	2174	883	1663
湖 北	Hubei	4232	2550	5992
湖 南	Hunan	3614	1765	2867
广 东	Guangdong	50629	32366	125471
广 西	Guangxi	435	214	528
海 南	Hainan	264	206	636
重 庆	Chongqing	2467	942	1305
四 川	Sichuan	6739	3097	7010
贵 州	Guizhou	1122	628	1645
云 南	Yunnan	337	207	1027
西 藏	Tibet	2	2	63
陕 西	Shaanxi	2056	1047	2978
甘 肃	Gansu	202	86	384
青 海	Qinghai	16	9	13
宁 夏	Ningxia	64	49	155
新 疆	Xinjiang	157	95	114

5-10 高技术产业技术获取及技术改造（2015年）
Technology Acquisition and Renovation in High-tech Industry (2015)

单位：万元 (10 000 yuan)

行业	Industry	技术引进经费支出 Expenditure for Acquisition of Foreign Technology	消化吸收经费支出 Expenditure for Assimilation of Technology	购买境内技术经费支出 Expenditure for Purchase of Domestic Technology	技术改造经费支出 Expenditure for Technical Renovation
合　计	**Total**	**756931**	**139247**	**676263**	**4008570**
医药制造业	**Manufacture of Medicines**	**59189**	**33891**	**183832**	**1158829**
#化学药品制造	Manufacture of Chemical Medicine	47481	20932	124796	652026
中成药生产	Manufacture of Finished Traditional Chinese Herbal Medicine	2941	5638	34456	315103
生物药品制造	Manufacture of Biological Medicine	1379	4637	12796	96417
航空、航天器及设备制造业	**Manufacture of Aircrafts and Spacecrafts**	**13841**	**2731**	**17445**	**701523**
#飞机制造	Manufacture of Airplanes	8979	46	14369	618060
航天器制造	Manufacture of Spacecrafts	380			34505
电子及通信设备制造业	**Manufacture of Electronic Equipment and Communication Equipment**	**614364**	**67467**	**451387**	**1566882**
#通信设备制造	Manufacture of Communication Equipment	343590	1567	376595	145708
#通信系统设备制造	Manufacture of Communication System Equipment	13533	1151	17611	46614
通信终端设备制造	Manufacture of Communication Terminal Equipment	330058	416	358984	99094
广播电视设备制造	Manufacture of Broadcasting and TV Equipment	5411	2368	1581	42155
雷达及配套设备制造	Manufacture of Radar and Its Fittings	522		2	46320
视听设备制造	Manufacture of Audio and Video Equipment	71184	37358	19470	111416
电子器件制造	Manufacture of Electronic Appliances	114094	10833	17765	447126
#电子真空器件制造	Manufacture of Electronic Vacuum Appliances	84	1320	80	14766
半导体分立器件制造	Manufacture of Semiconductor Discreting Appliances	2317	1009	911	25093
集成电路制造	Manufacture of Integrate Circuit	14481	1842	6320	128234
电子元件制造	Manufacture of Electronic Components	35262	2577	23388	422796
其他电子设备制造	Manufacture of Other Electronic Equipment	2655	1719	1480	49514
计算机及办公设备制造业	**Manufacture of Computers and Office Equipment**	**4620**	**4576**	**6546**	**164273**
#计算机整机制造	Manufacture of Entired Computer	679	3707	2797	123477
计算机零部件制造	Manufacture of Parts and Fixture for Computer	2693	869	1660	8294
计算机外围设备制造	Manufacture of Computer Peripheral Equipment	1248		779	11759
办公设备制造	Manufacture of Office Equipment			498	17125
医疗仪器设备及仪器仪表制造业	**Manufacture of Medical Equipment and Measuring Instrument and Meter**	**59581**	**4824**	**16306**	**290382**
1.医疗仪器设备及器械制造	Manufacture of Medical Equipment and Appliances	36295	1346	1607	85961
2.仪器仪表制造	Manufacture of Measuring Instrument and Meter	23287	3478	14699	204421
信息化学品制造业	**Manufacture of Electronic Chemicals**	**5336**	**25759**	**747**	**126681**

5-11 各地区高技术产业技术获取及技术改造（2015年）
Technology Acquisition and Renovation in High-tech Industry by Region(2015)

单位：万元 (10 000 yuan)

地　区	Region	技术引进经费支出 Expenditure for Acquisition of Foreign Technology	消化吸收经费支出 Expenditure for Assimilation of Technology	购买境内技术经费支出 Expenditure for Purchase of Domestic Technology	技术改造经费支出 Expenditure for Technical Renovation
全　国	**National Total**	**756931**	**139247**	**676263**	**4008570**
东部地区	Eastern Region	701990	96330	607001	2411404
中部地区	Middle Region	39583	9491	29493	799870
西部地区	Western Region	14732	28418	29805	623716
东北地区	Northeast Region	627	5008	9964	173579
北　京	Beijing	44286	675	4778	32478
天　津	Tianjin	44105	756	139	17924
河　北	Hebei	4202	4742	9468	48183
山　西	Shanxi	600	764	451	11446
内蒙古	Inner Mongolia			10	18223
辽　宁	Liaoning	244	160	3328	98811
吉　林	Jilin	47	4687	6250	43751
黑龙江	Heilongjiang	335	161	386	31018
上　海	Shanghai	18198	30939	23964	46296
江　苏	Jiangsu	127555	25923	58477	966752
浙　江	Zhejiang	12638	8297	41046	344566
安　徽	Anhui	308	3887	5060	67831
福　建	Fujian	45768	8056	49255	135182
江　西	Jiangxi	551	210	3583	170056
山　东	Shandong	47192	7754	37258	438577
河　南	Henan	549	1239	2288	80192
湖　北	Hubei	35205	1905	6216	168568
湖　南	Hunan	2371	1486	11896	301777
广　东	Guangdong	357746	9039	379754	373491
广　西	Guangxi		37	381	8857
海　南	Hainan	300	150	2862	7955
重　庆	Chongqing	2101	150	6908	52182
四　川	Sichuan	8893	3269	16240	199099
贵　州	Guizhou	96	4	702	61799
云　南	Yunnan		23883	1299	34001
西　藏	Tibet				92
陕　西	Shaanxi	3514	536	3749	227208
甘　肃	Gansu	128	40	465	1788
青　海	Qinghai				21
宁　夏	Ningxia				15973
新　疆	Xinjiang		500	50	4473

5-12　高技术产业投资（2015年）

Statistics on Investment in Fixed Assets in High-tech Industry(2015)

单位：个，亿元　　(unit,100 million yuan)

行　业	Industry	施工项目个数 Number of Projects under Construction	#新开工项目个数 Number of Projects Started This Year	全部建成投产项目数 Number of Projects Completed and Put into Use	投资额 Investment	新增固定资产 Newly Increased Fixed Assets
合　计	**Total**	**20028**	**14122**	**14100**	**19950.7**	**14307.5**
医药制造业	**Manufacture of Medicines**	**6468**	**4353**	**4438**	**5811.9**	**4201.6**
#化学药品制造	Manufacture of Chemical Medicine	1950	1290	1343	1938.5	1330.2
中成药生产	Manufacture of Finished Traditional Chinese Herbal Medicine	1205	746	777	1075.5	765.3
生物药品制造	Manufacture of Biological Medicine	1137	753	758	1146.2	827.6
航空、航天器及设备制造业	**Manufacture of Aircrafts and Spacecrafts**	**422**	**250**	**252**	**744.0**	**605.0**
#飞机制造	Manufacture of Airplanes	141	70	66	366.8	286.2
航天器制造	Manufacture of Spacecrafts	25	16	19	26.4	21.6
电子及通信设备制造业	**Manufacture of Electronic Equipment and Communication Equipment**	**8507**	**6080**	**6077**	**9425.2**	**6616.8**
#通信设备制造	Manufacture of Communication Equipment	982	673	643	1189.1	737.4
#通信系统设备制造	Manufacture of Communication System Equipment	621	438	420	573.3	414.8
通信终端设备制造	Manufacture of Communication Terminal Equipment	361	235	223	615.9	322.6
广播电视设备制造	Manufacture of Broadcasting and TV Equipment	249	188	187	218.9	176.3
雷达及配套设备制造	Manufacture of Radar and Its Fittings	67	41	44	93.4	59.9
视听设备制造	Manufacture of Audio and Video Equipment	264	185	190	243.9	175.0
电子器件制造	Manufacture of Electronic Appliances	1689	1130	1150	3032.6	1950.3
#电子真空器件制造	Manufacture of Electronic Vacuum Appliances	124	95	94	87.2	74.4
半导体分立器件制造	Manufacture of Semiconductor Discreting Appliances	132	91	87	121.6	113.3
集成电路制造	Manufacture of Integrate Circuit	241	154	157	671.4	486.5
电子元件制造	Manufacture of Electronic Components	2714	2024	2042	2032.2	1583.6
其他电子设备制造	Manufacture of Other Electronic Equipment	1179	867	866	1127.7	824.3
计算机及办公设备制造业	**Manufacture of Computers and Office Equipment**	**1011**	**755**	**653**	**1169.1**	**731.7**
#计算机整机制造	Manufacture of Entired Computer	96	57	54	184.5	84.5
计算机零部件制造	Manufacture of Parts and Fixture for Computer	396	315	291	482.8	347.9
计算机外围设备制造	Manufacture of Computer Peripheral Equipment	191	144	116	160.3	94.1
办公设备制造	Manufacture of Office Equipment	84	60	55	71.0	38.3
医疗仪器设备及仪器仪表制造业	**Manufacture of Medical Equipment and Measuring Instrument and Meter**	**3410**	**2532**	**2543**	**2530.5**	**1998.7**
1.医疗仪器设备及器械制造	Manufacture of Medical Equipment and Appliances	1293	975	945	977.5	765.6
2.仪器仪表制造	Manufacture of Measuring Instrument and Meter	2117	1557	1598	1553.0	1233.2
信息化学品制造业	**Manufacture of Electronic Chemicals**	**210**	**152**	**137**	**269.9**	**153.8**

注：表5-12和表5-13的数据口径为投资额在500万元及以上项目。

Note: Statistics on table 5-12 and 5-13 cover the projects with the investments above 5 million yuan.

5-13 各地区高技术产业投资（2015年）
Statistics on Investment in Fixed Assets in High-tech Industry by Region(2015)

单位：个，亿元 (unit,100 million yuan)

地区	Region	施工项目个数 Number of Projects under Construction	#新开工项目个数 Number of Projects Started This Year	全部建成投产项目数 Number of Projects Completed and Put into Use	投资额 Investment	新增固定资产 Newly Increased Fixed Assets
全国	**National Total**	**20028**	**14122**	**14100**	**19950.7**	**14307.5**
东部地区	Eastern Region	10028	7137	6967	9102.2	6813.9
中部地区	Middle Region	5381	3697	3783	6237.8	4062.4
西部地区	Western Region	3331	2257	2300	3438.0	2327.6
东北地区	Northeast Region	1288	1031	1050	1172.7	1103.7
北京	Beijing	147	22	31	120.2	77.2
天津	Tianjin	416	320	203	417.0	345.4
河北	Hebei	485	305	351	864.3	704.1
山西	Shanxi	166	106	114	210.3	138.2
内蒙古	Inner Mongolia	194	145	161	344.2	168.8
辽宁	Liaoning	478	386	427	514.7	528.8
吉林	Jilin	569	486	461	515.6	463.3
黑龙江	Heilongjiang	241	159	162	142.4	111.6
上海	Shanghai	204	77	60	236.3	146.1
江苏	Jiangsu	3194	2669	2638	3110.2	2538.2
浙江	Zhejiang	1753	1088	1191	735.4	604.9
安徽	Anhui	1339	1019	1014	1031.8	637.5
福建	Fujian	475	308	284	580.2	341.2
江西	Jiangxi	955	636	619	1087.3	658.8
山东	Shandong	1576	1176	1124	1643.9	1071.2
河南	Henan	817	458	548	1726.5	1209.6
湖北	Hubei	829	489	497	1261.1	721.9
湖南	Hunan	1275	989	991	920.7	696.4
广东	Guangdong	1743	1155	1070	1366.5	978.5
广西	Guangxi	789	612	584	365.6	275.7
海南	Hainan	35	17	15	28.3	7.1
重庆	Chongqing	548	406	388	770.9	418.3
四川	Sichuan	813	519	555	768.5	658.0
贵州	Guizhou	82	38	44	137.8	165.8
云南	Yunnan	146	81	85	65.0	42.1
西藏	Tibet	14	4	9	2.2	2.0
陕西	Shaanxi	376	224	228	747.2	474.1
甘肃	Gansu	232	148	167	112.2	77.9
青海	Qinghai	35	23	17	56.5	9.5
宁夏	Ningxia	32	22	24	25.1	13.1
新疆	Xinjiang	70	35	38	42.8	22.4

5-14 国家级高新区企业
Major Indicators of High-Technology

单位：万元

开发区	Development Area	企业数（个）Number of Enterprises (unit)	期末从业人员（人）Employed Persons (person)
合　计	**Total**	**82712**	**17190396**
北京中关村科技园区	Beijing Zhongguancun Science Park	16693	2308225
天津新技术产业园区	Tianjin New Technology Industrial Park	3963	375366
石家庄高新技术产业开发区	Shijiazhuang High-tech Industrial Development Zone	691	110581
保定高新技术产业开发区	Baoding High-tech Industrial Development Zone	242	112243
唐山高新技术产业开发区	Tangshan High-tech Industrial Development Zone	178	17567
燕郊高新技术产业开发区	Yanjiao High-tech Industrial Development Zone	218	36007
承德高新技术产业开发区	Chengde High-tech Industrial Development Zone	37	12570
太原高新技术产业开发区	Taiyuan High-tech Industrial Development Zone	1134	129143
长治高新技术产业开发区	Changzhi High-tech Industrial Development Zone	90	51966
包头稀土高新技术产业开发区	Baotou Rare Earth High-tech Industrial Development Zone	542	105659
呼和浩特金山高新技术产业开发区	Hohhot Jinshan High-tech Industrial Development Zone	26	62743
沈阳高新技术产业开发区	Shenyang High-tech Industrial Development Zone	653	91138
大连高新技术产业开发区	Dalian High-tech Industrial Development Zone	879	179977
鞍山高新技术产业开发区	Anshan High-tech Industrial Development Zone	549	93136
营口高新技术产业开发区	Yingkou High-tech Industrial Development Zone	269	40864
辽阳高新技术产业开发区	Liaoyang High-tech Industrial Development Zone	48	39291
本溪高新技术产业开发区	Benxi High-tech Industrial Development Zone	107	14770
锦州高新技术产业开发区	Jinzhou High-tech Industrial Development Zone	71	23749
辽宁阜新高新技术产业开发区	Liaoning Fuxin High-tech Industrial Development Zone	170	19866
长春高新技术产业开发区	Changchun High-tech Industrial Development Zone	789	165554
吉林高新技术产业开发区	Jilin High-tech Industrial Development Zone	429	67208
延吉高新技术产业开发区	Yanji High-tech Industrial Development Zone	194	12905
长春净月高新技术产业开发区	Changchun Jingyue High-tech Industrial Development Zone	784	128395
通化医药高新技术产业开发区	Tonghua Medicine High-tech Industrial Development Zone	61	76273
哈尔滨高新技术产业开发区	Haerbin High-tech Industrial Development Zone	337	155034
大庆高新技术产业开发区	Daqing High-tech Industrial Development Zone	517	112141
齐齐哈尔高新技术产业开发区	Qiqihaer High-tech Industrial Development Zone	62	29470
上海市张江高科技园区	Shanghai Zhangjiang Hi-Tech Park	3882	810692
上海紫竹高新技术产业开发区	Shanghai Zizhu High-tech Industrial Development Zone	101	21686
南京高新技术产业开发区	Nanjing High-tech Industrial Development Zone	538	221064
常州高新技术产业开发区	Changzhou High-tech Industrial Development Zone	1044	161045
无锡高新技术产业开发区	Wuxi High-tech Industrial Development Zone	1292	297839
苏州高新技术产业开发区	Suzhou High-tech Industrial Development Zone	1155	225924
泰州医药高新技术产业开发区	Taizhou Medical High-tech Industrial Development Zone	298	55221
昆山高新技术产业开发区	Kunshan High-tech Industrial Development Zone	714	192686
常熟高新技术产业开发区	Changshu High-tech Industrial Development Zone	431	80461
江阴高新技术产业开发区	Jiangyin High-tech Industrial Development Zone	211	91985
武进高新技术产业开发区	Wujin High-tech Industrial Development Zone	393	89759
徐州高新技术产业开发区	Xuzhou High-tech Industrial Development Zone	113	40549
南通高新技术产业开发区	Nantong High-tech Industrial Development Zone	379	95389

主要经济指标（2015年）
Industrial Development Zone (2015)

(10 000 yuan)

总收入 Revenue			总产值 Gross Output Value	净利润 Profits after Taxes	实缴税费 Taxes	出口额（万美元） Exports (USD 10 000)
	#技术收入 Tech-related	#销售收入 Sales Revenue				
2536628213	**235792461**	**1915678445**	**1860182790**	**160948076**	**142400017**	**47327257**
408093729	66230207	133046240	95616666	29035314	20357288	2988548
75604585	5368934	42047030	42232252	6463999	2134954	1140050
17109202	3470216	11329368	10402051	1062433	931152	92563
12403316	211899	11562545	11335597	731215	822945	110078
1098249	25492	1010421	1087653	52248	76986	14657
5793188	32739	5456141	4848343	226226	279663	5089
1458016	21341	1411439	1322107	62154	83100	2620
17191432	950944	15539650	14513466	228916	507593	48715
2249679	153	2103062	2111916	7785	112842	1049
11044455	162572	10417096	10758638	189126	328063	53232
6499743	3000	6441692	1637867	442931	494020	1697
10019287	2425815	5674071	5974140	606254	540910	87712
18406863	2867028	13465549	11755365	877015	1362621	424749
22195402	1212759	20963170	18787271	2075627	1563717	117835
5128251		5128035	5287352	105790	138844	108874
10083869	1070	5940365	5969182	408421	775186	205901
1363577	4145	1348403	1324014	87921	92173	5394
3884109	2385	3722141	3869659	190636	80335	40083
1472274	2314	1467690	1622272	120923	57070	5313
45752785	441023	43186658	43643953	4376377	5960014	522066
7858213	29199	7813818	7663977	-198476	1230251	35688
2798436	5893	2757645	2868439	169243	753752	429
10204770	1953362	8111883	7047861	1236201	595648	106543
7188446	31	7184147	7704794	440839	111454	971
19758573	2319982	16648119	14721699	819745	1557525	100858
24459209	1720575	22660241	20617594	1718868	1577969	28568
1416312	173907	1108354	1398443	-14398	65605	23287
136128442	17962415	111631398	87545956	13339890	7390644	3191811
4412780	784529	3018375	1428048	167699	346987	84537
46733831	1644003	41239099	44062216	2310784	2806895	620131
20961145	4207815	16695092	19756802	1348840	978635	626910
33905958	607494	32543099	32031128	1833614	1484327	1740237
26424513	729390	24549190	26502419	1023507	881130	2192315
8854686	78634	8326805	8721937	437213	542943	52593
16051547	38689	15672205	15980815	737017	581591	559576
8110321	109917	7892574	8149525	337598	281557	213166
12148367	28475	10416660	11215613	471656	466622	405599
8446343	108719	7981126	8505064	625268	322044	223054
7299850	21791	7256678	6471177	448972	477927	30522
17535535	385772	16511957	12571190	992432	799568	448579

5-14 续表 1

单位：万元

开发区	Development Area	企业数（个）Number of Enterprises (unit)	期末从业人员（人）Employed Persons (person)
连云港高新技术产业开发区	Lianyungang High-tech Industrial Development Zone	88	35279
盐城高新技术产业开发区	Yancheng High-tech Industrial Development Zone	146	53957
扬州高新技术产业开发区	Yangzhou High-tech Industrial Development Zone	94	34875
镇江高新技术产业开发区	Zhenjiang High-tech Industrial Development Zone	257	33833
杭州高新技术产业开发区	Hangzhou High-tech Industrial Development Zone	1900	268302
萧山临江高新技术产业开发区	Xiaoshanlinjiang High-tech Industrial Development Zone	273	68262
宁波高新技术产业开发区	Ningbo High-tech Industrial Development Zone	551	167351
绍兴高新技术产业开发区	Shaoxing High-tech Industrial Development Zone	255	35059
温州高新技术产业开发区	Wenzhou High-tech Industrial Development Zone	422	68576
嘉兴高新技术产业开发区	Jiaxing High-tech Industrial Development Zone	111	45998
莫干山高新技术产业开发区	Moganshan High-tech Industrial Development Zone	205	35230
衢州高新技术产业开发区	Quzhou High-tech Industrial Development Zone	217	61689
合肥高新技术产业开发区	Hefei High-tech Industrial Development Zone	1017	190547
蚌埠高新技术产业开发区	Bengbu High-tech Industrial Development Zone	313	60889
芜湖高新技术产业开发区	Wuhu High-tech Industrial Development Zone	245	73970
马鞍山慈湖高新技术产业开发区	Maanshan Cihu High-tech Industrial Development Zone	168	34648
福州高新技术产业开发区	Fuzhou High-tech Industrial Development Zone	184	66917
厦门火炬高技术产业开发区	Xiamen Torch High-tech Industrial Development Zone	551	163572
泉州高新技术产业开发区	Quanzhou High-tech Industrial Development Zone	191	69964
莆田高新技术产业开发区	Putian High-tech Industrial Development Zone	132	42941
三明高新技术产业开发区	Sanming High-tech Industrial Development Zone	130	22394
漳州高新技术产业开发区	Zhangzhou High-tech Industrial Development Zone	345	97568
龙岩高新技术产业开发区	Longyan High-tech Industrial Development Zone	173	34884
南昌高新技术产业开发区	Nanchang High-tech Industrial Development Zone	389	120125
景德镇高新技术产业开发区	Jingdezhen High-tech Industrial Development Zone	165	62201
新余高新技术产业开发区	Xinyu High-tech Industrial Development Zone	229	46547
鹰潭高新技术产业开发区	Yingtan High-tech Industrial Development Zone	104	25247
赣州高新技术产业开发区	Ganzhou High-tech Industrial Development Zone	89	20062
吉安高新技术产业开发区	Jian High-tech Industrial Development Zone	120	35479
抚州高新技术产业开发区	Fuzhou High-tech Industrial Development Zone	167	32977
济南高新技术产业开发区	Jinan High-tech Industrial Development Zone	663	240640
青岛高新技术产业开发区	Qingdao High-tech Industrial Development Zone	280	125385
淄博高新技术产业开发区	Zibo High-tech Industrial Development Zone	454	113344
枣庄高新技术产业开发区	Zaozhuang High-tech Industrial Development Zone	139	35055
黄河三角洲高新技术产业开发区	Huanghesanjiaozhou High-tech Industrial Development Zone	13	573
潍坊高新技术产业开发区	Weifang High-tech Industrial Development Zone	536	154525
威海火炬高技术产业开发区	Weihai Torch High-tech Industrial Development Zone	279	113181
莱芜高新技术产业开发区	Laiwu High-tech Industrial Development Zone	115	17194
济宁高新技术产业开发区	Jining High-tech Industrial Development Zone	548	198810
烟台高新技术产业开发区	Yantai High-tech Industrial Development Zone	253	50632
临沂高新技术产业开发区	Linyi High-tech Industrial Development Zone	376	67352
德州高新技术产业开发区	Dezhou High-tech Industrial Development Zone	133	20356
泰安高新技术产业开发区	Taian High-tech Industrial Development Zone	300	54386
郑州高新技术产业开发区	Zhengzhou High-tech Industrial Development Zone	547	259235
洛阳高新技术产业开发区	Luoyang High-tech Industrial Development Zone	841	117022
平顶山高新技术产业开发区	Pingdingshan High-tech Industrial Development Zone	36	10570
南阳高新技术产业开发区	Nanyang High-tech Industrial Development Zone	185	49003
安阳高新技术产业开发区	Anyang High-tech Industrial Development Zone	242	55726
新乡高新技术产业开发区	Xinxiang High-tech Industrial Development Zone	188	55154
焦作高新技术产业开发区	Jiaozuo High-tech Industrial Development Zone	114	45888
武汉东湖新技术开发区	Wuhan Donghu New Technology Development Zone	2951	511934
宜昌高新技术产业开发区	Yichang High-tech Industrial Development Zone	360	127723
襄阳高新技术产业开发区	Xiangyang High-tech Industrial Development Zone	736	164740
孝感高新技术产业开发区	Xiaogan High-tech Industrial Development Zone	443	86593
随州高新技术产业开发区	Suizhou High-tech Industrial Development Zone	84	23025
仙桃高新技术产业开发区	Xiantao High-tech Industrial Development Zone	249	80691
荆门高新技术产业开发区	Jingmen High-tech Industrial Development Zone	363	82497
长沙高新技术产业开发区	Changsha High-tech Industrial Development Zone	1001	278253
株洲高新技术产业开发区	Zhuzhou High-tech Industrial Development Zone	254	115636

continued

(10 000 yuan)

总收入 Revenue	#技术收入 Tech-related	#销售收入 Sales Revenue	总产值 Gross Output Value	净利润 Profits after Taxes	实缴税费 Taxes	出口额(万美元) Exports (USD 10 000)
3830476	21608	3753340	4213103	656795	515876	42066
4941202	13325	4872836	5268510	546587	304253	43660
3956979	3190	3875763	4197781	243521	231428	27066
2489924	32814	2005986	1509953	57335	82656	24916
37048042	10050255	22486217	20143255	3979012	2285855	594394
10051125	55336	7993038	10378118	349221	336537	92463
24402945	2069441	13472562	12329105	1146049	760393	652368
1885268	14843	1822371	1797042	44927	100205	58879
3683737	53647	3607648	3956019	169551	168758	62721
4756647	48364	4243678	4322323	512047	301630	178187
2826492	1564	2777513	2911109	146492	127787	94223
6794184	8472	6616798	6369266	258330	280167	84588
38969631	6992965	29568782	31121925	3430613	4004080	864865
8267003	36105	8106695	9082057	478495	587792	58494
10735800	182605	10075879	11373573	772873	443038	71590
7620128	53299	6061198	6001153	193398	219663	61274
7991113	640755	7129240	8231107	423195	272786	446481
20128330	368622	19536632	21051654	696377	1045524	1722107
5104054	19929	4971117	5923208	404593	244199	116299
4494017	14030	4455158	4546815	361885	36261	50192
4119988	445897	3596888	4277441	220	62594	4345
7953857	2667	7812858	7989616	528410	391924	194337
2829910	18756	2745924	2985741	137534	128690	16845
20052933	996395	18273313	17882198	714224	1696357	289574
8871852	22086	8766452	8802151	207196	356979	99521
7255553	28278	7200313	7215667	271402	185224	53885
5202087	2147	5191244	5205508	217369	162799	12411
2661499	25661	2488881	2564963	102381	62558	15181
3132539	6930	3102447	3129747	194518	173420	90114
4196245	74763	4003448	4012425	173933	229154	24212
31505698	4288936	26871519	20832594	1849994	2653502	632755
25140534	2973543	20048573	19220644	1725527	1611147	560791
23652212	983990	22140824	22550566	1259444	1999365	290184
2734369	1518	2722650	2583355	121919	117170	14839
35987	89	35298	14090	2624	591	
19419980	2860680	16101211	13378472	1628528	1473586	138321
12678947	1251784	11280122	12657331	1072872	796248	397283
3845911	46776	3641272	3795137	165754	48155	11558
25360730	38855	24165237	24169328	918345	849045	229818
4012791	12387	3938473	3956090	254278	229594	59959
12691023	12982	12645996	12666296	822271	451636	177959
2660989	14379	2543720	2752139	93404	80922	22795
4293504	147111	3869325	3926804	321267	209460	27864
42039286	2666444	38883672	38178750	1779709	861629	4315937
16979619	1056334	15528300	14509039	1485630	1299576	113514
2770197		2097289	2031896	90832	82811	5087
3211452	209513	2781161	2971788	231296	150978	40765
6682953	57119	5275940	5081971	392237	624312	24616
7112543	22431	7087110	6977388	889128	210606	57329
4323857	18742	4210312	3792421	102909	90585	3885
100621464	18343404	75856892	73893116	5616590	4504769	1422782
21528422	112427	21134640	20348153	800896	646871	122227
27568635	2037496	25337653	27243369	2155210	1278057	83687
10533659	328216	10104388	10643821	335623	535445	30419
2403016	190788	1895033	2039858	54753	61575	41955
6340163	7481	6239485	6461996	272166	186279	47857
9602573	141844	9273329	10175475	815920	403443	56294
42512087	2896912	37091366	37925526	3143801	1934209	572151
18194128	374196	17132097	17869736	929236	1022961	273386

5-14 续表 2

单位：万元

开发区	Development Area	企业数（个）Number of Enterprises (unit)	期末从业人员（人）Employed Persons (person)
湘潭高新技术产业开发区	Xiangtan High-tech Industrial Development Zone	321	85439
益阳高新技术产业开发区	Yiyang High-tech Industrial Development Zone	276	29164
郴州高新技术产业开发区	Chenzhou High-tech Industrial Development Zone	73	23855
衡阳高新技术产业开发区	Hengyang High-tech Industrial Development Zone	115	48100
广州高新技术产业开发区	Guangzhou High-tech Industrial Development Zone	2221	410131
深圳高新技术产业开发区	Shenzhen High-tech Industrial Development Zone	1469	434108
珠海高新技术产业开发区	Zhuhai High-tech Industrial Development Zone	513	203485
惠州高新技术产业开发区	Huizhou High-tech Industrial Development Zone	346	185473
源城高新技术产业开发区	Yuancheng High-tech Industrial Development Zone	100	48385
清远高新技术产业开发区	Qingyuan High-tech Industrial Development Zone	124	60362
中山火炬高技术产业开发区	Zhongshan Torch High-tech Industrial Development Zone	429	133487
佛山高新技术产业开发区	Foshan High-tech Industrial Development Zone	747	267976
肇庆高新技术产业开发区	Zhaoqing High-tech Industrial Development Zone	191	51240
江门高新技术产业开发区	Jiangmen High-tech Industrial Development Zone	275	73022
东莞松山湖高新技术产业开发区	Dongguan Songshanhu High-tech Industrial Development Zone	405	78915
南宁高新技术产业开发区	Nanning High-tech Industrial Development Zone	717	179936
桂林高新技术产业开发区	Guilin High-tech Industrial Development Zone	360	84991
北海高新技术产业开发区	Beihai High-tech Industrial Development Zone	53	28663
柳州高新技术产业开发区	Liuzhou High-tech Industrial Development Zone	234	101196
海口高新技术产业开发区	Haikou High-tech Industrial Development Zone	157	35541
重庆高新技术产业开发区	Chongqing High-tech Industrial Development Zone	1015	209800
璧山高新技术产业开发区	Bishan High-tech Industrial Development Zone	188	71612
成都高新技术产业开发区	Chengdu High-tech Industrial Development Zone	1741	377784
绵阳高新技术产业开发区	Mianyang High-tech Industrial Development Zone	129	111763
自贡高新技术产业开发区	Zigong High-tech Industrial Development Zone	152	37308
攀枝花高新技术产业开发区	Panzhihua High-tech Industrial Development Zone	60	11767
泸州高新技术产业开发区	Luzhou High-tech Industrial Development Zone	316	55279
德阳高新技术产业开发区	Deyang High-tech Industrial Development Zone	219	41432
乐山高新技术产业开发区	Leshan High-tech Industrial Development Zone	87	28767
贵阳高新技术产业开发区	Guiyang High-tech Industrial Development Zone	746	264098
昆明高新技术产业开发区	Kunming High-tech Industrial Development Zone	299	71013
玉溪高新技术产业开发区	Yuxi High-tech Industrial Development Zone	53	20131
西安高新技术产业开发区	Xi'an High-tech Industrial Development Zone	3794	399403
宝鸡高新技术产业开发区	Baoji High-tech Industrial Development Zone	570	145515
杨凌农业高新技术产业示范区	Yangling Agricultural High-tech Industries Demonstration Zone	193	24266
渭南高新技术产业开发区	Weinan High-tech Industrial Development Zone	70	26427
咸阳高新技术产业开发区	Xianyang High-tech Industrial Development Zone	76	16992
榆林高新技术产业开发区	Yulin High-tech Industrial Development Zone	21	14538
安康高新技术产业开发区	Ankang High-tech Industrial Development Zone	200	19706
兰州高新技术产业开发区	Lanzhou High-tech Industrial Development Zone	518	100752
白银高新技术产业开发区	Baiyin High-tech Industrial Development Zone	182	70407
青海高新技术产业开发区	Qinghai High-tech Industrial Development Zone	79	14054
银川高新技术产业开发区	Yinchuan High-tech Industrial Development Zone	70	14574
宁夏石嘴山高新技术产业开发区	Ningxia Shizuishan High-tech Industrial Development Zone	68	20969
乌鲁木齐高新技术产业开发区	Wulumuqi High-tech Industrial Development Zone	397	108303
昌吉高新技术产业开发区	Changji High-tech Industrial Development Zone	126	12592
新疆生产建设兵团石河子高新技术产业开发区	The Xinjiang Production and Construction Corps, Shihezi High-tech Industrial Development Zone	19	17068

continued

(10 000 yuan)

总收入 Revenue	#技术收入 Tech-related	#销售收入 Sales Revenue	总产值 Gross Output Value	净利润 Profits after Taxes	实缴税费 Taxes	出口额(万美元) Exports (USD 10 000)
12970302	791174	11366693	12538717	252003	248062	479915
6592924	438868	6085126	5977892	215865	188153	35642
3772799	21771	3659286	3789350	53844	70783	56648
6901233	2322	6808177	6953318	236374	210018	150797
53657512	9366517	40096449	39436609	3995350	2603045	1267689
49767705	9588951	36845678	36789893	5272553	3263703	1702732
19020188	363659	18218660	21461862	1319814	1441885	1189639
25396868	52975	24150570	24909435	756916	928705	2258638
3935805	2628	3839968	4042024	71971	124063	153305
3656155	95075	3011410	2736372	155782	121493	79801
17246438	37844	16480338	18341580	498519	611106	851603
35202948	2035749	32691270	34997971	2460385	1559701	753915
8420140	2595	8404313	8495484	167914	230699	82314
5489530	3773	5300021	5771260	378948	269463	213039
17152432	169434	15792438	15909480	549093	555726	615305
19291088	2786885	15229459	15562611	1529526	739244	230736
8168639	613987	7382946	8573751	682665	394006	73851
5169535	5014	5045550	5249519	428613	66564	160286
17989805	735894	16201260	16667948	643630	1078850	60705
3651037	114050	3398942	3672682	173112	430074	34031
20717888	3145796	16584016	17109321	1750214	827920	383916
5998643	40055	5892516	6067303	336527	221819	63143
57664313	11104864	45407676	46450809	3198692	2457847	1503663
10671381	33740	10446677	13572518	77582	515158	191345
4654316	40535	4586004	4668953	181608	264890	39622
1514788	23025	1455139	2154656	6621	30397	5869
5102391	84580	4513795	4072104	249023	189543	1429
5208651	4753	4954073	5241162	384638	150986	43332
3183616	2454	3123735	3332814	43972	88353	60915
28702755	2255056	22058101	21529863	1933567	3875997	150822
17169938	1191492	12154311	10549854	-45972	575783	70440
9830917	1103	7276501	8455756	747540	5389606	663
89563186	8122548	62814840	66195460	5632576	6433024	1214135
15437281	15378	15004729	16147027	523191	1053665	84985
1774938	524046	1076821	1428556	75851	61648	5345
3450259	1046	2253524	3530128	282129	184642	37041
4079001	11900	3883665	4070063	177418	1020270	11547
2549158	1559	1952550	2028763	334318	270939	
2561957	614194	899532	2423232	306475	97002	1296
16033788	956028	13524271	8980995	829901	2113267	18048
8270241	11755	7957988	5851539	28216	245046	5831
1057962	5	1057738	1623279	32157	26250	337
2191804		2179688	2120712	135402	11287	30483
1502810	1812	1461394	1465828	-44662	85299	18347
24224102	624988	6913994	3825380	1208621	744161	12051
2673407	3401	2555061	2455798	284748	92788	36311
3126068	1436	1855220	2449017	86380	71424	884

5-15 高技术产品进出口贸易
Value of Imports and Exports of High-tech Products

单位：百万美元 (million US dollar)

项　目	Item	出口贸易额 Exports	进口贸易额 Imports	进出口贸易总额 Total
	1985	521	4734	5255
	1990	2686	6967	9653
	1995	10091	21827	31918
	2000	37043	52507	89550
	2005	218253	197713	415966
	2006	281451	247299	528750
	2007	347819	286984	634803
	2008	415606	341820	757425
	2009	376931	309853	686784
	2010	492379	412655	905034
	2011	548830	463225	1012054
	2012	601173	506864	1108037
	2013	660330	558193	1218523
	2014	660543	551384	1211927
	2015	655297	549291	1204588
计算机与通讯技术	Computer and Communication Technology	441886	116918	558804
生命科学技术	Life Science and Technology	24586	26706	51291
电子技术	Electronics	125542	278658	404200
计算机集成制造技术	Computer Integrated Manufacturing Technology	12506	35850	48356
航空航天技术	Aviation and Aerospace	7326	34972	42298
光电技术	Photonics	35732	49372	85104
生物技术	Biotechnology	687	1126	1813
材料技术	Material Science	6234	4806	11040
其他技术	Others	797	885	1682

5-16 按贸易方式分高技术产品进出口贸易（2015年）
Value of Imports and Exports of High-tech Products by Trade Form(2015)

单位：百万美元 (million US dollar)

项　目	Item	出口贸易额 Exports	进口贸易额 Imports	进出口贸易总额 Total
合　计	**Total**	**655297**	**549291**	**1204588**
一般贸易	Ordinary Trade	149441	151871	301312
国家间、国际组织无偿援助和赠送的物资	Aid or Donation Between Governments or by International Organizations	209	6	215
其他捐赠物资	Other Donations	2	41	43
加工贸易	Processing Trade	413226	241309	654535
#来料加工装配贸易	Processing & Assembling	26002	38824	64826
进料加工贸易	Processing with Imported Materials	387224	202484	589709
边境小额贸易	Border Trade	874	1	875
加工贸易进口设备	Equipment for Processing Trade		501	501
对外承包工程出口货物	Contracting Projects	1137		1137
租赁贸易	Goods on Lease	8	9818	9826
外商投资企业作为投资进口的设备、物品	Equipment/Materials Imported as Investment by FIE		3739	3739
出料加工贸易	Outward Processing	85	116	202
保税仓库进出境货物	Customs Warehousing Trade	12894	23402	36296
保税区仓储转口货物	Entrepot Trade by Bonded Area	75716	112385	188101
出口加工区进口设备	Equipment Imported into Export Processing Zone		5139	5139
其他	Others	1705	963	2669

5-17 各地区高技术产品进出口贸易（2015年）
Value of Imports and Exports of High-tech Products by Region(2015)

单位：百万美元 (million US dollar)

地　区	Region	出口贸易额 Imports	进口贸易额 Exports	进出口贸易总额 Total
全　国	**National Total**	**655297**	**549291**	**1204588**
东部地区	Eastern Region	534444	461221	995665
中部地区	Middle Region	55051	39369	94419
西部地区	Western Region	60714	41951	102665
东北地区	Northeast Region	5089	6750	11839
北　京	Beijing	14036	26465	40501
天　津	Tianjin	19716	23905	43621
河　北	Hebei	2362	975	3336
山　西	Shanxi	3960	2361	6321
内蒙古	Inner Mongolia	334	182	517
辽　宁	Liaoning	4564	4651	9215
吉　林	Jilin	306	1748	2053
黑龙江	Heilongjiang	219	351	570
上　海	Shanghai	85231	84102	169333
江　苏	Jiangsu	131110	90772	221882
浙　江	Zhejiang	16797	7589	24385
安　徽	Anhui	6691	3525	10216
福　建	Fujian	14634	13572	28206
江　西	Jiangxi	5126	3224	8350
山　东	Shandong	17694	17752	35446
河　南	Henan	27663	22137	49801
湖　北	Hubei	8013	5554	13567
湖　南	Hunan	3596	2567	6164
广　东	Guangdong	232572	193299	425872
广　西	Guangxi	3698	3999	7698
海　南	Hainan	292	2791	3083
重　庆	Chongqing	28120	12177	40297
四　川	Sichuan	15151	11659	26809
贵　州	Guizhou	1368	1042	2409
云　南	Yunnan	1145	773	1918
西　藏	Tibet	4	208	212
陕　西	Shaanxi	9916	11464	21380
甘　肃	Gansu	378	204	582
青　海	Qinghai	43	6	49
宁　夏	Ningxia	235	75	310
新　疆	Xinjiang	322	163	485

5-18 高技术产品、工业制成品、
Imports and Exports of High-tech Products,

单位：亿美元,%

项　目	Item	2001	2002	2003	2004
商品出进口贸易总额	**Total Value of Exports and Imports**	**5097**	**6208**	**8510**	**11546**
工业制成品	Manufactured Goods	4376	5430	7437	9969
占总额比重	% of Total Exports and Imports	85.9	87.5	87.4	86.3
#高技术产品	High-tech Products	1106	1507	2296	3267
占总额比重	% of Total Exports and Imports	21.7	24.3	27.0	28.3
占工业制成品比重	% of Total Manufactured Goods	25.3	27.8	30.9	32.8
初级产品	Primary Goods	721	778	1073	1577
占总额比重	% of Total Exports and Imports	14.2	12.5	12.6	13.7
商品出口贸易总额	**Total Value of Exports**	**2662**	**3256**	**4384**	**5934**
工业制成品	Manufactured Goods	2398	2971	4036	5528
占总额比重	% of Total Exports	90.1	91.3	92.1	93.2
#高技术产品	High-tech Products	465	679	1103	1654
占总额比重	% of Total Exports	17.5	20.8	25.2	27.9
占工业制成品比重	% of Total Manufactured Goods	19.4	22.8	27.3	29.9
初级产品	Primary Goods	264	285	348	406
占总额比重	% of Total Exports	9.9	8.7	7.9	6.8
商品进口贸易总额	**Total Value of Imports**	**2436**	**2952**	**4128**	**5614**
工业制成品	Manufactured Goods	1978	2459	3401	4441
占总额比重	% of Total Imports	81.2	83.3	82.4	79.1
#高技术产品	High-tech Products	641	828	1193	1613
占总额比重	% of Total Imports	26.3	28.1	28.9	28.7
占工业制成品比重	% of Total Manufactured Goods	32.4	33.7	35.1	36.3
初级产品	Primary Goods	458	493	728	1173
占总额比重	% of Total Imports	18.8	16.7	17.6	20.9
商品出进口贸易差额	**Balance**	**225**	**304**	**256**	**319**
工业制成品	Manufactured Goods	420	512	635	1087
#高技术产品	High-tech Products	-177	-150	-90	41
初级产品	Primary Goods	-194	-208	-380	-768

初级产品的进出口贸易额
Manufactured Goods and Primary Goods

(USD 100 million,%)

2005	2006	2007	2008	2009	2010	2011	2012	2013	2014	2015
14219	**17604**	**21738**	**25633**	**22075**	**29728**	**36419**	**38668**	**41603**	**43030**	**39569**
12254	15204	18693	21229	18546	24585	29371	31316	33954	35429	33799
86.2	86.4	86.0	82.8	84.0	82.7	80.6	81.0	81.6	82.3	85.4
4160	5288	6348	7574	6868	9050	10120	11080	12185	12119	12046
29.2	30.0	29.2	29.5	31.1	30.4	27.8	28.7	29.3	28.2	30.4
33.9	34.8	34.0	35.7	37.0	36.8	34.5	35.4	35.9	34.2	35.6
1965	2401	3045	4404	3529	5143	7049	7352	7649	7601	5770
13.8	13.6	14.0	17.2	16.0	17.3	19.4	19.0	18.4	17.7	14.6
7620	**9689**	**12180**	**14307**	**12016**	**15779**	**18986**	**20490**	**22100**	**23427**	**22749**
7130	9160	11565	13527	11385	14962	17980	19484	21027	22300	21710
93.6	94.5	95.0	94.6	94.7	94.8	94.7	95.1	95.1	95.2	95.4
2182	2815	3478	4156	3769	4924	5488	6012	6603	6605	6553
28.6	29.0	28.6	29.0	31.4	31.2	28.9	29.3	29.9	28.2	28.8
30.6	30.7	30.1	30.7	33.1	32.9	30.5	30.9	31.4	29.6	30.2
490	529	615	780	631	817	1006	1006	1073	1127	1040
6.4	5.5	5.0	5.4	5.3	5.2	5.3	4.9	4.9	4.8	4.6
6601	**7915**	**9558**	**11326**	**10059**	**13948**	**17433**	**18178**	**19503**	**19603**	**16820**
5124	6043	7128	7702	7161	9623	11391	11832	12927	28	12089
77.6	76.4	74.6	68.0	71.2	69.0	65.3	65.1	66.3	67.0	71.9
1977	2473	2870	3418	3099	4127	4632	5069	5582	5514	5493
30.0	31.2	30.0	30.2	30.8	29.6	26.6	27.9	28.6	28.1	32.7
38.6	40.9	40.3	44.3	43.3	42.9	40.7	42.8	43.2	42.0	45.4
1477	1871	2430	3624	2898	4326	6044	6346	6576	6474	4730
22.4	23.6	25.4	32.0	28.8	31.0	34.7	34.9	33.7	33.0	28.1
1019	**1775**	**2622**	**2981**	**1957**	**1831**	**1553**	**2312**	**2597**	**3824**	**5930**
2006	3117	4437	5826	4224	5339	6590	7652	8100	9171	9620
205	342	608	738	671	797	856	943	1021	1091	1060
-987	-1342	-1815	-2844	-2267	-3508	-5038	-5340	-5503	-5347	-3690

六、国家科技计划

National Program for Science and Technology Development

6-1 国家主要科技计划基本情况
Appropriation for S&T by Central Government in the Main Programs of S&T

单位：万元 (10 000 yuan)

项　目	Item	2007	2008	2009	2010	2011	2012	2013	2014	2015
863计划	863 Program	444416	559200	511500	511500	511500	551500	520263	515265	196862
基础研究计划	Basic Research Program									
国家自然科学基金	National Natural Science Fund	433096	535851	642697	1038109	1404343	1700000	1616241	1940284	2584293
国家重点基础研究发展计划(973计划)	National Key Basic Research Program of China	129263	150415	189976	271813	309245	267819	282811	299103	268467
国家重大科学研究计划	National Major Scientific Research Program of China	35318	39585	70024	128187	140756	132181	122710	135517	166255
科技支撑计划	Key Technologies R&D Program	542337	506556	500000	500000	550000	642555	612553	651080	695000
科技基础条件建设	S&T Basic Conditional Construction Program									
科技基础条件平台专项	National Science and Technology Infrastructure Program	68555	2347	2127		24600	26500	27400	27400	27400
国家重点实验室建设计划	State Key Laboratory Construction Program	160000	216774	291695	275922	296081	337768	289089	304500	1148096
国家工程技术研究中心	National Engineering Research Centres	8550		10300	10500	19500	10500	9893	9893	9893
科技基础性工作专项	S&T Basic Work	17843	15000	15048	15515	18350	22506	23937	18000	23000
星火计划	Spark Program	15000	20000	21892	20000	30000	20000	18785	18915	18000
火炬计划	Torch Program	13875	15176	22765	22000	32000	22000	20735	20735	20000
国家重点新产品计划	National New Products Program	14000	15000	20000	20000	29850	20000	18710	18610	
科技型中小企业技术创新基金	Innovation Fund for Small Technology-based Firms	125620	162109	348357	429709	463999	511385	512105		113600
国际科技合作与交流专项经费	Special Funds for International Technology Cooperation								138000	136949
科研院所技术开发专项	Special Technnology Development Project for Research Institutions	25000	25000	25000	25000	25000	30000	30000	30000	

注：表中各项国家主要科技计划及相关内容依据“十一五”国家科技计划体系。

Note: In the table, the main program plans of S&T and its related contents base on "the Eleven Five" National S&T Programs.

6-2 国家科技支撑计划/国家科技攻关计划①中央财政拨款

Appropriation for S&T by Central Government in Key Technologies R&D Program

单位：万元 (10 000 yuan)

项　目	Item	2001	2005	2008	2009	2010	2011	2012	2013	2014	2015
合　计	**Total**	**105340**	**162440**	**506556**	**500000**	**500000**	**550000**	**642555**	**612553**	**651080**	**695000**
能　源②	Energy	7380	11620	24148	15863	15532	17635	23810	21981	23998	30641
资　源③	Resource	14003	15520	43393	42771	34322	36265	27686	25498	32015	35176
环　境	Environment			33188	37681	38827	47399	39015	42059	51695	46046
农　业	Agriculture	26053	30293	102004	96600	110132	131919	115032	112191	130599	153325
材　料	Material	11110	12610	51483	53625	41434	51134	62411	56999	44380	26539
制造业	Manufacture	10530	7990	45199	28749	14873	24403	35460	34171	35951	44221
交通运输	Traffic and Transport			30795	71304	78626	54087	31545	37648	47241	86887
信息产业与现代服务业	Information and Services	6500	7993	46562	41036	52849	72237	152096	133962	122905	73434
人口与健康	Population and Health	8077	39364	47422	46871	61482	52584	69878	58184	65651	77155
城镇化与城市发展	Urbanization and Urban Development			26845	26127	18069	30451	36264	45670	44703	62993
公共安全及其他社会事业④	Public Security and Other Social Undertakings	21687	37050	55517	39373	33854	31886	49358	43490	51942	58583

注：①2005年及以前为国家科技攻关计划，自2006年起为国家科技支撑计划。
②2001-2005年数据包括交通运输领域。
③2001-2005年数据包括环境领域。
④2001-2005年数据包括城镇化与城市发展领域。

Note: a) Data before 2005 refer to S&T programs for tackling key programs and adjust to S&T support programs from 2006.
b) Data from 2001 to 2005 contain the field of transportation.
c) Data from 2001 to 2005 contain the field of environment.
d) Data from 2001 to 2005 contain the fields of urbanization and urban development.

6-3 国家重点基础研究发展计划(973计划)中央财政拨款

Appropriation for S&T by Central Government in National Key Basic Research Program of China

单位：万元 (10 000 yuan)

项　目	Item	2006	2007	2008	2009	2010	2011	2012	2013	2014	2015
合　计	**Total**	**97892**	**129263**	**150415**	**189976**	**271813**	**309245**	**267819**	**282811**	**299103**	**268467**
农　业	Agriculture Science	11117	14537	16982	22860	21961	25959	31268	25312	28479	27416
能　源	Energy Science	9019	15615	16811	24038	29658	32051	18967	23193	25614	28619
信　息	Information Science	7978	15883	15302	20310	27367	40940	21288	29332	30487	28318
资源环境	Environment Science	12447	15318	18156	23698	24155	21831	28330	20613	24818	23451
健　康	Health Science	15079	19416	26059	31976	34108	40276	49087	36326	40049	36428
材　料	Materials Science	11700	16221	18889	21300	30326	31417	19918	28114	27811	24634
制造与工程	Manufacturing and Infrastructural Engineering Science						13541	11060	10453	26510	27373
综合交叉①	Synthesis Science	16955	16138	17527	23547	66691	68863	38671	65628	46751	33166
重大科学前沿	Forefront of Major Science	13597	16135	20689	22248	37547	34367	49230	43840	48584	39062
其它	Others										

注：2005年数据包括重大科学前沿。

Note: Data 2005 contain forefront of major science.

6-4 国家重大科学研究计划中央财政拨款
Appropriation for S&T by Central Government in National Major Scientific Research Program of China

单位：万元 (10 000 yuan)

项　目	Item	2008	2009	2010	2011	2012	2013	2014	2015
合　计	**Total**	**39585**	**70024**	**128187**	**140756**	**132181**	**122710**	**135517**	**166255**
纳米研究	Nano Studies	11882	24005	34889	42353	34905	35587	35963	42985
量子调控研究	Quantum Regulation Studies	8622	12499	15876	21694	18697	19085	18944	26954
蛋白质研究	Protein Studies	9992	15446	16070	28673	24406	22651	26680	31499
发育与生殖研究	Growth and Reproduction Studies	9089	18074	20729	27617	20719	17471	18053	23836
干细胞研究	Stem Cell Studies			12287	4941	9376	11724	14202	19950
全球变化研究	Global Change Studies			28336	15478	24078	16192	21675	21031

6-5 国家自然科学基金资助项目经费
Project Funding Approved by the National Natural Science Foundation of China

单位：万元 (10 000 yuan)

项　目	Item	2007	2008	2009	2010	2011	2012	2013	2014	2015
总　计	**Total**	**497083**	**630863**	**705392**	**965315**	**1827450**	**2365585**	**2352354**	**2506310**	**2584293**
面上项目	General Programs	227457	288647	330516	452450	898941	1248000	1200000	1193487	1220262
重点项目	Key Programs	63530	77973	72408	96450	142500	156700	166300	204620	212480
重大项目	Major Program		17000	11000	16000	22500	32200	39000	39000	37647
重大研究计划	Major Research Plan	22578	24972	33379	48605	62213	71023	72605	83079	83497
联合资助基金项目	Program of Joint Funds with other Institutions	15730	16654	18008	16790	36900	47787	50964	73312	100126
国家杰出青年科学基金(包括外籍)	Projects of National Distinguished Young Scientists (including Foreign)	35280	35220	35020	38820	38760	38980	38760	77760	77640
优秀青年科学基金	Excellent Young Scientists Fund						40000	39900	40000	59980
青年科学基金项目*	Young Scientists Fund	61737	93994	120304	164600	311710	337500	370000	398943	380000
地区科学基金项目*	Regional Fund	10196	16974	22180	33560	99920	120000	120000	130750	130690
海外和香港、澳门青年学者合作研究基金	Programs of Joint Research for Oversea Young Scientists	3200	1580	1540	1660	4000	6340	6400	6640	6320
创新研究群体科学基金	Programs of Innovation Research Teams	24730	26315	26480	34660	38460	36900	39660	68160	68760
国家基础科学人才培养基金	Projects of States Foundation for Basic Science Scientists	9930	5180	1370	4770	28800	24510	12640		
国家重大科研仪器设备研制专项	Special Fund for Research on National Major Research Instruments and Facilities						108700	91300	99767	98487
应急管理项目	Management Program for Emergency								26955	26570
数学天元基金	Tianyuan Fund of Mathematics								2500	2500
国际合作研究项目	International Cooperation Research Projects								53101	71090
外国青年学者研究基金项目	Research Foundation Projects for Young Scholars of Foreign								1996	3299
国际合作与交流	International Cooperation and Exchange	13227	14444	16895	28934	47814	57813	63691	6241	4946

注："青年科学基金项目"和"地区科学基金项目"自2007年开始从原"面上项目"中分出。

Note: Date of "Youth Scientists Fund" and "Regional Fund" seperated from "General Programs" in 2007.

6-6 分部门国家自然科学基金资助项目经费(2015年)
Project Funding Approved by the National Natural Science Foundation of China by Sectors (2015)

单位：万元 (10 000 yuan)

项　目	Item	合　计 Total	高等学校 Higher Education	#教育部所属院校 Subordinated Directly to Ministry of Education	科研机构 Research Institution	#中国科学院 China Academy of Sciences	其　他 Others
总　计	**Total**	**2584293**	**1980374**	**1076336**	**568006**	**395764**	**35913**
面上项目	General Programs	1220262	988441	553948	215520	140575	16301
重点项目	Key Programs	212480	155635	114275	55563	45518	1282
重大项目	Major Program	37647	15027	3920	22620	22620	
重大研究计划项目	Major Research Plan	83497	50695	36421	32358	22968	445
国际(地区)合作研究项目		71090	47479	35302	22980	18502	632
青年科学基金项目	Young Scientists Fund	380000	296248	121637	76661	40357	7091
地区科学基金项目	Regional Fund	130690	116740		9375		4575
优秀青年科学基金项目	Excellent Young Scientists Fund	59980	47680	33130	12300	10350	
国家杰出青年科学基金项目	Projects of National Distinguished Young Scientists	77640	50680	37600	26560	24560	400
创新研究群体项目	Programs of Innovation Research Teams	68760	49560	38520	19200	15600	
海外及港澳学者合作研究基金项目	Programs of Joint Research for Oversea Young Scientists	6320	5100	3820	1180	900	40
国家重大科研仪器研制项目	Special Fund for Research on National Major Research Instruments and Facilities	98487	63670	49233	34283	30377	535
联合基金项目	Program of Joint Funds with other Institutions	100126	69486	35818	30190	16957	449
国际(地区)合作交流项目	International Cooperation and Exchange	4946	1738	1280	488	430	2720
应急管理项目	Management Program for Emergency	26570	17695	8331	7432	4932	1442
外国青年学者研究基金项目	Research Foundation Projects for Young Scholars of Foreign	3299	2217	1696	1082	902	
数学天元基金	Tianyuan Fund of Mathematics	2500	2284	1404	216	216	

6-7 国家重点实验室
State Key Laboratories and National

项　目	Item	实验室数(个) Number of Laboratories (unit)①	实验室人员 Personnel of Laboratories 固定人员(人) Full-time Personnel (person)	客座人员(人) Guest Researchers (person)
总　计	**Total**	**255**	**19795**	**8995**
工业与信息化部	Ministry of Industry and Information Technology of the People's Republic of China	8	610	262
国家卫生和计划生育委员会	National Population and Family Planning Commission of China	8	600	165
教育部	Ministry of Education	132	9645	4596
农业部	Ministry of Agriculture	6	447	178
水利部	Ministry of Water Resources	1	79	9
国土资源部	Ministry of Land and Resources			
环境保护部	Ministry of Environmental Protection	1	92	49
国家林业局	State Forestry Administration	1	87	11
中国科学院	Chinese Academy of Sciences	78	6686	3123
中国地震局	China Seismological Bureau	1	80	41
总后勤部卫生部	Health Department of The General Logistics Department, PLA	6	481	93
中国气象局	China Meteorological Administration	1	68	21
国家海洋局	State Oceanic Administration People's Republic of China	1	49	62
河北省科学技术厅	Hebei Science and Technology Department	1	71	8
陕西省科学技术厅	Shaanxi Science and Technology Deparment	1	66	37
山西省科学技术厅	The Shanxi Science and Technology Department	1	48	21
四川省科学技术厅	Science and technology Bureau of Sichuan Province	2	199	144
江苏省科学技术厅	Jiangsu Science and Technology Department	2	214	33
山东省科学技术厅	Department of Science and Technology of Shandong Province	1	66	35
广东省科技厅	Guangdong Science and Technology Department	1	48	8
广西壮族自治区科学技术厅	Guangdong Science and Technology Department	1	86	51
湖南省科学技术厅	Hunan Science and Technology Department	1	73	48

注：①以上数据按259个国家重点实验室和6个国家实验室(筹)统计。

②获奖成果按国家自然科学奖、国家科技进步奖、国家技术发明奖三项国家科技奖励统计。

运行情况(2015年)
Laboratories Operation By Sectors (2015)

研究经费 Funds		科研项目 Projects		获奖成果(项)	发表论文(篇)	毕业研究生(人)
筹集(万元) R&D Founds (10 000 yuan)	支出(万元) R&D Expenditure (10 000 yuan)	项数(项) R&D Projects (item)	经费(万元) Funds (10 000 yuan)	Achievements Awarded (item)②	Paper Published (piece)	Graduated Masters & Doctors (person)
1466213	**1148096**	**39443**	**1631740**	**112**	**57468**	**25116**
54577	42191	1263	62429	3	2255	1013
40195	31535	1017	40386	3	1123	408
783004	588946	23243	835531	69	35770	18113
27852	35507	790	36725	4	1095	444
9121	9021	122	9341	1	268	43
8200	8050	122	4765	1	427	27
1574	2117	97	4518	1	81	79
439575	359564	10184	521738	20	12785	2833
2774	2171	92	1995		159	17
31277	5543	478	36481	2	657	264
3066	761	61	3817		120	20
5268	3718	66	4670		115	12
4131	4019	148	3407		331	168
7038	6183	187	5433		121	139
3256	3540	80	3098		91	28
21799	21413	530	20105	3	1099	734
11588	11116	428	9643	2	407	254
3481	3481	125	5441	2	106	148
1150	733	111	10782		222	65
	1200	174	4202	1	155	264
7287	7287	125	7232		81	43

Note: a) Data are about 259 State Key Laboratories and 6 National Laboratories.

b) Data on awards are calculated by three national awards in science and technogy, namely, the National Natural Sciences Award, National S&T

6-8 全国创业风险投资基本情况
Basic Statistics on National VC Capital

项　　目	Item	2005	2006	2007	2008	2009	2010	2011	2012	2013	2014	2015
一、机构数（个）	**No. of VC Firms (unit)**	**319**	**345**	**383**	**464**	**576**	**720**	**860**	**942**	**1408**	**1551**	**1775**
二、管理资本总额（亿元）	**VC Capital under Management (100 Million Yuan)**	**631.6**	**663.8**	**1112.9**	**1455.7**	**1605.1**	**2406.6**	**3198.0**	**3312.9**	**3573.9**	**5232.4**	**6653.3**
三、投资强度（万元/项）	**Avg. VC Deals Size (10 000 yuan/unit)**	**901.1**	**802.5**	**973.4**	**1041.3**	**1059.8**	**1356.5**	**1550.5**	**1322.7**	**1282.1**	**1129.5**	**1360.2**
四、累计投资	**Cumulative Investment**											
1.累计投资项目数（项）	No. of Cumulative Deals(unit)	3916	4592	5585	6796	7435	8693	9978	11112	12149	14118	17376
#累计投资高新技术企业(项目)数	In Hi-tech Deals	2453	2601	3369	3845	4737	5160	5940	6404	6779	7330	8047
2.累计投资金额（亿元）	Cumulative Capital (100 Million Yuan)	326.1	410.8	495.5	769.7	906.2	1491.3	2036.6	2355.1	2634.1	2933.6	3361.2
#累计投资高新技术企业(项目)额	In Hi-tech Deals	149.1	215.9	295.2	427.4	405.1	808.8	1038.6	1193.1	1302.1	1401.9	1493.1
五、投资轮次（%）	**Investment Rounds (%)**											
首轮投资	First	70.8	77.0	83.1	84.5	82.7	86.2	83.4	80.1	77.5	68.1	62.7
后续投资	Follows-on	29.2	23.0	16.9	15.5	17.3	13.8	16.6	19.9	22.5	31.9	37.3
六、投资阶段	**Investment Stages**											
1.按投资项目分（%）	By Investment Deal (%)											
种子期	Seed	15.4	37.4	26.6	19.3	32.2	19.9	9.7	12.3	18.3	20.8	18.2
起步期	Startup	30.1	21.3	18.9	30.2	20.3	27.1	22.7	28.7	32.5	36.5	35.6
成长(扩张)期	Expansion	41.0	30.0	36.6	34.0	35.2	40.9	48.3	45.0	38.2	36.0	40.1
成熟(过渡)期	Maturity	11.9	7.7	12.4	12.1	9.0	10.0	16.7	13.2	10.0	6.5	5.4
重建期	Turn Around	1.6	3.6	5.4	4.4	3.4	2.2	2.6	0.8	1.0	0.3	0.7
2.按投资金额分（%）	By Investment Amt. (%)											
种子期	Seed	5.2	30.2	12.7	9.4	19.9	10.2	4.3	6.6	12.2	4.6	8.1
起步期	Startup	20.0	11.5	8.9	19.0	12.8	17.4	14.8	19.3	22.4	20.7	21.5
成长(扩张)期	Expansion	46.8	39.4	38.2	38.5	45.0	49.2	55.0	52.0	41.4	66.4	54.5
成熟(过渡)期	Maturity	26.3	14.6	35.2	26.5	18.5	20.2	22.3	21.5	22.8	8.3	15.2
重建期	Turn Around	1.7	4.3	5.0	6.6	3.7	3.0	3.6	0.6	1.2		0.7
七、退出方式（%）	**Exit (%)**											
上市	IPO	11.9	12.7	24.2	22.7	25.3	29.8	29.4	29.4	24.3	20.8	15.5
收购	Acquisition	44.4	28.4	29.0	23.2	33.0	28.6	30.0	18.9	26.3	36.0	31.0
回购	Buyback	33.3	30.4	27.4	34.8	35.3	32.8	32.3	45.0	44.8	36.0	37.5
清算	Liquidation	10.4	7.8	5.6	9.2	6.3	6.9	3.2	6.7	4.6	4.8	6.5
其它	Others		20.6	13.7	10.1						2.4	9.5

七、科技活动成果

Results of Science and Technology Activities

7-1 国内专利申请受理数
Domestic Patent Applications Accepted

单位：件　　(piece)

地　区	Region	1995	2000	2005	2008	2009	2010	2011	2012	2013	2014	2015
全　国	**National Total**	**69535**	**140339**	**383157**	**717144**	**877611**	**1109428**	**1504670**	**1912151**	**2234560**	**2210616**	**2639446**
东部地区	Eastern Region	35808	82700	262416	519818	637402	780151	1079386	1363991	1572329	1494007	1751374
中部地区	Middle Region	9969	16335	37594	73794	91175	140203	177100	234599	277222	306119	382707
西部地区	Western Region	9741	16381	34053	64152	84721	112713	153545	206046	271064	304711	391038
东北地区	Northeast Region	8407	12758	25823	34403	40751	50930	68730	80933	89011	81649	91564
北　京	Beijing	6362	10344	22572	43508	50236	57296	77955	92305	123336	138111	156312
天　津	Tianjin	1648	2789	11657	18230	19624	25973	38489	41009	60915	63422	79963
河　北	Hebei	2707	3848	6401	9128	11361	12295	17595	23241	27619	30000	44060
山　西	Shanxi	917	1475	1985	5386	6822	7927	12769	16786	18859	15687	14948
内蒙古	Inner Mongolia	647	1138	1455	2221	2484	2912	3841	4732	6388	6359	8876
辽　宁	Liaoning	4449	7151	15672	20893	25803	34216	37102	41152	45996	37860	42153
吉　林	Jilin	1389	2501	4101	5536	5934	6445	8196	9171	10751	11933	14800
黑龙江	Heilongjiang	2569	3106	6050	7974	9014	10269	23432	30610	32264	31856	34611
上　海	Shanghai	2456	11337	32741	52835	62241	71196	80215	82682	86450	81664	100006
江　苏	Jiangsu	4078	8211	34811	128002	174329	235873	348381	472656	504500	421907	428337
浙　江	Zhejiang	4042	10316	43221	89931	108482	120742	177066	249373	294014	261435	307264
安　徽	Anhui	1026	1877	3516	10409	16386	47128	48556	74888	93353	99160	127709
福　建	Fujian	1979	4211	9460	13181	17559	21994	32325	42773	53701	58075	83146
江　西	Jiangxi	1008	1557	2815	3746	5224	6307	9673	12458	16938	25594	36936
山　东	Shandong	4624	10019	28835	60247	66857	80856	109599	128614	155170	158619	193220
河　南	Henan	2386	3823	8981	19090	19589	25149	34076	43442	55920	62434	74373
湖　北	Hubei	2004	3486	11534	21147	27206	31311	42510	51316	50816	59050	74240
湖　南	Hunan	2628	4117	8763	14016	15948	22381	29516	35709	41336	44194	54501
广　东	Guangdong	7729	21123	72220	103883	125673	152907	196272	229514	264265	278358	355939
广　西	Guangxi	1231	1762	2379	3884	4277	5117	8106	13610	23251	32298	43696
海　南	Hainan	183	502	498	873	1040	1019	1489	1824	2359	2416	3127
重　庆	Chongqing	318	1780	6260	8324	13482	22825	32039	38924	49036	55298	82791
四　川	Sichuan	2868	4496	10567	24335	33047	40230	49734	66312	82453	91167	110746
贵　州	Guizhou	562	986	2226	2943	3709	4414	8351	11296	17405	22467	18295
云　南	Yunnan	959	1710	2556	4089	4633	5645	7150	9260	11512	13343	17603
西　藏	Tibet	11	28	102	350	195	162	263	170	203	248	309
陕　西	Shaanxi	1721	2080	4166	11898	15570	22949	32227	43608	57287	56235	74904
甘　肃	Gansu	546	798	1759	2178	2676	3558	5287	8261	10976	12020	14584
青　海	Qinghai	100	174	216	431	499	602	732	844	1099	1534	2590
宁　夏	Ningxia	169	341	516	1087	1277	739	1079	1985	3230	3532	4394
新　疆	Xinjiang	609	1088	1851	2412	2872	3560	4736	7044	8224	10210	12250
香　港	Hongkong	655	1374	2645	2486	2411	2980	3171	3168	3322	3242	3319
澳　门	Macao		13	27	22	38	32	36	65	147	84	213
台　湾	Taiwan	4955	10778	20599	22469	21113	22419	22702	23349	21465	20804	19231

注：本年鉴中有关专利申请受理与授权的数据口径为由我国专利机构受理与授权的专利，不包括我国在外国申请专利及被授权的数据。

7-2 国内专利申请授权数
Domestic Patents Granted

单位：件 (piece)

地 区	Region	1995	2000	2005	2008	2009	2010	2011	2012	2013	2014	2015
全 国	**National Total**	**41881**	**95236**	**171619**	**352406**	**501786**	**740620**	**883861**	**1163226**	**1228413**	**1209402**	**1596977**
东部地区	Eastern Region	21132	54389	114953	248889	369354	545428	653832	856207	882636	852433	1110358
中部地区	Middle Region	5329	11041	15787	32560	45827	72887	97563	132980	150018	158875	213842
西部地区	Western Region	5774	11299	16272	33353	47633	72877	76200	106991	129843	138702	201038
东北地区	Northeast Region	4972	8744	11124	18223	20552	28216	36332	47421	47694	41633	53003
北 京	Beijing	4025	5905	10100	17747	22921	33511	40888	50511	62671	74661	94031
天 津	Tianjin	1034	1611	3045	6790	7404	11006	13982	19782	24856	26351	37342
河 北	Hebei	1580	2812	3585	5496	6839	10061	11119	15315	18186	20132	30130
山 西	Shanxi	569	968	1220	2279	3227	4752	4974	7196	8565	8371	10020
内蒙古	Inner Mongolia	415	775	845	1328	1494	2096	2262	3084	3836	4031	5522
辽 宁	Liaoning	2745	4842	6195	10665	12198	17093	19176	21223	21656	19525	25182
吉 林	Jilin	824	1650	2023	2984	3275	4343	4920	5930	6219	6696	8878
黑龙江	Heilongjiang	1403	2252	2906	4574	5079	6780	12236	20268	19819	15412	18943
上 海	Shanghai	1436	4050	12603	24468	34913	48215	47960	51508	48680	50488	60623
江 苏	Jiangsu	2413	6432	13580	44438	87286	138382	199814	269944	239645	200032	250290
浙 江	Zhejiang	2131	7495	19056	52953	79945	114643	130190	188463	202350	188544	234983
安 徽	Anhui	574	1482	1939	4346	8594	16012	32681	43321	48849	48380	59039
福 建	Fujian	933	3003	5147	7937	11282	18063	21857	30497	37511	37857	61621
江 西	Jiangxi	509	1072	1361	2295	2915	4349	5550	7985	9970	13831	24161
山 东	Shandong	2861	6962	10743	26688	34513	51490	58844	75496	76976	72818	98101
河 南	Henan	1145	2766	3748	9133	11425	16539	19259	26791	29482	33366	47766
湖 北	Hubei	1017	2198	3860	8374	11357	17362	19035	24475	28760	28290	38781
湖 南	Hunan	1515	2555	3659	6133	8309	13873	16064	23212	24392	26637	34075
广 东	Guangdong	4611	15799	36894	62031	83621	119343	128413	153598	170430	179953	241176
广 西	Guangxi	665	1191	1225	2228	2702	3647	4402	5900	7884	9664	13573
海 南	Hainan	108	320	200	341	630	714	765	1093	1331	1597	2061
重 庆	Chongqing	305	1158	3591	4820	7501	12080	15525	20364	24828	24312	38914
四 川	Sichuan	1714	3218	4606	13369	20132	32212	28446	42218	46171	47120	64953
贵 州	Guizhou	274	710	925	1728	2084	3086	3386	6059	7915	10107	14115
云 南	Yunnan	569	1217	1381	2021	2923	3823	4199	5853	6804	8124	11658
西 藏	Tibet	2	17	44	93	292	124	142	133	121	146	198
陕 西	Shaanxi	1085	1462	1894	4392	6087	10034	11662	14908	20836	22820	33350
甘 肃	Gansu	257	493	547	1047	1274	1868	2383	3662	4737	5097	6912
青 海	Qinghai	65	117	79	228	368	264	538	527	502	619	1217
宁 夏	Ningxia	111	224	214	606	910	1081	613	844	1211	1424	1865
新 疆	Xinjiang	312	717	921	1493	1866	2562	2642	3439	4998	5238	8761
香 港	Hongkong	633	1285	1669	1892	2250	2601	2588	2619	2297	2867	2940
澳 门	Macao		13	3	23	15	34	19	26	93	55	142
台 湾	Taiwan	4041	8465	11811	17466	16155	18577	17327	16982	15832	14837	15654

7-3 国内有效专利数
Domestic Patents in Force

单位：件 (piece)

地 区	Region	2007	2008	2009	2010	2011	2012	2013	2014	2015
全 国	**National Total**	**622409**	**923797**	**1193110**	**1825403**	**2303015**	**3005023**	**3635929**	**4032362**	**4792356**
东部地区	Eastern Region	417907	631209	841515	1308739	1657851	2178907	2611289	2862063	3371430
中部地区	Middle Region	52530	80506	104881	168457	234200	319521	413120	484371	600824
西部地区	Western Region	58325	87808	111890	175264	211352	273288	349625	410598	522476
东北地区	Northeast Region	34907	49860	56245	79452	98956	127407	151376	161208	178805
北 京	Beijing	43584	55771	71076	100623	131255	170516	219243	274667	344916
天 津	Tianjin	10909	17319	20515	29672	38690	52338	68540	83628	103775
河 北	Hebei	11222	15776	18606	27472	33813	43358	54781	66529	86360
山 西	Shanxi	4125	6076	7921	11998	14764	19561	25037	29077	34009
内蒙古	Inner Mongolia	2727	3711	4188	5935	7162	8996	11421	13734	16799
辽 宁	Liaoning	18948	27614	31107	45241	54320	64019	74134	80089	90970
吉 林	Jilin	6199	8657	9619	13201	15594	18818	21926	24668	29046
黑龙江	Heilongjiang	9760	13589	15519	21010	29042	44570	55316	56451	58789
上 海	Shanghai	46547	66941	83235	126178	149202	173513	194496	218156	251157
江 苏	Jiangsu	53065	94372	154887	273249	371322	537180	616779	594186	674053
浙 江	Zhejiang	75298	121343	170474	268471	331703	449957	552681	597051	668889
安 徽	Anhui	6438	10447	16608	32460	60400	88326	119704	135785	162177
福 建	Fujian	16068	22976	28364	44116	58969	81267	107246	126232	162451
江 西	Jiangxi	3820	5706	7050	10931	14237	19663	26037	34458	51824
山 东	Shandong	37342	58482	71771	111295	139884	177511	206983	226424	270920
河 南	Henan	13324	20713	26917	39972	50785	67824	84420	99590	126381
湖 北	Hubei	12252	19931	25745	40580	50906	64719	82392	96682	119345
湖 南	Hunan	12571	17633	20640	32516	43108	59428	75530	88779	107088
广 东	Guangdong	123035	177144	221131	325566	400571	490159	586592	670131	802493
广 西	Guangxi	4256	6213	7421	10503	13149	16822	22038	28303	37215
海 南	Hainan	837	1085	1456	2097	2442	3108	3948	5059	6416
重 庆	Chongqing	11939	16361	20012	30947	41070	53383	66208	73780	94975
四 川	Sichuan	17197	29310	39415	66644	74455	94938	119531	135209	169203
贵 州	Guizhou	3691	5130	6241	8995	11240	15931	21835	27965	34909
云 南	Yunnan	4913	6608	8051	11363	13683	17483	21837	26736	34045
西 藏	Tibet	161	231	430	529	390	462	527	588	724
陕 西	Shaanxi	7305	11106	14828	24158	31544	41447	55310	66573	86053
甘 肃	Gansu	2159	3113	3657	5318	6728	9260	12459	15077	18580
青 海	Qinghai	320	559	656	857	1195	1502	1588	1946	2975
宁 夏	Ningxia	788	1336	1969	2790	2133	2493	3277	4221	5317
新 疆	Xinjiang	2869	4130	5022	7225	8603	10571	13594	16466	21681
香 港	Hongkong	6574	7862	8161	10071	10913	11326	11825	13578	14608
澳 门	Macao	29	44	51	84	95	104	176	236	360
台 湾	Taiwan	52137	66508	70367	83336	89648	94470	98518	100308	103853

7-4 国内、外三种专利申请受理数
Three Kinds of Applications for Patents Accepted

单位：件 (piece)

项目	Item	1995	2000	2005	2009	2010	2011	2012	2013	2014	2015
合 计	**Total**	**83045**	**170682**	**476264**	**976686**	**1222286**	**1633347**	**2050649**	**2377061**	**2361243**	**2798500**
1.发 明	Inventions	21636	51747	173327	314573	391177	526412	652777	825136	928177	1101864
国 内	Domestic	10018	25346	93485	229096	293066	415829	535313	704936	801135	968251
职 务	Official	2993	12609	62270	172181	223754	324224	428427	571073	648023	776117
大专院校	Universities and Colleges	574	1942	14643	37965	48294	63028	75688	98509	111993	133645
科研单位	Research Institutions	865	2228	6726	14332	18254	25222	29518	36582	39625	44545
企 业	Industrial and Mineral Enterprises	1086	8316	40196	118257	154581	231551	316414	426544	484747	582512
机关团体	Government Agencies and Organizations	468	123	705	1627	2625	4423	6807	9438	11658	15415
非职务	Non-official	7025	12737	31215	56915	69312	91605	106886	133863	153112	192134
国 外	Foreign	11618	26401	79842	85477	98111	110583	117464	120200	127042	133613
职 务	Official	11045	25334	77575	82647	95517	107899	114700	117654	124362	130838
非职务	Non-official	573	1067	2267	2830	2594	2684	2764	2546	2680	2775
2.实用新型	Utility Models	43741	68815	139566	310771	409836	585467	740290	892362	868511	1127577
国 内	Domestic	43429	68461	138085	308861	407238	581303	734437	885226	861053	1119714
职 务	Official	8727	17792	46879	169413	242479	387591	512203	633446	653904	858743
大专院校	Universities and Colleges	771	965	3843	13764	18223	32641	39999	55997	60369	89077
科研单位	Research Institutions	1376	1616	2661	6022	7474	10512	12786	14360	15044	18830
企 业	Industrial and Mineral Enterprises	4739	14912	39649	147618	212081	336298	450002	551056	565757	730865
机关团体	Government Agencies and Organizations	1841	299	726	2009	4701	8140	9416	12033	12734	19971
非职务	Non-official	34702	50669	91206	139448	164759	193712	222234	251780	207149	260971
国 外	Foreign	312	354	1481	1910	2598	4164	5853	7136	7458	7863
职 务	Official	190	259	1171	1612	2248	3772	5482	6666	6985	7323
非职务	Non-official	122	95	310	298	350	392	371	470	473	540
3.外观设计	Designs	17668	50120	163371	351342	421273	521468	657582	659563	564555	569059
国 内	Domestic	15433	46532	151587	339654	409124	507538	642401	644398	548428	551481
职 务	Official	8193	22974	49733	141457	192337	250529	352686	350551	271127	268214
大专院校	Universities and Colleges	18	17	1435	9850	12815	14467	16961	13150	11607	12440
科研单位	Research Institutions	104	278	359	917	1234	2176	2815	2090	1192	1101
企 业	Industrial and Mineral Enterprises	6031	22634	47552	128424	173338	231586	330804	332458	255962	252374
机关团体	Government Agencies and Organizations	2040	45	387	2266	4950	2300	2106	2853	2366	2299
非职务	Non-official	7240	23558	101854	198197	216787	257009	289715	293847	277301	283267
国 外	Foreign	2235	3588	11784	11688	12149	13930	15181	15165	16127	17578
职 务	Official	2013	3432	11230	10972	11535	13315	14456	14289	15183	16637
非职务	Non-official	222	156	554	716	614	615	725	876	944	941

7-5 国内、外三种专利申请授权数
Three Kinds of Patents Granted

单位：件 (piece)

项　目	Item	1995	2000	2005	2009	2010	2011	2012	2013	2014	2015
合　计	**Total**	**45064**	**105345**	**214003**	**581992**	**814825**	**960513**	**1255138**	**1313000**	**1302687**	**1718192**
1.发　明	Inventions	3393	12683	53305	128489	135110	172113	217105	207688	233228	359316
国　内	Domestic	1530	6177	20705	65391	79767	112347	143847	143535	162680	263436
职　务	Official	932	2824	14761	52265	66149	95069	125954	126860	146172	238818
大专院校	Universities and Colleges	258	652	4453	14391	19036	26616	33821	33309	38317	57196
科研单位	Research Institutions	304	910	2423	5299	6557	9238	11248	12284	13573	19243
企　业	Industrial and Mineral Enterprises	205	1016	7712	32160	40049	58364	78651	79439	91874	158620
机关团体	Government Agencies and Organizations	165	246	173	415	507	851	2234	1828	2408	3759
非职务	Non-official	598	3353	5944	13126	13618	17278	17893	16675	16508	24618
国　外	Foreign	1863	6506	32600	63098	55343	59766	73258	64153	70548	95880
职　务	Official	1748	6222	31555	61422	54169	58541	71871	62991	69301	94325
非职务	Non-official	115	284	1045	1676	1174	1225	1387	1162	1247	1555
2.实用新型	Utility Models	30471	54743	79349	203802	344472	408110	571175	692845	707883	876217
国　内	Domestic	30195	54407	78137	202113	342256	405086	566750	686208	699971	868734
职　务	Official	6766	15519	29191	110625	209275	271345	410763	512203	564055	687372
大专院校	Universities and Colleges	623	868	2391	9166	16002	21190	33389	43085	47600	68827
科研单位	Research Institutions	1025	1529	1599	4503	7074	8016	7754	11319	12238	13680
企　业	Industrial and Mineral Enterprises	2627	12821	24743	95407	183289	236959	359990	451662	497268	592771
机关团体	Government Agencies and Organizations	2491	301	458	1549	2910	5180	9630	6137	6949	12094
非职务	Non-official	23429	38888	48946	91488	132981	133741	155987	174005	135916	181362
国　外	Foreign	276	336	1212	1689	2216	3024	4425	6637	7912	7483
职　务	Official	154	261	1011	1400	1903	2662	4085	6233	7451	7030
非职务	Non-official	122	75	201	289	313	362	340	404	461	453
3.外观设计	Designs	11200	37919	81349	249701	335243	380290	466858	412467	361576	482659
国　内	Domestic	9523	34652	72777	234282	318597	366428	452629	398670	346751	464807
职　务	Official	5344	17789	27566	99332	146407	192958	262217	233534	189210	249538
大专院校	Universities and Colleges	10	28	555	4390	8115	8678	10073	8644	6571	10311
科研单位	Research Institutions	156	248	170	467	637	523	850	1275	769	728
企　业	Industrial and Mineral Enterprises	2554	17482	26658	90754	135680	179464	246879	221575	181188	237326
机关团体	Government Agencies and Organizations	2624	31	183	3721	1975	4293	4415	2040	682	1173
非职务	Non-official	4179	16863	45211	134950	172190	173470	190412	165136	157541	215269
国　外	Foreign	1677	3267	8572	15419	16646	13862	14229	13797	14825	17852
职　务	Official	1402	3108	8254	14852	15851	13250	13608	13116	14021	16878
非职务	Non-official	275	159	318	567	795	612	621	681	804	974

7-6 国内、外三种专利有效数
Three Kinds of Patents in Force

单位：件 (piece)

项　目	Item	2008	2009	2010	2011	2012	2013	2014	2015
合　计	**Total**	**1195196**	**1520023**	**2216082**	**2739906**	**3508561**	**4195139**	**4642506**	**5477625**
1.发　明	Inventions	337215	438036	564760	696939	875385	1033908	1196497	1472374
国　内	Domestic	127596	180042	257893	351288	473187	586493	708690	921757
职　务	Official	98796	144298	209559	291541	411470	519589	638148	839551
大专院校	Universities and Colleges	25130	35413	53144	73320	96707	116337	136613	173683
科研单位	Research Institutions	14004	16507	22976	30545	37639	46734	56274	70403
企　业	Industrial and Mineral Enterprises	58768	91237	131794	185357	274038	351500	438221	585404
机关团体	Government Agencies and Organizations	894	1141	1645	2319	3086	5018	7040	10061
非职务	Non-official	28800	35744	48334	59747	61717	66904	70542	82206
国　外	Foreign	209619	257994	306867	345651	402198	447415	487807	550617
职　务	Official	204080	252620	300476	338645	394757	439619	479685	541889
非职务	Non-official	5539	5374	6391	7006	7441	7796	8122	8728
2.实用新型	Utility Models	469729	565804	857968	1120596	1501044	1936789	2291326	2732554
国　内	Domestic	463342	558791	849454	1109958	1486839	1917122	2265224	2700833
职　务	Official	231457	309630	501555	717902	1074312	1461587	1828413	2238950
大专院校	Universities and Colleges	13863	16363	30255	42079	63650	84984	103344	135785
科研单位	Research Institutions	11864	14219	20702	26090	26839	33400	39225	44899
企　业	Industrial and Mineral Enterprises	203110	274357	444655	639741	973122	1329876	1669822	2034725
机关团体	Government Agencies and Organizations	2620	4691	5943	9992	10701	13327	16022	23541
非职务	Non-official	231885	249161	347899	392056	412527	455535	436811	461883
国　外	Foreign	6387	7013	8514	10638	14205	19667	26102	31721
职　务	Official	5439	5994	7276	9254	12807	18124	24378	29881
非职务	Non-official	948	1019	1238	1384	1398	1543	1724	1840
3.外观设计	Designs	388252	516183	793354	922371	1132132	1224442	1154683	1272697
国　内	Domestic	332859	454277	718056	841769	1044997	1132314	1058448	1169766
职　务	Official	141996	199973	327916	427350	589620	672339	626252	680400
大专院校	Universities and Colleges	2325	5726	12783	13912	17161	19289	16284	18486
科研单位	Research Institutions	775	986	1584	1696	2671	3395	2744	2532
企　业	Industrial and Mineral Enterprises	136885	189563	308031	403960	564716	646281	605410	657156
机关团体	Government Agencies and Organizations	2011	3698	5518	7782	5072	3374	1814	2226
非职务	Non-official	190863	254304	390140	414419	455377	459975	432196	489366
国　外	Foreign	55393	61906	75298	80602	87135	92128	96235	102931
职　务	Official	53880	60306	73046	78070	84519	89259	93063	99292
非职务	Non-official	1513	1600	2252	2532	2616	2869	3172	3639

7-7 国内三种专利申请受理数按地区分布(2015年)
Three Kinds of Domestic Patent Applications Accepted by Region (2015)

单位：件 (piece)

地 区	Region	合 计 Total	发 明 Invention	实用新型 Utility Model	外观设计 Design
全 国	**National Total**	**2639446**	**968251**	**1119714**	**551481**
东部地区	Eastern Region	1751374	614247	738372	398755
中部地区	Middle Region	382707	150757	178185	53765
西部地区	Western Region	391038	152138	150698	88202
东北地区	Northeast Region	91564	40149	43813	7602
北 京	Beijing	156312	88930	53243	14139
天 津	Tianjin	79963	28510	46845	4608
河 北	Hebei	44060	11259	24646	8155
山 西	Shanxi	14948	5680	7911	1357
内 蒙 古	Inner Mongolia	8876	2254	5609	1013
辽 宁	Liaoning	42153	19332	19554	3267
吉 林	Jilin	14800	6154	7345	1301
黑 龙 江	Heilongjiang	34611	14663	16914	3034
上 海	Shanghai	100006	46976	41736	11294
江 苏	Jiangsu	428337	154608	154281	119448
浙 江	Zhejiang	307264	67674	150172	89418
安 徽	Anhui	127709	68314	51559	7836
福 建	Fujian	83146	17663	44339	21144
江 西	Jiangxi	36936	5722	18620	12594
山 东	Shandong	193220	93475	85872	13873
河 南	Henan	74373	21338	40778	12257
湖 北	Hubei	74240	30204	35676	8360
湖 南	Hunan	54501	19499	23641	11361
广 东	Guangdong	355939	103941	135717	116281
广 西	Guangxi	43696	30815	9740	3141
海 南	Hainan	3127	1211	1521	395
重 庆	Chongqing	82791	35086	38533	9172
四 川	Sichuan	110746	40437	41859	28450
贵 州	Guizhou	18295	7538	8317	2440
云 南	Yunnan	17603	6301	9147	2155
西 藏	Tibet	309	128	90	91
陕 西	Shaanxi	74904	17322	21449	36133
甘 肃	Gansu	14584	5504	6825	2255
青 海	Qinghai	2590	1103	1184	303
宁 夏	Ningxia	4394	2626	1591	177
新 疆	Xinjiang	12250	3024	6354	2872
香 港	Hongkong	3319	1001	881	1437
澳 门	Macao	213	26	35	152
台 湾	Taiwan	19231	9933	7730	1568

7-8 国内三种专利申请授权数按地区分布(2015年)
Three Kinds of Domestic Patent Applications Granted by Region (2015)

单位：件 (piece)

地区	Region	合计 Total	发明 Invention	实用新型 Utility Model	外观设计 Design
全国	**National Total**	**1596977**	**263436**	**868734**	**464807**
东部地区	Eastern Region	1110358	177238	579735	353385
中部地区	Middle Region	213842	35177	136896	41769
西部地区	Western Region	201038	31152	109839	60047
东北地区	Northeast Region	53003	12833	33846	6324
北京	Beijing	94031	35308	45773	12950
天津	Tianjin	37342	4624	28486	4232
河北	Hebei	30130	3840	19103	7187
山西	Shanxi	10020	2432	6037	1551
内蒙古	Inner Mongolia	5522	797	3757	968
辽宁	Liaoning	25182	6569	15706	2907
吉林	Jilin	8878	2240	5638	1000
黑龙江	Heilongjiang	18943	4024	12502	2417
上海	Shanghai	60623	17601	33131	9891
江苏	Jiangsu	250290	36015	119513	94762
浙江	Zhejiang	234983	23345	124465	87173
安徽	Anhui	59039	11180	41094	6765
福建	Fujian	61621	5730	34086	21805
江西	Jiangxi	24161	1639	13408	9114
山东	Shandong	98101	16881	68776	12444
河南	Henan	47766	5384	32592	9790
湖北	Hubei	38781	7766	25298	5717
湖南	Hunan	34075	6776	18467	8832
广东	Guangdong	241176	33477	105254	102445
广西	Guangxi	13573	4017	7091	2465
海南	Hainan	2061	417	1148	496
重庆	Chongqing	38914	3964	25444	9506
四川	Sichuan	64953	9105	31420	24428
贵州	Guizhou	14115	1501	7007	5607
云南	Yunnan	11658	2079	7437	2142
西藏	Tibet	198	40	51	107
陕西	Shaanxi	33350	6812	16151	10387
甘肃	Gansu	6912	1238	4478	1196
青海	Qinghai	1217	207	687	323
宁夏	Ningxia	1865	442	1267	156
新疆	Xinjiang	8761	950	5049	2762
香港	Hongkong	2940	621	802	1517
澳门	Macao	142	17	20	105
台湾	Taiwan	15654	6398	7596	1660

7-9 国内三种专利有效数按地区分布(2015年)
Three Kinds of Domestic Patents in Force by Region (2015)

单位：件 (piece)

地区	Region	合计 Total	发明 Invention	实用新型 Utility Model	外观设计 Design
全国	**National Total**	**4792356**	**921757**	**2700833**	**1169766**
东部地区	Eastern Region	3371430	624486	1838024	908920
中部地区	Middle Region	600824	104253	395210	101361
西部地区	Western Region	522476	98966	300947	122563
东北地区	Northeast Region	178805	43902	113610	21293
北京	Beijing	344916	133040	175610	36266
天津	Tianjin	103775	18493	73557	11725
河北	Hebei	86360	12279	57744	16337
山西	Shanxi	34009	8104	21773	4132
内蒙古	Inner Mongolia	16799	3051	10769	2979
辽宁	Liaoning	90970	23242	58904	8824
吉林	Jilin	29046	7705	17693	3648
黑龙江	Heilongjiang	58789	12955	37013	8821
上海	Shanghai	251157	69982	144098	37077
江苏	Jiangsu	674053	113160	370168	190725
浙江	Zhejiang	668889	70981	363027	234881
安徽	Anhui	162177	26075	114736	21366
福建	Fujian	162451	17868	93335	51248
江西	Jiangxi	51824	5322	29514	16988
山东	Shandong	270920	47694	186544	36682
河南	Henan	126381	17571	87001	21809
湖北	Hubei	119345	24998	79125	15222
湖南	Hunan	107088	22183	63061	21844
广东	Guangdong	802493	138878	370988	292627
广西	Guangxi	37215	9418	20921	6876
海南	Hainan	6416	2111	2953	1352
重庆	Chongqing	94975	12810	59821	22344
四川	Sichuan	169203	28723	90146	50334
贵州	Guizhou	34909	5428	19428	10053
云南	Yunnan	34045	7608	20543	5894
西藏	Tibet	724	298	161	265
陕西	Shaanxi	86053	22662	48040	15351
甘肃	Gansu	18580	4093	12013	2474
青海	Qinghai	2975	655	1557	763
宁夏	Ningxia	5317	1148	3612	557
新疆	Xinjiang	21681	3072	13936	4673
香港	Hongkong	14608	3948	3874	6786
澳门	Macao	360	73	127	160
台湾	Taiwan	103853	46129	49041	8683

7-10 按国别(地区)分国外三种专利申请受理
Three Kinds of Foregin Patent Applications Accepted by Country (Area)

单位：件 (piece)

国家(地区)	Country (Area)	合计 Total	发明 Invention	实用新型 Utility Model	外观设计 Design
总 计	**Total**	**159054**	**133613**	**7863**	**17578**
安道尔	Andorra				
阿根廷	Argentina	21	17	1	3
奥地利	Austria	1070	982	26	62
澳大利亚	Australia	888	635	70	183
巴哈马	Bahamas				
巴巴多斯	Barbados	135	116	1	18
比利时	Belgium	745	638	29	78
伯利兹	Belize	22	7	14	1
百慕大群岛	Bermuda	102	97	4	1
巴 西	Brazil	170	134	6	30
保加利亚	Bulgaria	13	9		4
加拿大	Canada	1153	1025	46	82
开曼群岛	Cayman Islands	3416	2961	36	419
智 利	Chile	22	22		
哥伦比亚	Colombia	8	8		
克罗地亚	Croatia	4	3		1
古 巴	Cuba	12	12		
塞浦路斯	Cyprus	23	17	4	2
捷 克	Czech Republic	153	41	11	101
朝 鲜	North Korea				
丹 麦	Denmark	1012	845	32	135
埃 及	Egypt	5	5		
芬 兰	Finland	1225	1041	68	116
法 国	France	5654	4702	289	663
德 国	Germany	16245	13851	771	1623
直布罗陀	Gibraltar	4		1	3
希 腊	Greece	42	18	1	23
匈牙利	Hungary	48	43	3	2
冰 岛	Iceland	11	10	1	
印 度	India	280	235	9	36
印度尼西亚	Indonesia	12	9		3
伊 朗	Iran	14			14
爱尔兰	Ireland	204	189	6	9
以色列	Israel	777	700	33	44
意大利	Italy	2116	1430	137	549
日 本	Japan	46606	40078	2701	3827
哈萨克斯坦	Kazakhstan	4	4		
吉尔吉斯斯坦	kyrgyzstan				
拉托维亚	Latvia	5	4		1

7-10 续表 continued

单位：件 (piece)

国 家(地区)	Country (Area)	合 计 Total	发 明 Invention	实用新型 Utility Model	外观设计 Design
列支敦士登	Liechtenstein	154	114	3	37
卢森堡	Luxembourg	313	231	19	63
马来西亚	Malaysia	135	92	14	29
马耳他	Malta	48	39	6	3
毛里求斯	Mauritius	5	3		2
墨西哥	Mexico	85	52	3	30
摩纳哥	Monaco	18	15	2	1
荷 兰	Netherlands	3395	3032	111	252
荷属安的列斯群岛	Netherlands Antilles				
新西兰	New Zealand	215	164	10	41
挪 威	Norway	257	224	7	26
巴拿马	Panama	11	1	3	7
菲律宾	Philippines	32	23	6	3
波 兰	Poland	89	81	2	6
葡萄牙	Portugal	32	28		4
韩 国	South Korea	16397	12907	672	2818
罗马尼亚	Romania	1		1	
俄罗斯联邦	Russian Federation	197	148	24	25
萨摩亚	Samoa	28	18	7	3
沙特阿拉伯	Saudi Arabia	154	152	1	1
塞舌尔	Seychelles				
新加坡	Singapore	875	714	93	68
斯洛伐克	Slovakia	16	11		5
斯洛文尼亚	Slovenia	29	22		7
南 非	South Africa	87	68	5	14
西班牙	Spain	515	342	34	139
瑞 典	Sweden	2211	1948	53	210
瑞 士	Switzcrland	4438	3432	166	840
泰 国	Thailand	41	20	5	16
突尼斯	Tunis	2	2		
土耳其	Turkey	126	82	8	36
乌克兰	Ukraine	14	13	1	
越 南	Viet Nam	11	2	1	8
阿拉伯联合酋长国	United Arab Emirates				
英 国	United Kingdom	3032	2221	115	696
美 国	United States of America	43278	37216	2110	3952
维尔京群岛	Virgin Islands, British	318	174	58	86
其 他	Others	214	125	21	68

7-11 按国别(地区)分国外三种专利授权
Three Kinds of Foregin Patents Granted by Country (Area)

单位：件 (piece)

国家(地区)	Country (Area)	合计 Total	发明 Invention	实用新型 Utility Model	外观设计 Design
总计	**Total**	**121215**	**95880**	**7483**	**17852**
安道尔	Andorra	1		1	
阿根廷	Argentina	9	6		3
奥地利	Austria	786	690	26	70
澳大利亚	Australia	766	458	71	237
巴哈马	Bahamas				
巴巴多斯	Barbados	128	107		21
比利时	Belgium	612	499	23	90
伯利兹	Belize	12		11	1
百慕大群岛	Bermuda	50	34	8	8
巴　西	Brazil	156	88	8	60
保加利亚	Bulgaria	5	3	1	1
加拿大	Canada	874	731	46	97
开曼群岛	Cayman Islands	724	318	32	374
智　利	Chile	15	14		1
哥伦比亚	Colombia	4	4		
克罗地亚	Croatia				
古　巴	Cuba	7	7		
塞浦路斯	Cyprus	13	9	3	1
捷　克	Czech Republic	124	14	12	98
朝　鲜	North Korea	1		1	
丹　麦	Denmark	821	636	38	147
埃　及	Egypt				
芬　兰	Finland	1027	852	59	116
法　国	France	4441	3503	274	664
德　国	Germany	13192	10533	920	1739
直布罗陀	Gibraltar	5	2	1	2
希　腊	Greece	30	16		14
匈牙利	Hungary	25	22	2	1
冰　岛	Iceland	10	9		1
印　度	India	241	198	9	34
印度尼西亚	Indonesia	8	3		5
伊　朗	Iran	14			14
爱尔兰	Ireland	191	171	7	13
以色列	Israel	453	365	33	55
意大利	Italy	1769	1156	74	539
日　本	Japan	43435	36418	2799	4218
哈萨克斯坦	Kazakhstan	1	1		
吉尔吉斯斯坦	kyrgyzstan				
拉托维亚	Latvia	7	5		2

7-11 续表 continued

单位：件 (piece)

国家(地区)	Country (Area)	合计 Total	发明 Invention	实用新型 Utility Model	外观设计 Design
列支敦士登	Liechtenstein	125	89	1	35
卢森堡	Luxembourg	233	142	20	71
马来西亚	Malaysia	127	53	14	60
马耳他	Malta	9	9		
毛里求斯	Mauritius	10	7		3
墨西哥	Mexico	110	31		79
摩纳哥	Monaco	5	3	1	1
荷兰	Netherlands	2658	2284	86	288
荷属安的列斯群岛	Netherlands Antilles				
新西兰	New Zealand	131	73	13	45
挪威	Norway	238	202	4	32
巴拿马	Panama	7	2	1	4
菲律宾	Philippines	13	9	1	3
波兰	Poland	44	36	1	7
葡萄牙	Portugal	32	21		11
韩国	South Korea	9421	6262	470	2689
罗马尼亚	Romania	2		1	1
俄罗斯联邦	Russian Federation	153	89	32	32
萨摩亚	Samoa	21	7	10	4
沙特阿拉伯	Saudi Arabia	59	55	3	1
塞舌尔	Seychelles				
新加坡	Singapore	489	343	61	85
斯洛伐克	Slovakia	9	6		3
斯洛文尼亚	Slovenia	31	25		6
南非	South Africa	79	61	5	13
西班牙	Spain	414	234	32	148
瑞典	Sweden	1777	1495	49	233
瑞士	Switzerland	3424	2580	185	659
泰国	Thailand	27	17	3	7
突尼斯	Tunis				
土耳其	Turkey	112	61	7	44
乌克兰	Ukraine	12	8	2	2
越南	Viet Nam	6	3		3
阿拉伯联合酋长国	United Arab Emirates				
英国	United Kingdom	2191	1414	102	675
美国	United States of America	28842	23157	1844	3841
维尔京群岛	Virgin Islands, British	241	149	54	38
其他	Others	164	75	22	67

7-12 按国别(地区)分国外三种专利有效数
Three Kinds of Foregin Patents in Force by Country (Area)

单位：件 (piece)

国家(地区)	Country (Area)	合计 Total	发明 Invention	实用新型 Utility Model	外观设计 Design
总 计	**Total**	**685269**	**550617**	**31721**	**102931**
安道尔	Andorra	8	6	1	1
阿根廷	Argentina	30	23	3	4
奥地利	Austria	3432	2769	179	484
澳大利亚	Australia	3907	2361	244	1302
巴哈马	Bahamas				
巴巴多斯	Barbados	512	447	2	63
比利时	Belgium	3318	2806	89	423
伯利兹	Belize	45	4	31	10
百慕大群岛	Bermuda	460	308	65	87
巴 西	Brazil	742	391	56	295
保加利亚	Bulgaria	25	17	3	5
加拿大	Canada	5595	4425	221	949
开曼群岛	Cayman Islands	2499	1538	271	690
智 利	Chile	52	48	2	2
哥伦比亚	Colombia	23	17	2	4
克罗地亚	Croatia	8	7	1	
古 巴	Cuba	72	72		
塞浦路斯	Cyprus	83	59	7	17
捷 克	Czech Republic	510	111	52	347
朝 鲜	North Korea	4	2	2	
丹 麦	Denmark	4383	3297	128	958
埃 及	Egypt	9	4		5
芬 兰	Finland	6602	5462	308	832
法 国	France	25440	20237	1105	4098
德 国	Germany	66854	52764	3231	10859
直布罗陀	Gibraltar	21	17	1	3
希 腊	Greece	115	72	1	42
匈牙利	Hungary	166	140	8	18
冰 岛	Iceland	101	100		1
印 度	India	865	720	31	114
印度尼西亚	Indonesia	60	17	7	36
伊 朗	Iran	20	3	2	15
爱尔兰	Ireland	929	829	30	70
以色列	Israel	2025	1501	184	340
意大利	Italy	10354	6678	341	3335
日 本	Japan	267493	221854	12195	33444
哈萨克斯坦	Kazakhstan	14	10	4	
吉尔吉斯斯坦	kyrgyzstan	1	1		
拉托维亚	Latvia	29	21	2	6

7-12 续表 continued

单位：件 (piece)

国 家（地区）	Country (Area)	合 计 Total	发 明 Invention	实用新型 Utility Model	外观设计 Design
列支敦士登	Liechtenstein	584	400	2	182
卢森堡	Luxembourg	1483	1110	79	294
马来西亚	Malaysia	638	264	83	291
马耳他	Malta	65	61	1	3
毛里求斯	Mauritius	132	114	3	15
墨西哥	Mexico	343	225	5	113
摩纳哥	Monaco	46	39	1	6
荷 兰	Netherlands	17046	14602	342	2102
荷属安的列斯群岛	Netherlands Antilles				
新西兰	New Zealand	594	371	34	189
挪 威	Norway	1283	1081	29	173
巴拿马	Panama	172	142	3	27
菲律宾	Philippines	74	56	3	15
波 兰	Poland	218	118	11	89
葡萄牙	Portugal	111	77	1	33
韩 国	South Korea	54535	42312	1514	10709
罗马尼亚	Romania	4	2	2	
俄罗斯联邦	Russian Federation	662	394	129	139
萨摩亚	Samoa	323	186	102	35
沙特阿拉伯	Saudi Arabia	357	186	6	165
塞舌尔	Seychelles				
新加坡	Singapore	2370	1579	223	568
斯洛伐克	Slovakia	32	16	1	15
斯洛文尼亚	Slovenia	116	100	1	15
南 非	South Africa	480	406	14	60
西班牙	Spain	1934	1038	97	799
瑞 典	Sweden	11583	9597	313	1673
瑞 士	Switzerland	19314	14708	937	3669
泰 国	Thailand	218	58	26	134
突尼斯	Tunis	1	1		
土耳其	Turkey	505	228	45	232
乌克兰	Ukraine	43	22	13	8
越 南	Viet Nam	27	7	2	18
阿拉伯联合酋长国	United Arab Emirates				
英 国	United Kingdom	10892	7755	468	2669
美 国	United States of America	149545	122829	7968	18748
维尔京群岛	Virgin Islands, British	1964	959	363	642
其 他	Others	702	413	89	200

7-13 按国际专利标准分类的专利申请受理、授权和有效数(2015年)

Patents Applications Accepted, Granted and in Force by International Patent Classification (2015)

单位：件

项　目	Item	申　请 Application	授　权 Granted	有　效 in Force
合　计	**Total**	**2242370**	**1235531**	**4204925**
A部(人类生活需要)	**Section A: Human Necessities**	**428559**	**196288**	**566010**
农、林、牧、渔	Agriculture, Forestry, Animal Husbandry and Fishery	73958	35054	89703
烘烤、食用面团	Baking and Edible Doughs	5001	1803	4860
屠宰、加工	Butchering and Meat Treatment	1398	899	2294
食品、食物及处理	Foods and Foodstuffs and their Treatment	54744	13516	44105
烟类及用品	Tobacco, Cigars and Cigarettes	4486	2865	9520
服　装	Clothing	11844	5678	15690
帽类制品	Headwear	1687	820	2051
鞋　类	Footwear	5878	3702	10546
男用服饰用品、珠宝	Haberdashery and Jewelry	3087	2068	5543
手携及旅行用品	Hand or Traveling Articles	12209	6421	17110
刷类用品	Brushware	2033	1078	2820
家具、家庭日用品或设备	Furniture, Domestic Articles, and Appliance	74904	41193	111912
医学、兽医学、卫生学	Medical or Veterinary Science and Hygiene	153744	68063	212145
救生、消防	Life-saving and Fire-fighting	5662	3004	9744
运动、游戏、娱乐活动	Sports, Games and Recreation	16819	10124	27965
本部其他类目中不包括的技术主题	Subject Matter not Otherwise Provided for in this Section	1105		2
B部(作业、运输)	**Section B: Industrial and Transportation**	**561274**	**342711**	**1044688**
物理或化学的方法功能装置	Physical or Chemical Processes or Apparatus	64023	39034	118010
破碎、研磨、粉碎	Crushing,Pulverizing or Disintegrating	11663	6559	18099
分选、分离	Separation of Solid Materials, Electrostatic Separation	4256	2518	7929
离心装置、离心机	Centrifugal Apparatus or Machines	1608	1006	3608
喷射、雾化	Spraying or Atomizing in General	11467	7162	23502
机械振动的产生和传递	Generating or transmission of Mechanical Vibrations	307	206	715
固体分离、分选	Separating Solids from Solids Wastes	7794	4785	12310
清　洁	Cleaning	10748	6303	17925
固体废料的处理	Disposal of Solid Waste	2494	1390	3928
金属加工、冲裁	Mechanical Metal-working and Stamping	30013	19468	61157
铸造、粉末冶金	Casting and Powder Metallurgy	12525	7431	26008
机床、其他金属加工	Machine Tools	66938	39149	118308
磨削、抛光	Grinding and Polishing	13799	8331	26016
简单工具	Hand tools, Portable Power Tools and Workshop Equipment	23990	13970	38209
手工切割工具、切断	Hand Cutting Tools, Cutting and Servering	10811	6473	17110
木材加工、保存、钉钉机	Wood Preservation and Nailing or Stapling Machines	6084	3059	8892
加工水泥、粘土和石料	Cement, Clay or Stone	9042	5787	18175
塑料制品的加工	Working of Plastics	27657	16688	51949
压力机	Presses	3449	2318	7674
纸品制作、纸的加工	Paper Making and Processing Paper	2512	1678	5210
叠层产品	Layered Products	10068	6241	19815
印刷、打字机、印刷机	Pringting, Lining Machines, and Typewriters	9635	7097	26497
装订、图册、文件夹	Bookbinding, Albums, and Files	2339	1393	4230
绘图具、办公附属用品	Writing or Drawing Appliances	7558	4134	8598
装饰艺术	Decorative Arts	3191	1748	5403

注：1.本表只包含发明和实用新型专利。
2.分类指专利分类部门对每一件发明专利申请或实用新型专利申请的技术主题进行分类，给出完整的代表发明或实用新型的发明情报的分类号。

7-13 续表 1 continued

单位：件

项　　目	Item	申　请 Application	授　权 Granted	有　效 in Force
一般车辆	Vehicles in General	47530	29386	96562
铁　路	Railways	5130	3288	12257
无轨陆用车牌	Land Vehicles other than Rails	24339	14939	47589
船舶、船只，有关的设备	Ships and Related Equipment	6303	3655	11152
飞行器、航空、宇宙航行	Aircraft and Aviation	6320	3405	7808
输送、包装、存储、搬运	Conveying aand Packing Inflammatory Material	87555	54466	158334
卷扬、提升、牵引	Hoistng, Lifting, and Hauling	25733	16809	52773
液体的储运	Opening or Closing Bottles, Jars or Similar Containers	3643	2234	7066
鞍具、室内装璜	Saddlery and Upholstery	99	75	283
微观结构技术	Micro-Structural Technology	535	468	1154
超微技术	Nano-Technology	116	58	433
C部（化学、冶金）	**Section C: Chemistry and Metallurgy**	**223573**	**95342**	**374986**
无机化学	Inorganic Chemistry	10351	6192	23070
水、废污水、泥浆的处理	Treatment of Water, Waste Water, Sewage or Sludge	27851	14122	43057
玻璃、矿棉和渣棉	Glass, Mineral or Slag Wool	5759	3091	12496
水泥、陶瓷等、隔音材料	Cements, Concrete, Artificial Stone,Ceramics, Refractories	13957	4209	15693
肥料及制造	Fertilizers and Related Products	10534	2145	7068
炸药、火柴	Explosives and Matches	391	269	1169
有机化学	Organic Chemistry	26230	14214	59316
有机高分子化合物	Organic Macromolecular Compounds	29318	10579	49949
杂料、涂料、抛光剂等	Dyes, Paints, Polishes, Resins, and Adhesives	22115	6396	26232
石油、煤气及炼焦工业	Petroleum, Gas or Coke Industries,Inert Gases	10173	5290	20786
动植物油、脂类	Animal or Vegetable Oils, Fats	5291	1279	5318
生化、酒、醋、酶、遗传工程	Biochemistry, Beer, Spirits, Wine, Microbiology	27889	10220	42111
糖或淀粉工业	Sugar Industry	241	126	453
大小原皮、毛皮、皮革	Skins, Hides, Pelts, Leather	826	389	1234
黑色冶金	Metallurgy of Iron	6645	4015	17069
冶金学、合金或有色合金	Metallurgy, Ferrous or Non-ferrous Alloys	10327	4717	17876
金属加工涂料、防腐防锈	Coating Metallic Materials	8257	3971	16200
电解电泳方法及设备	Electrolytic or Electrophoretic Processes	5161	2840	10850
晶体生长	Crystal Growth	2148	1251	4943
组合技术	Combinatorial Technology	109	27	96
D部（纺织、造纸）	**Section D: Textiles and Papers Making**	**35645**	**20055**	**73860**
线、纤维、纺纱	Natural or Artificial Threads or Fibres, Spinning	6443	4044	15069
纺纱、整经或络经	Yarn, Mechanical Finishing of Yarns or Ropes	1680	876	3025
织　造	Weaving	2872	1677	6510
编带、花边、针织、整理	Braiding, Lacce-making, Knitting	2890	1779	8298
缝纫、绣花、簇绒	Sewing, Embroidering, Tufting	3240	2053	7601
织物等的处理、洗涤	Treatment of Textiles, Laundering	14517	7178	23394
绳、除电缆外的缆绳	Ropes, Cables other than Electric	556	304	1381
造纸、纤维素的生产	Paper-making, Production of Cellulose	3447	2144	8582
E部（固定建筑物）	**Section E: Fixed Constructions**	**132169**	**85466**	**268607**
道路、铁路和桥梁的建筑	Construction od Roads, Railways, or Bridges	15489	10503	30113
水利工程、基础、运土	Hydraulic Engineering, Foundations, Soil-shifting	16695	11658	33670

a) Invention and Utility Model only.

b) Classification refers to the patent classification department classify technology theme of every piece of invention and utility model and give each complete classification number.

7-13 续表 2 continued

单位：件

项 目	Item	申 请 Application	授 权 Granted	有 效 in Force
给水、排水	Water Supply, Sewerage	9107	5672	16344
建筑物	Building	43545	27675	85314
锁、钥匙、门窗、保险箱	Locks, Keys, Windows or Door Fittings,Safes	12288	7434	25837
一般门、窗、百叶窗、梯子	Doors, Windows, Shutters, or Roller Blinds in General,Ladders	12151	7272	22979
钻进、采矿	Well Drilling, Mining	22894	15252	54350
F部（机械工程）	**Section F: Mechanical Engineering**	**250474**	**156314**	**545373**
一般机器、发动机、蒸汽机	Machines or Engines in General,Engines Plants in General, Steam Engines	9344	6261	21903
内燃机等	Combustion Engines	11513	7561	30094
液力机械和其他发动机	Machines or Engines for Liquids	6263	3300	11784
液体变容机械、泵	Prositive-displacement Machines for Liquids	20206	13179	48619
液压调节器、液压技术	Fluid-pressure Ajustors,Hydraulic or Pneumatics in General	5814	3754	12593
工程元件或部件	Engineering Elements of Units	77647	48631	170205
气体或液体的储藏或分配	Storing or Distributing of Gases or Liquids	3369	2164	7823
照 明	Lighting	30873	19853	67981
蒸汽的产生	Steam Generation	2550	1651	5568
燃烧设备、燃烧技术	Combustion Apparatus,Combustion Processes	9538	6059	20569
采暖、炉灶、通风	Heating, Ranges, Ventilation	36834	20934	70220
制冷气体的液化和固化	Refrigeration or Cooling, Heat Pump System	12024	7224	26256
干 燥	Drying	8514	4968	13083
炉、窑、灶、罐	Furnaces, Kins, Ovens	6099	4275	15505
一般热交换	Heat Exchanges in General	6478	4133	16266
武 器	Weapons	1942	1240	3493
弹药、爆破	Ammunition, Blasting Caps	1466	1127	3411
G部（物理）	**Section G: Physics**	**321069**	**166175**	**607239**
测量、测试	Measurements,Testing	122124	74751	249864
光学技术	Optics	19371	12779	57694
照相术、电影术、电刻术	Photograpphy,Cinematography, Electrography	5969	4464	26591
测时技术	Horology	2267	1085	4170
控制、调节技术	Controlling, Regulating	27117	13258	40944
计算、推算、计数技术	Computing, Calculating, Counting	88849	28718	115227
核算装置	Checking Devices	9904	5512	17395
信号装置	Signaling	15973	7827	23519
教育、密码、显示、广告等	Education, Cryptography, Advertising, Seals	21278	12834	41862
乐器、声学	Musical Instruments, Acoustics	3374	1817	8469
信息的储存	Information Storage	3267	2181	17334
仪器的零部件	Instrument Details	209	112	961
核物理、核工程	Nuclear Physics, Nuclear Engineering	1367	837	3209
本部其他类目中不包括的技术主题	Subject Matter not Otherwise Provided for in this Section			
H部（电学）	**Section H: Electricity**	**289607**	**173178**	**724162**
基本电器元件	Basic Electric Elements	102065	65817	278720
电力的发电、变电或配电	Generation, Conversion, or Distribution of Electric Power	72905	44103	153256
基本电子电路	Basic Electronic Circuitry	7302	4411	20309
电信技术	Telecommunication Technique	84615	44206	216795
其他类不包括的电技术	Electric Technique not Otherwise Provided for	22720	14641	55082

7-14 国外主要检索工具收录我国论文总数及在世界上的位置
Number of Chinese Paper Taken by Major Foreign Referencing Systems and Precedence in the World

项　目　Item	1995	2000	2005	2007	2008	2009	2010	2011	2012	2013	2014
收录论文数(篇)											
Number of Papers Taken(piece)											
《Science Citation Index》	13134	30499	68226	89147	116677	127532	143769	165818	192761	232070	264522
《Engineering Index》	8109	13163	54362	75587	89377	97877	119374	127420	124382	163688	172914
《Conference Proceedings Citation Index-Science》	5152	6016	30786	43131	64824	54749	37780	52757	77518	68501	56642
位　次　Precedence											
《Science Citation Index》	15	8	5	3	2	2	2	2	2	2	2
《Engineering Index》	7	3	2	1	1	1	1	1	1	1	1
《Conference Proceedings Citation Index-Science》	10	8	5	2	2	2	2	2	2	2	2

注：为便于国际比较，本表数据统一使用各检索系统直接检索结果，未经逐一核对。
Note: For international comparison,data in this table refer to retrieval results using the retrieval systems without ticking off.

7-15 国外主要检索工具收录的我国科技人员在国内外期刊上发表论文数
Number of Papers by Chinese Scientists and Technicians Published in Domestic and Foreign Periodicals and Taken by Major Foreign Referencing System

单位：篇

项　目	Item	1995	2000	2005	2008	2009	2010	2011	2012	2013	2014
《Science Citation Index》收录合计	**Taken by SCI**	**7980**	**22608**	**63150**	**95506**	**108806**	**121026**	**136445**	**158615**	**192697**	**235139**
国内发表	Published in Domestic Periodicals	1087	9208	16669	20804	22229	25934	22988	22670	22125	24089
比重(%)	As % of Total	14	41	26.4	21.8	20.4	21.4	16.8	14.3	11.5	10.2
国外发表	Published in Foreign Periodicals	6893	13400	46481	74702	86577	95092	113457	135945	170572	211050
比重(%)	As % of Total	86	59	73.6	78.2	79.6	78.6	83.2	85.7	88.5	89.8
《Engineering Index》收录合计	**Taken by 《Engineering Index》**	**6791**	**13991**	**60301**	**85381**	**98115**	**119374**	**116343**	**116429**	**153717**	**163799**
国内发表	Published in Domestic Periodicals	3038	8293	35262	45686	46415	56578	54602	51146	54098	54866
比重(%)	As % of Total	45	59	58.5	53.5	47.3	47.4	46.9	43.9	35.2	33.5
国外发表	Published in Foreign Periodicals	3753	5698	25039	39695	51700	62796	61741	65283	99619	108933
比重(%)	As % of Total	55	41	41.5	46.5	52.7	52.6	53.1	56.1	64.8	66.5

注：表7-15至表7-19数据为逐一核对的第一作者单位在中国的论文数。
Note: Data from table 7-15 to 7-19 is the checked number of papers whose frist author belong to China.

7-16 国外主要检索工具收录我国科技论文按学科分布(2014年)
Chinese Scientific Papers Taken by Major Foreign Referencing System by Discipline (2014)

学　科	Discipline	篇数(篇) Pieces(piece)			位　次 Precedence		
		SCI	EI	CPCI-S	SCI	EI	CPCI-S
合　计	**Total**	**235139**	**163799**	**48224**			
数　学	Mathematics	9410	4415	18	8	14	27
力　学	Mechanics	2154	3804	296	19	16	17
信息、系统科学	Information, Systems Science	906	595	155	26	23	18
物理学	Physics	26520	11418	2305	3	5	7
化　学	Chemistry	41378	7253	1006	1	9	9
天文学	Astronomy	1324	214	20	23	28	26
地　学	Earth Science	8095	7462	8604	9	8	1
生物学	Biology	24885	12679	408	4	4	14
预防医学与卫生学	Protective Medicine	2441		6	17		31
基础医学	Basic Medicine	11589	431	971	6	26	10
药　学	Pharmacy	5949		112	11		20
临床医学	Clinic Medicine	31014		1855	2		8
中医学	Traditional Chinese Medicine	930			25		
军事医学与特种医学	Special Medicine	119		1	36		32
农　学	Agriculture	2732	273	136	16	27	19
林　学	Forestry	435			33		
畜牧、兽医科学	Livestock, Veterinary Medicine	848		23	27		25
水产学	Aquatic	765		24	28		24
测绘科学技术	Surveying & Mapping		1437			19	
材料科学	Material Science	17879	15997	7855	5	2	2
工程与技术基础学科	Engineering & Basic Technology Science	1854	1709		21	18	
矿山工程技术	Mining	408	532	374	34	24	15
能源科学技术	Energy	4486	6848	591	13	10	13
冶金、金属学	Metallurgy, Metallography	1966	5852	65	20	11	21
机械、仪表	Machinery, Instrument	3038	5599	12	15	12	29
动力与电气	Power & Electrical Engineering	260	9724	10	35	6	30
核科学技术	Nuclear Technology	710	435	39	29	25	22
电子、通讯与自动控制	Electronics,Communication & Automation	9781	15391	2934	7	3	4
计算技术	Computer	7490	9463	6966	10	7	3
化　工	Chemical Engineering	3329	667	2591	14	22	6
轻工、纺织	Light Industry & Textile Industry		97			29	
食　品	Food	2427	93	1	18	31	33
土木建筑	Civil Construction	1462	27354	2921	22	1	5
水　利	Water Conservancy	1092	2047	13	24	17	28
交通运输	Transportaiton	512	3934	923	32	15	11
航空航天	Aviation and Aerospace	654	1260		31	21	
环　境	Environment	5235	5262	370	12	13	16
安全科学技术	Security	91	96		38	30	
管　理	Management Science	697	1299	612	30	20	12
其　他	Others	274	159	6007	42	32	

7-17 国外主要检索工具收录我国科技论文按地区分布(2014年)

Chinese Scientific Papers Taken by Major Foreign Referencing System by Region (2014)

地区	Region	篇数(篇) Pieces(piece)			位次 Precedence		
		SCI	EI	CPCI-S	SCI	EI	CPCI-S
全国	**National Total**	**235139**	**163799**	**48224**			
北京	Beijing	42777	29671	9448	1	1	1
天津	Tianjin	6745	4958	1400	12	13	15
河北	Hebei	2993	3237	1681	20	18	11
山西	Shanxi	2086	1767	280	23	22	25
内蒙古	Inner Mongolia	766	578	300	26	25	24
辽宁	Liaoning	9011	7034	2550	10	9	7
吉林	Jilin	6180	4769	1714	15	14	10
黑龙江	Heilongjiang	6361	5827	1513	14	12	13
上海	Shanghai	22210	11832	3092	3	3	3
江苏	Jiangsu	24329	15956	3561	2	2	2
浙江	Zhejiang	12599	8130	1679	5	6	12
安徽	Anhui	6693	4733	923	13	15	20
福建	Fujian	4686	3004	540	18	19	22
江西	Jiangxi	2219	1941	946	22	21	18
山东	Shandong	10308	6050	2289	8	11	8
河南	Henan	4791	3674	1107	17	16	16
湖北	Hubei	12267	8194	3009	6	5	4
湖南	Hunan	7769	6802	1456	11	10	14
广东	Guangdong	13566	8049	2698	4	7	5
广西	Guangxi	1745	859	472	24	24	23
海南	Hainan	475	134	64	28	28	28
重庆	Chongqing	5136	3643	945	16	17	19
四川	Sichuan	9793	7642	1986	9	8	9
贵州	Guizhou	684	347	213	27	27	26
云南	Yunnan	2349	1221	968	21	23	17
西藏	Tibet	16	4	10	31	31	31
陕西	Shaanxi	11392	10709	2582	7	4	6
甘肃	Gansu	3695	2311	576	19	20	21
青海	Qinghai	147	74	29	30	30	30
宁夏	Ningxia	189	100	56	29	29	29
新疆	Xinjiang	1162	549	137	25	26	27

7-18 2001-2014年《SCI》收录的我国科技论文的10年滚动被引用情况
Citation Impact of Chinese Scientific Papers in 10 Year over Lapping Taken in SCI

单位：篇

项　目	Item	2001-2010	2002-2011	2003-2012	2004-2013	2005-2014
收录论文数（A）	Number of Papers Taken by SCI	685528	803463	935439	1102007	1089964
被引用次数（B）	Citations times	3610501	5095534	6147148	8180753	8614382
论文影响（B/A）	Impact	5.27	6.34	6.57	7.42	7.90

7-19 中文科技期刊刊登的科技论文篇数按机构类型分类(2014年)
Scientific Papers Published in Chinese Science and Technology Periodicals by Type of Institutions (2014)

单位：篇 (piece)

项　目	Item	合　计 Total	高等院校 Universities	研究机构 Research Institutes	企　业 Enterprises	医　院 Hospital	其　他 Others
总　计	**Total**	**497849**	**320530**	**57600**	**23489**	**74269**	**21961**
基础学科	Basic Disciplines	53522	37632	10189	1224	420	4057
数　学	Mathematics	5889	5659	116	16	2	96
力　学	Mechanics	1982	1641	218	31	2	90
信息、系统	Information, System Science	436	406	21	1		8
物　理	Physics	5539	4440	933	44	2	120
化　学	Chemistry	11003	8091	1697	400	39	776
天　文	Astronomy	334	178	135	2		19
地　学	Earth Sciences	13975	6584	4186	606	5	2594
生　物	Biological Sciences	14364	10633	2883	124	370	354
医药卫生	Medical Care	198619	109519	11062	1048	70832	6158
农林牧渔	Agriculture, Forestry, Animal Husbandry and Fishery	32541	19485	9668	740	45	2603
工业技术	Manufacturing Technology	182694	131899	23902	19591	322	6980
其　他	Others	30473	21995	2779	886	2650	2163

7-20 重大科技成果
Major Research Results of Science and Technology

单位：项 (item)

项　　目	Item	2000	2005	2008	2009	2010	2011	2012	2013	2014	2015
合　　计	**Total**	**32858**	**32359**	**35971**	**38688**	**42108**	**44208**	**51723**	**52477**	**53140**	**55284**
按成果类别分组											
基础理论	Elementary Theory	2368	2129	3227	2997	3288	3083	5995	3918	5117	5115
应用技术	Applied Technology	28843	28559	30847	33905	37029	39218	43234	46456	46091	48363
软科学	Soft Science	1647	1671	1897	1786	1791	1907	2494	2103	1932	1806
按完成单位类型分组	**by Type of Performing Institutes**										
研究机构	Research Institutions	7859	6140	6047	6826	7141	6998	8244	8165	7170	9061
高等院校	Universities	6508	7469	7700	8498	8536	8288	9837	10193	10249	10235
企　业	Enterprises	10586	11525	13301	14345	16704	18064	20904	22688	22094	23650
其　他	Others	7905	7225	8923	9019	9727	10858	12738	11431	13627	12338
应用技术成果按行业分组	**by Industries**										
农林牧渔业	Farming, Forestry, Animal Husbandry and Fishery	4147	5123	5006	5169	5868	6170	7354	7311	7288	6970
采矿业	Mining	600	1004	1845	1225	1568	1594	1728	1731	1657	1251
制造业	Manufacturing	5334	5054	5836	6824	7526	8107	9683	10921	11241	12366
电力、热力、燃气及水的生产和供应业	Production and Distribution of Electricity,Gas and Water	1279	1274	1397	1522	2647	2635	2629	2712	2711	2702
建筑业	Construction	1189	1334	1296	1251	1376	1583	1760	1741	1739	1703
批发和零售业	Wholesale and Retail Trade	152	109	93	48	146	115	139	145	108	96
交通运输、仓储和邮政业	Traffic,Transport, Storage and Post	1963	1641	1499	1548	1704	1645	2154	2182	1790	1693
金融业	Finance	244	175	62	96	82	98	210	254	255	229
房地产业	Real Estate	176	72	43	30	52	36	65	90	54	76
科学研究和技术服务业	Scientific Research, Technical Service			4022	3968	4571	4783	2660	5568	6205	6651
水利、环境和公共设施管理业	Management of Water Conservancy, Environment and Public Establishment	580	655	1027	987	1077	1192	1467	1411	1413	1296
居民服务、修理和其他服务业	Resident Services and Other Services	404	407	167	296	187	187	275	282	152	164
卫生和社会工作	Sanitation and Social Works	6009	5834	6894	7155	7622	8369	9802	9002	8237	9541
文化、体育和娱乐业	Culture, Sports and Entertainment	456	253	241	304	342	309	498	375	168	183
公共管理、社会保障和社会组织	Public Management and Social Organization	501	649	327	375	423	561	618	544	635	568
其　他	Others	3655	741	1092	3107	1838	1834	2192	2187	2438	2874

7-21 国家级科技奖励
National Science and Technology Awards

单位：项 (item)

项　　目	Item	2000	2005	2007	2008	2009	2010	2011	2012	2013	2014	2015
合　计	**Total**	**292**	**321**	**352**	**348**	**374**	**356**	**384**	**337**	**323**	**327**	**302**
一、国家科学技术进步奖	**National S&T Advancement Award**	**250**	**236**	**255**	**254**	**282**	**273**	**283**	**212**	**188**	**202**	**187**
特　等	Special Grade			1	3	3	3	1	3	3	3	3
一　等	1st Class	22	18	19	26	17	31	20	22	24	26	17
二　等	2nd Class	228	218	235	225	262	239	262	187	161	173	167
二、国家技术发明奖	**National Invention Award**	**23**	**40**	**51**	**55**	**55**	**46**	**55**	**77**	**71**	**70**	**66**
一　等	1st Class		1	1	3	2	2	2	3	2	3	1
二　等	2nd Class	23	39	50	52	53	44	53	74	69	67	65
三、国家自然科学奖	**National Natural Science Award**	**15**	**38**	**39**	**34**	**28**	**30**	**36**	**41**	**54**	**46**	**42**
一　等	1st Class					1				1	1	1
二　等	2nd Class	15	38	39	34	27	30	36	41	53	45	41
四、国家最高科学技术奖	**National Supreme Award of Science and Technology**	**2**	**2**	**2**	**2**	**2**	**2**	**2**	**2**	**2**	**1**	
五、国际科学技术合作奖	**International Science and Technology Co-operation Award**	**2**	**5**	**5**	**3**	**7**	**5**	**8**	**5**	**8**	**8**	**7**

7-22 国家级科技奖励分布
Distribution of National Science and Technology Awards

单位：项 (item)

项　目	Item	2000	2005	2008	2009	2010	2011	2012	2013	2014	2015
一、国家科技进步奖	**National S&T Advancement Award**	**250**	**236**	**254**	**282**	**273**	**283**	**212**	**188**	**202**	**187**
按行业分组	**by Industries**										
工业交通	Manufacturing and Transportation	79	113	77	93	91	98	69	67	71	64
农林牧渔	Agriculture, Forestry, Animal Husbandry and Fishery	24	27	35	38	41	27	56	24	52	26
文教卫生	Education, Culture and Health Care	35	35	31	42	38	47	27	25	28	32
国防公安	National Defense and Public Security	71	61	72	60	59	65	50	51	48	46
其　他	Others	41		39	49	44	46	10	21	3	19
按隶属分组	**by Subordination**										
部　委	Ministries and Commissions	123	62	58	73	82	63	68	44	45	35
省市自治区	Province	51	79	85	106	98	102	54	56	68	69
其它单位	Others		31	39	43	58	53	40	37	41	37
军　口	Military System	76	64	72	60	35	65	50	51	48	46
二、国家发明奖	**National Invention Award**	**23**	**40**	**55**	**55**	**46**	**55**	**77**	**71**	**70**	**66**
按行业分组	**by Industries**										
工业交通	Manufacturing and Transportation	16	28	28	27	21	29	45	37	39	36
农林牧渔	Agriculture, Forestry, Animal Husbandry and Fishery	1	5	3	4	4	5	11	8	12	6
文教卫生	Education, Culture and Health Care	3	1	2	3	3	4	7	3	3	2
国防公安	National Defense and Public Security	2	6	18	16	13	14	14	16	16	16
其　他	Others	1		4	5	5	3		7		6
按隶属分组	**by Subordination**										
部　委	Ministries and Commissions	12	12	10	12	17	14	21	22	17	17
省市自治区	Province	9	15	15	15	15	21	24	17	21	18
其它单位	Others		6	12	12	9	6	18	16	16	15
军　口	Military System	2	7	18	16	5	14	14	16	16	16
三、获国家自然科学奖	**National Natural Sciences Award**	**15**	**38**	**34**	**28**	**30**	**36**	**41**	**54**	**46**	**42**
按学科分组	**by Disciplines**										
数　理	Maths & Physics	3	7	7	7	8	5	10	12	8	8
化　学	Chemistry	3	6	4	5	6	6	7	7	6	5
生物医学	Biol-medical	3	10	8	4	6	7	9	10	10	6
地　球	Earth Sciences	5	6	5	3	4	6	4	5	7	5
材料工程	Material Engineering	1	7	5	5	4	8	6	13	8	10
信　息	Information		2	5	4	2	4	5	7	7	8
其　他	Others										
按隶属分组	**by Subordination**										
部　委	Ministries and Commissions	11	17	22	12	10	22	27	27	21	12
省市自治区	Province	4	20	11	12	14	11	12	20	19	20
其它单位	Others						3	1	2	2	7
专家推荐	Expertise		1	1	4	6		1	5	4	3

7-23 商标注册申请及核准注册商标
Registration Application and Approved of Trademark

单位：件 (piece)

年 份	注册申请 Registration Application				核准注册 Registration Approved			
	国内 Domestic	国际 International	马德里 Madrid	合计 Total	国内 Domestic	国际 International	马德里 Madrid	合计 Total
1980				26177	15348	1297		16645
1981				23004	15707	2049		17756
1982	17000	1565		18565	12385	4672		17057
1983	19120	1687		20807	4293	2278		6571
1984	26487	3077		29564	13252	1518		14770
1985	43445	5798		49243	19584	2084		21668
1986	45031	5939		50970	26993	5126		32119
1987	40014	4055		44069	27687	4454		32141
1988	41683	5866		47549	25448	3604		29052
1989	43202	5209		48411	31810	4625		36435
1990	50853	4371	2048	57272	25966	4036	1269	31271
1991	59124	5885	2595	67604	34501	3523	2306	40330
1992	79837	8367	2591	90795	42710	4198	1180	48088
1993	107758	21014	3551	132323	42668	3999	2059	48726
1994	117186	20238	5193	142617	47482	7803	3016	58301
1995	144610	21442	6094	172146	59895	12591	19380	91866
1996	122057	22615	7132	151804	101178	15843	11407	128428
1997	118577	21676	8502	148755	188047	24958	10033	223038
1998	129394	18252	10037	157683	80095	14137	13478	107710
1999	140620	18883	11212	170715	96139	13896	12366	122401
2000	181717	24623	16837	223177	129441	16327	12807	158575
2001	229775	23234	17408	270417	167563	19017	16259	202839
2002	321034	37221	13681	371936	169904	23364	19265	212533
2003	405620	33912	12563	452095	206070	21188	15253	242511
2004	527591	44938	15396	587925	225394	25069	16156	266619
2005	593382	52166	18469	664017	218731	23792	16009	258532
2006	669276	56840	40203	766319	228814	25254	21573	275641
2007	604952	59714	43282	707948	215161	19159	29158	263478
2008	590525	60704	46890	698119	342498	31870	29101	403469
2009	741763	51966	36748	830477	737228	68471	31944	837643
2010	973460	67838	30889	1072187	1211428	108510	29299	1349237
2011	1273827	95831	47127	1416785	926330	66074	30294	1022698
2012	1502540	97190	48586	1648316	919951	58656	26290	1004897
2013	1733361	95177	53008	1881546	909541	59496	27687	996724
2014	2139973	93284	52101	2285358	1242840	86394	45870	1375104
2015	2658674	116687	60205	2835566	2077037	99852	49552	2226441
累 计	**16493468**	**1207264**	**612348**	**18362261**	**10866578**	**894314**	**493011**	**12253903**

7-24 各地区商标注册申请与注册(2015年)

Registration Application and Approved of Trademark by Region (2015)

单位：件 (piece)

地　区	Region	申请数 Applications	核准注册 Registrations Approved	1991-2015年核准注册商标 1991-2015 Registrations Approved	截至2015年底有效注册量 Registrations Effected by the end of 2014
全　国	**National Total**	**2658674**	**2077037**	**10620646**	**9204015**
东部地区	Eastern Region	1771277	1339341	7034163	6094481
中部地区	Middle Region	330627	266256	1246808	1093610
西部地区	Western Region	360451	294818	1386581	1223951
东北地区	Northeast Region	101212	76937	468268	379655
北　京	Beijing	302456	164964	794658	692204
天　津	Tianjin	28289	25896	141226	113580
河　北	Hebei	66580	56160	291283	240212
山　西	Shanxi	19380	18117	90558	77018
内蒙古	Inner Mongolia	20811	17074	92265	80139
辽　宁	Liaoning	45481	35367	227660	179505
吉　林	Jilin	24637	18308	102972	86541
黑龙江	Heilongjiang	31094	23262	137636	113609
上　海	Shanghai	207394	131545	621252	548362
江　苏	Jiangsu	155670	127553	745941	632187
浙　江	Zhejiang	231125	210905	1307762	1149703
安　徽	Anhui	60054	48570	216450	194580
福　建	Fujian	123930	107259	591366	523514
江　西	Jiangxi	38971	32036	148542	133264
山　东	Shandong	132613	109015	574778	493139
河　南	Henan	89253	70922	322899	285721
湖　北	Hubei	59331	45516	228272	194035
湖　南	Hunan	63638	51095	240087	208992
广　东	Guangdong	512877	395539	1915577	1659477
广　西	Guangxi	25338	18864	100018	84887
海　南	Hainan	10343	10505	50320	42103
重　庆	Chongqing	54040	51577	178715	197361
四　川	Sichuan	94289	75105	259823	324045
贵　州	Guizhou	22846	19352	248581	72482
云　南	Yunnan	46850	33271	115322	137285
西　藏	Tibet	3469	1769	71808	6217
陕　西	Shaanxi	45857	43672	115561	169201
甘　肃	Gansu	10112	8145	96990	34442
青　海	Qinghai	4091	3362	31306	15374
宁　夏	Ningxia	7443	4678	20099	19908
新　疆	Xinjiang	25305	17949	56093	82610
香　港	Hongkong	73756	80713	316471	279920
澳　门	Macao	1050	612	3621	3510
台　湾	Taiwan	20301	18360	164734	128888

7-25 集成电路布图设计登记申请和登记发证(2015年)
Registration Application and Registration Certification of Integrated Circuit Layout-design (2015)

单位：件 (piece)

地　区	Region	申请数 Application	发证数 Certification
总　计	**Total**	**2058**	**1800**
国　内	**Domestic**	**1976**	**1694**
东部地区	Eastern Region	1583	1361
中部地区	Middle Region	229	175
西部地区	Western Region	154	132
东北地区	Northeast Region	1	17
北　京	Beijing	176	166
天　津	Tianjin	21	9
河　北	Hebei	16	14
山　西	Shanxi	1	1
内蒙古	Inner Mongolia		
辽　宁	Liaoning		16
吉　林	Jilin	1	1
黑龙江	Heilongjiang		
上　海	Shanghai	552	466
江　苏	Jiangsu	238	210
浙　江	Zhejiang	211	153
安　徽	Anhui	109	102
福　建	Fujian	56	56
江　西	Jiangxi	32	16
山　东	Shandong	24	24
河　南	Henan	1	1
湖　北	Hubei	58	23
湖　南	Hunan	28	32
广　东	Guangdong	289	263
广　西	Guangxi	9	8
海　南	Hainan		
重　庆	Chongqing	22	17
四　川	Sichuan	61	57
贵　州	Guizhou		
云　南	Yunnan	1	1
西　藏	Tibet		
陕　西	Shanxi	61	49
甘　肃	Gansu		
青　海	Qinghai		
宁　夏	Ningxia		
新　疆	Xinjiang		
香　港	Hongkong	5	5
台　湾	Taiwan	4	4
国　外	**Abroad**	**82**	**106**
美　国	USA	81	106
开曼群岛	Cayman Islands	1	

7-26 农业植物新品种权申请和授权
Application and Granted of New Variety Rights of Agriculture Plants

单位：件 (piece)

项目	Item	1999-2015年累计 Grand Total from 1999 to 2015		2015年申请 Application in 2015
		申请 Application	授权 Granted	
合计	**Total**	**15552**	**6258**	**2069**
一、按单位性质分	**by Units**			
国内科研	Domestic Research	6466	3159	704
国内企业	Domestic Enterprises	6178	2023	990
国内教学	Domestic Education	1084	516	93
国内个人	Domestic Individuals	837	272	95
国外企业	Foreign Enterprises	893	268	161
国外个人	Foreign Individuals	57	10	19
国外教学	Foreign Education	27	9	6
国外科研	Foreign Research	10	1	1
二、按植物种类划分	**by Plant Species**			
大田作物	Field Crops	12928	5378	1675
蔬菜	Vegetables	972	327	172
花卉	Flowers	1061	387	120
果树	Fruit Tree	488	160	80
牧草	Pasture	15	1	2
其他	Others	88	5	20

7-27 农业植物新品种权申请和授权
Application and Granted of New Variety Rights of Agriculture Plants

单位：件 (piece)

地区	Region	1999-2015年累计 Grand Total from 1999 to 2015		2015年申请 Application in 2015
		申请 Application	授权 Granted	
总计	**Total**	**15552**	**6258**	**2069**
国内	**Domestic**	**14562**	**5970**	**1882**
东部地区	Eastern Region	6019	2266	901
中部地区	Middle Region	3308	1216	503
西部地区	Western Region	2878	1424	214
东北地区	Northeast Region	2325	1064	264
北京	Beijing	1573	388	361
天津	Tianjin	171	49	24
河北	Hebei	649	303	76
山西	Shanxi	174	80	38
内蒙古	Inner Mongolia	235	99	32
辽宁	Liaoning	591	334	55
吉林	Jilin	799	399	71
黑龙江	Heilongjiang	935	331	138
上海	Shanghai	276	94	45
江苏	Jiangsu	1037	482	99
浙江	Zhejiang	432	145	62
安徽	Anhui	828	191	138
福建	Fujian	340	136	60
江西	Jiangxi	124	70	6
山东	Shandong	1106	513	107
河南	Henan	1230	473	207
湖北	Hubei	340	147	33
湖南	Hunan	612	255	81
广东	Guangdong	380	132	59
广西	Guangxi	240	127	37
海南	Hainan	55	24	8
重庆	Chongqing	140	57	9
四川	Sichuan	980	574	55
贵州	Guizhou	175	95	8
云南	Yunnan	626	269	28
西藏	Tibet	5		
陕西	Shaanxi	171	77	17
甘肃	Gansu	101	39	10
青海	Qinghai	13	6	2
宁夏	Ningxia	34	14	4
新疆	Xinjiang	155	67	12
台湾	Taiwan	33		1
国外	**Abroad**	**989**	**288**	**186**
荷兰	Netherlands	356	135	38
美国	USA	301	60	75
韩国	Korea	88	37	2
日本	Japan	58	26	5
德国	Germany	33	10	4
比利时	Belgium	14	8	
法国	France	56		46
意大利	Italy	13	3	3
西班牙	Spain	13	5	
以色列	Israel	6		
澳大利亚	Australia	12	3	2
新西兰	New Zealand	16	1	2
南非	South Africa	1		
英国	England	2		
希腊	Greece	1		
爱尔兰	Ireland	1		
瑞士	Switzerland	17		9
智利	Chile	1		

7-28 按技术合同构成分全国技术市场成交合同数
Contract Deals in Domestic Technical Markets by Type of Contracts

单位：项 (item)

项 目	Item	2008	2009	2010	2011	2012	2013	2014	2015
合 计	**Total**	**226343**	**213752**	**229601**	**256428**	**282242**	**294929**	**297037**	**307132**
一、按合同类别分	**by Type of Technical Income**								
技术开发	Technology Development	80191	88025	105627	126420	150178	153959	148946	153433
委托开发	Commissioned Development	76044	83416	100093	120086	143302	146121	140662	144228
合作开发	Cooperated Development	4147	4609	5534	6334	6876	7838	8284	9205
技术转让	Technology Transfer	11932	13282	12377	11067	11858	11797	12499	12787
技术秘密转让	Technical Secrets Transfer	8723	9590	8529	6949	7364	7416	7277	6928
专利实施许可转让	Patent License Transfer	1918	2122	2004	2079	2175	2301	1961	1999
专利权转让	Patent Right Transfer	450	553	669	878	1007	1143	1454	1799
专利申请权转让	Patent Application Right Transfer	80	75	90	162	120	160	162	204
计算机软件著作权转让	Computer Software Copyright Transfer	309	384	437	488	818	381	1258	1216
集成电路布图设计专有权转让	Integrated Circuit Layout Design Exclusive Right Transfer	18	18	28	37	24	21	21	51
动、植物新品种权转让	New Species of Animals and Plants Patent Right Transfer	157	195	344	220	179	160	185	292
生物、医药新品种权转让	New Species of Biology and Medicine Patent Right Transfer	277	345	276	254	171	215	181	298
技术咨询	Technology Consultation	39344	29203	27714	31581	32582	32564	27911	33559
技术服务	Technology Service	94876	83242	83883	87360	87624	96609	107681	107353
一般性技术服务	Normal Technology Service	93404	82215	82972	86383	86640	95480	106312	105481
技术中介	Technology Intermediary	184	229	120	167	305	124	154	349
技术培训	Technology Training	1288	798	791	810	679	1005	1215	1523
二、按知识产权构成分	**by Intellectural Right**								
技术秘密	Technology Secrets	75353	71460	75362	84845	89506	88649	87700	86266
专利	Patent	4353	5331	4259	5565	6531	6951	7111	7805
发明专利	Invention	2333	3281	2565	3339	3997	4330	4662	4649
实用新型专利	Utility Model	1832	1784	1448	2104	2378	2384	2264	2962
外观设计专利	Design	188	266	246	122	156	237	185	194
计算机软件	Computer Software	32487	36744	42379	48226	55834	49107	48593	46931
动、植物新品种	New Species of Animals and Plants	454	607	1076	799	779	590	514	793
集成电路布图设计	IC Layout Design	615	605	573	1359	849	1828	447	685
生物、医药新品种	New Species of Biology and Medicine	2150	2661	2619	2575	2626	8747	1967	2401
未涉及知识产权	Others	110931	96344	103333	113059	126117	139057	150705	160547

7-28 续表 continued

单位：项 (item)

项　目	Item	2008	2009	2010	2011	2012	2013	2014	2015
三、按技术领域分	**by Technical Field**								
电子信息技术	IT Technology	75415	81129	88538	99241	118800	118496	119066	122538
航空航天技术	Aviation and Aerospace Technology	3299	3494	4168	4726	5500	6340	7440	10079
先进制造技术	Advanced Manufacture Technology	22658	19975	21135	20105	24753	25559	31534	32071
生物、医药和医疗器械技术	Biology,Medicine and Medical Machine Technology	13589	14684	15290	18635	19120	21094	21255	23549
新材料及其应用	Advanced Material and Aplication	8945	7937	9360	10872	12415	12859	10609	12442
新能源与高效节能	New Energy and Power Saving	20697	18961	22357	23071	21268	22246	19234	20894
环境保护与资源综合利用技术	Environment and Source Application Technology	26669	21407	20236	20880	21300	21707	18436	20887
核应用技术	Nuclear Application Technology	813	1023	885	913	1108	1059	806	404
农业技术	Agriculture Technology	5981	5669	6091	6699	9188	11766	12380	13126
现代交通	Modern Traffic	10614	9568	9118	10307	10147	10950	16160	11526
城市建设与社会发展	Urban Construction and Social Development	37663	29905	32423	40979	38643	42853	40117	39616
四、按社会经济目标分	**by Socail and Economic Objectives**								
农业、林业和渔业的发展	Farming,Forestry and Fishery	6964	6686	6917	7611	10405	13204	12820	13981
促进工业的发展	Industry	43283	37674	39285	43193	47393	24452	20188	28135
能源的生产和合理利用	Energy Production and Application	18143	16279	19351	19823	17916	24438	25249	19133
基础设施的发展	Infrastructure	17419	14581	14559	19723	22254	24289	23358	20477
环境治理与保护	Environmental Harness and Protection	19217	15136	14892	15127	14631	19554	17964	18575
卫生(不包括污染)	Sanitation (Excluding Pollution)	8518	8153	7827	9623	8732	14666	13076	16306
社会发展和社会服务	Social Development and Social Service	57324	54530	59128	68879	85012	96913	106158	111019
地球和大气层的探索与利用	Earth and Atmosphere Exploration and Utility	832	569	661	638	798	2516	4080	421
知识的发展	Science Development	4976	5233	5510	7007	7402	6500	7237	7191
民用空间	Civil Aerospace	4524	4920	7311	5899	4905	3674	1585	1844
国防	Defense	3810	4028	4213	5146	7171	7347	7715	11757
其他	Others	41333	45963	49947	53759	55623	57376	51049	49233

7-29 按技术合同构成分全国技术市场成交合同金额
Value of Contract Deals in Domestic Technical Markets by Type of Contracts

单位：万元 (10 000 yuan)

项　目	Item	2008	2009	2010	2011	2012	2013	2014	2015
合　计	**Total**	**26652288**	**30390024**	**39065753**	**47635589**	**64370683**	**74691254**	**85771790**	**98357896**
一、按技术性收入的类型分	**by Type of Technical Income**								
技术开发	Technology Development	10754595	12641654	16342394	21698091	26359452	27734127	29490054	30471820
委托开发	Commissioned Development	9900437	11656596	14017686	19910409	24574266	26041080	26490243	27339210
合作开发	Cooperated Development	854158	985058	2324708	1787682	1785186	1693047	2999811	3132610
技术转让	Technology Transfer	5325907	5385174	6100996	5233881	10208414	10837592	11371714	14665294
技术秘密转让	Technical Secrets Transfer	3352574	3326299	4428966	3460013	6880739	7755045	8533933	11511716
专利实施许可转让	Patent License Transfer	1061457	1216253	632842	894818	2467125	2396267	1672625	1172986
专利权转让	Patent Right Transfer	596053	411595	433217	587601	431609	316292	577016	925292
专利申请权转让	Patent Application Right Transfer	40256	44461	64039	41309	42417	31909	46003	44672
计算机软件著作权转让	Computer Software Copyright Transfer	155600	195925	104044	125142	252776	210689	238957	617961
集成电路布图设计专有权转让	Integrated Circuit Layout Design Exclusive Right Transfer	24529	10169	17971	17477	1954	5030	17027	44080
动、植物新品种权转让	New Species of Animals and Plants Patent Right Transfer	51533	62488	249444	39587	37224	31523	38307	182452
生物、医药新品种权转让	New Species of Biology and Medicine Patent Right Transfer	43904	117984	170472	67933	94570	90836	247847	166135
技术咨询	Technology Consultation	1016044	941397	1166376	1662229	1502163	1951027	2442863	2631180
技术服务	Technology Service	9555743	11421800	15455987	19041389	26300654	34168507	42467158	50589603
一般性技术服务	Normal Technology Service	9445585	10613836	15072444	17783327	26217001	33991905	42304505	49963295
技术中介	Technology Intermediary	12586	6696	17747	14515	34963	31750	74441	197355
技术培训	Technology Training	97572	801268	365796	1243546	48690	144852	88213	428953
二、按知识产权构成分	**by Intellectural Right**								
技术秘密	Technology Secrets	10460581	10504799	14880803	19520420	20170028	22231149	26257535	25344591
专利	Patent	2439722	3092963	2840886	3570578	6708450	5696288	6614237	6753434
发明专利	Invention	1526277	1419974	1493441	2202460	4639600	2864671	4332886	3572037
实用新型专利	Utility Model	769909	1538284	1177995	1337863	2039812	2812200	2171791	3067496
外观设计专利	Design	143536	134705	169450	30255	29038	19417	109560	113902
计算机软件	Computer Software	3297910	3975918	4273564	5009198	8020308	6580997	7079207	6866398
动、植物新品种	New Species of Animals and Plants	121628	91672	93159	120913	235667	231223	236727	265589
集成电路布图设计	IC Layout Design	250329	150023	240257	513976	502547	1221546	360165	358039
生物、医药新品种	New Species of Biology and Medicine	396145	441878	867857	558746	573211	1972657	730706	831678
未涉及知识产权	Others	9685973	12132771	15869228	18341757	28160474	36757393	44493212	57276956

7-29 续表 continued

单位：万元 (10 000 yuan)

项　目	Item	2008	2009	2010	2011	2012	2013	2014	2015
三、按技术领域分	**by Technical Field**								
电子信息技术	IT Technology	8983692	9502024	11722362	12222954	19301188	19465060	21826327	24973350
航空航天技术	Aviation and Aerospace Technology	441161	952786	490609	665563	1359669	1640874	2560390	2771133
先进制造技术	Advanced Manufacture Technology	4747810	4504461	5681014	7164822	9855280	9513366	12425453	13507167
生物、医药和医疗器械技术	Biology,Medicine and Medical Machine Technology	1596286	2030655	2459065	2582860	2820063	3963664	4114555	5106516
新材料及其应用	Advanced Material and Aplication	1480557	1287683	1899588	2039037	3324911	3211892	4422276	4452197
新能源与高效节能	New Energy and Power Saving	3209816	4012739	5446969	6118954	6482515	7365404	9269144	10642935
环境保护与资源综合利用技术	Environment and Source Application Technology	1893241	1686890	2582589	3265839	4543668	6803814	6937698	8004181
核应用技术	Nuclear Application Technology	74630	728732	331258	1579650	3836376	3354838	3296828	3901318
农业技术	Agriculture Technology	535215	981695	855798	2020474	1809170	2330207	3093548	3080496
现代交通	Modern Traffic	2248518	2872302	5283271	5009228	6491072	9683286	9683502	9818918
城市建设与社会发展	Urban Construction and Social Development	1441361	1830058	2313230	4966209	4546772	7358847	8142067	12099686
四、按社会经济目标分	**by Socail and Economic Objectives**								
农业、林业和渔业的发展	Farming,Forestry and Fishery	538905	1030531	912955	2010948	1939458	2351218	3108331	2649378
促进工业的发展	Industry	7481514	7237172	8687805	10034739	13557607	7820716	7592289	11832327
能源的生产和合理利用	Energy Production and Application	3265455	4149927	3454779	7443996	9230784	8377690	13515100	9822174
基础设施的发展	Infrastructure	2384287	3255132	7276996	6940250	8548898	13997232	11784955	11503248
环境治理与保护	Environmental Harness and Protection	1120036	1015722	1441520	1034613	2820672	4243877	5926020	7714736
卫生(不包括污染)	Sanitation (Excluding Pollution)	597665	663049	1146284	1287883	1417140	2337549	2278378	3234914
社会发展和社会服务	Social Development and Social Service	4695240	5047874	6738125	8710450	12943981	20331124	21931927	30174080
地球和大气层的探索与利用	Earth and Atmosphere Exploration and Utility	101621	53947	50114	57469	69984	163648	1404086	87243
知识的发展	Science Development	353464	398448	401228	674594	914437	578234	755301	691946
民用空间	Civil Aerospace	949874	551124	619649	636313	666968	497517	232608	405674
国防	Defense	441414	625646	528007	703014	1211581	1869779	1606585	2549196
其他	Others	4722813	6361450	7808293	8101320	11049173	12122670	13445881	14542349

7-30 按买卖方构成类别分全国技术市场成交合同数

Contract Deals in Domestic Technical Markets by Category of Technology Seller and Buyer

单位：项 (item)

项 目	Item	2008	2009	2010	2011	2012	2013	2014	2015
总 计	**Total**	**226343**	**213752**	**229601**	**256428**	**282242**	**294929**	**297037**	**307132**
一、按卖方构成类别分	**Category of Technology Seller**								
机关法人	Governments	585	496	692	1220	2089	1967	3022	1904
事业法人	Public Organizations	83591	70922	79012	88959	101485	104633	98184	104626
科研机构	Research Institutes	44477	30858	29673	31833	36140	33118	29328	40663
高等院校	Higher Education	30115	32786	42251	49782	57966	64368	54364	57081
医疗、卫生	Medical and Sanitation	772	1391	1575	2182	2347	2627	3196	2965
其它	Others	8227	5887	5513	5162	5032	4520	11296	3917
社团法人	Social Organization	2845	2599	1677	2902	3887	1609	1116	1258
企业法人	Enterprises	136737	137752	146526	161292	172249	183430	191654	196517
内资企业	Domestic Funded Enterprises	125142	125286	132253	145622	155705	167211	176003	182410
港澳台商投资企业	Enterprises with Funds from Hongkong, Macao and Taiwan	1703	1729	2454	3189	2958	2512	3048	2780
外商投资企业	Foreign Funded Enterprises	8958	9561	10245	10537	10793	10686	9718	8462
个体经营	Private Enterprises	663	677	556	496	797	897	740	1002
国外企业	Oversea Enterprises	271	499	1018	1448	1996	2124	2145	1863
自然人	Natural Person	644	580	631	576	2259	1381	1171	751
其他组织	Other Organizations	1941	1403	1063	1479	273	1909	1890	2076
二、按买方构成类别分	**Category of Technology Buyer**								
机关法人	Governments	17349	17961	19515	22266	29351	31578	35770	40280
事业法人	Public Organizations	29340	29021	31925	36168	41275	43394	46290	50908
科研机构	Research Institutes	11704	11060	12754	14222	16806	17825	18472	21038
高等院校	Higher Education	5018	4985	5654	7116	7975	8057	9435	9647
医疗、卫生	Medical and Sanitation	2943	2883	3190	3438	3309	4266	4207	4387
其它	Others	9675	10093	10327	11392	13185	13246	14176	15836
社团法人	Social Organization	692	619	796	934	841	820	918	1188
企业法人	Enterprises	173591	159991	171734	190364	204971	213392	209049	209342
内资企业	Domestic Funded Enterprises	157743	143752	154913	172106	186191	193994	190183	189879
港澳台商投资企业	Enterprises with Funds from Hongkong, Macao and Taiwan	1316	1306	1297	1624	1677	1866	2061	1888
外商投资企业	Foreign Funded Enterprises	7878	7781	8985	10530	11142	11826	10522	9587
个体经营	Private Enterprises	1572	1768	1370	1744	2132	2195	2593	4040
国外企业	Oversea Enterprises	5082	5384	5169	4360	3829	3511	3690	3948
自然人	Natural Person	2442	3001	2286	2443	3838	2512	2201	2132
其他组织	Other Organizations	2929	3159	3345	4253	1966	3233	2809	3282

7-31 按买卖方构成类别分全国技术市场成交合同金额
Value of Contract Deals in Domestic Technical Markets by Category of Technology Seller and Buyer

单位：万元 (10 000 yuan)

项 目	Item	2008	2009	2010	2011	2012	2013	2014	2015
总 计	**Total**	**26652288**	**30390024**	**39065753**	**47635589**	**64370683**	**74691254**	**85771790**	**98357896**
一、按卖方构成类别分	**Category of Technology Seller**								
机关法人	Governments	203829	173582	354124	402310	760260	744869	1109436	1140758
事业法人	Public Organizations	2853546	3473955	4206292	5326454	7309135	9007378	8789667	9581703
科研机构	Research Institutes	1472110	1913980	1990272	2614299	4029582	5010078	4588179	5604063
高等院校	Higher Education	1182834	1350607	1966902	2488100	2939628	3294932	3151393	3142568
医疗、卫生	Medical and Sanitation	12330	20629	21401	30289	29023	59043	85284	81060
其它	Others	186272	188739	227718	193766	310902	643325	964811	754011
社团法人	Social Organization	36289	103277	136802	79150	75724	49258	44653	131479
企业法人	Enterprises	23321388	26262465	33417389	41192914	55705534	64361831	75162885	84769194
内资企业	Domestic Funded Enterprises	16784091	19108269	25227028	32305402	41990722	51708896	61170094	68531378
港澳台商投资企业	Enterprises with Funds from Hongkong, Macao and Taiwan	417022	919212	952014	711747	1139036	1379584	1795457	1463283
外商投资企业	Foreign Funded Enterprises	4446876	4865777	5120826	5684605	8351388	8180021	7933445	10112896
个体经营	Private Enterprises	32286	67417	54492	41075	97205	101978	178012	192679
国外企业	Oversea Enterprises	1641113	1301791	2063028	2450085	4127184	2991352	4085877	4468960
自然人	Natural Person	66666	72416	50294	155122	317254	114430	139362	86970
其他组织	Other Organizations	170570	304330	900852	479639	202775	413489	525787	2647792
二、按买方构成类别分	**Category of Technology Buyer**								
机关法人	Governments	1532405	1901885	3831667	3999873	7567657	10193625	11175851	16172797
事业法人	Public Organizations	2085725	2342184	2528836	3936159	3638716	5082236	5094104	5831305
科研机构	Research Institutes	742114	942536	951608	967275	1581736	1949743	2306205	2544706
高等院校	Higher Education	183216	218242	260229	376156	565864	596227	829144	627764
医疗、卫生	Medical and Sanitation	61880	66588	88983	152082	233823	182760	194557	201363
其它	Others	1098515	1114819	1228015	2440646	1257294	2353505	1764200	2457472
社团法人	Social Organization	32998	31716	32466	61520	49854	81040	57913	67367
企业法人	Enterprises	21635085	23490165	31559809	37324295	50437022	55982339	66095575	74639004
内资企业	Domestic Funded Enterprises	14699140	16320850	20552884	26642653	38787057	43043836	52167494	53056429
港澳台商投资企业	Enterprises with Funds from Hongkong, Macao and Taiwan	417575	526850	530051	432933	806204	753006	927322	1158264
外商投资企业	Foreign Funded Enterprises	2674023	2432090	3845372	2784045	4293477	5611850	4537178	6852069
个体经营	Private Enterprises	40768	65076	90347	121943	164263	192140	319534	325072
国外企业	Oversea Enterprises	3803579	4145299	6541156	7342721	6386022	6381507	8144046	13247170
自然人	Natural Person	336830	818942	549862	71015	470076	72996	260264	186024
其他组织	Other Organizations	1029245	1805132	563112	2242728	2207358	3279019	3088083	1461399

7-32 技术市场技术输出地域(合同数)
Contract Exportation from Domestic Technical Markets by Region

单位：项 (item)

地区	Region	2000	2005	2008	2009	2010	2011	2012	2013	2014	2015
全国	**National Total**	**241008**	**265010**	**226343**	**213752**	**229601**	**256428**	**282242**	**294929**	**297037**	**307132**
东部地区	Eastern Region	153858	182325	154365	144775	154181	170859	184037	191089	185996	196087
中部地区	Middle Region	40957	43328	25900	23847	24302	27297	33105	34753	38516	44041
西部地区	Western Region	19469	19611	22472	23549	29024	34757	42818	48151	53645	48748
东北地区	Northeast Region	26724	19746	23091	21019	20996	21786	20194	18649	16195	16155
北京	Beijing	21270	37625	52742	49938	50847	53552	59969	62755	67284	72306
天津	Tianjin	6415	11295	9312	9842	9540	11699	13381	15664	14947	12456
河北	Hebei	3340	3338	4100	4392	4517	4400	4512	4201	3232	3298
山西	Shanxi	290	556	831	826	835	830	796	817	667	698
内蒙古	Inner Mongolia	3075	1160	1068	865	1231	1386	1232	631	535	498
辽宁	Liaoning	11455	13826	17738	15729	15589	16796	14676	12819	11173	11878
吉林	Jilin	5386	3879	3647	3222	3424	3072	2730	3252	2891	2420
黑龙江	Heilongjiang	9883	2041	1706	2068	1983	1918	2788	2578	2131	1857
上海	Shanghai	20974	30290	28593	26952	25945	29005	27649	25952	24864	22119
江苏	Jiangsu	28618	26178	14089	13938	19815	24526	28921	30724	24094	32508
浙江	Zhejiang	31218	20628	17391	12786	12826	13858	13551	12074	11923	11273
安徽	Anhui	3184	5113	5667	5888	4831	5795	6806	6951	7092	12488
福建	Fujian	5597	6510	5188	4785	5120	4749	5324	5230	3708	4132
江西	Jiangxi	5068	3321	2266	2273	2250	2261	2184	1942	1429	1137
山东	Shandong	30962	31908	6908	7672	7865	9037	11114	14263	17331	20422
河南	Henan	4097	3770	4478	3913	4611	5010	4191	3794	2942	3482
湖北	Hubei	7203	11131	7147	5689	6638	7747	12757	14701	21507	22532
湖南	Hunan	21115	19437	5511	5258	5137	5654	6371	6548	4879	3704
广东	Guangdong	5464	14432	15945	14408	17493	19637	19576	20169	18577	17316
广西	Guangxi	912	558	437	290	258	778	423	694	2347	1577
海南	Hainan		121	97	62	213	396	40	57	36	257
重庆	Chongqing	1610	2730	2332	2465	2201	3270	3538	4998	4016	2638
四川	Sichuan	3441	4933	6473	7632	9003	9919	11657	12754	11932	11228
贵州	Guizhou	43	466	713	988	650	736	509	593	658	650
云南	Yunnan	2054	1853	889	1028	1047	1241	2246	3084	2785	2666
西藏	Tibet										
陕西	Shaanxi	4023	3392	4846	6243	9470	11125	17596	19292	25969	22508
甘肃	Gansu	2960	1877	2306	2680	2503	3754	2883	3777	3354	4712
青海	Qinghai		318	424	429	460	523	639	747	801	952
宁夏	Ningxia	233	323	448	450	501	552	564	597	544	661
新疆	Xinjiang	1118	2001	2536	479	1700	1473	1531	984	704	658
港澳台	Hongkong,Macao & Taiwan			31	52	123	220	239	80	108	100
国外	Abroad			484	510	975	1509	1849	2207	2577	2001

7-33 技术市场技术输出地域(合同金额)
Value of Contract Exportation from Domestic Technical Markets by Region

单位：万元 (10 000 yuan)

地区	Region	2000	2005	2008	2009	2010	2011	2012	2013	2014	2015
全国	**National Total**	**6507519**	**15513694**	**26652288**	**30390024**	**39065753**	**47635589**	**64370683**	**74691254**	**85771790**	**98357896**
东部地区	Eastern Region	4167230	11509739	19587068	22257438	28347883	34114537	42852302	50574672	54802165	63561272
中部地区	Middle Region	910023	1484714	1891350	2089941	2457020	3215401	4351253	7417148	9884563	12459587
西部地区	Western Region	858677	1389229	2145274	2375111	3464842	4828229	7645096	10099154	12383772	13450103
东北地区	Northeast Region	571589	1130012	1605921	1883244	2024024	2479930	3562301	3098689	3663180	4212261
北京	Beijing	1402871	4895922	10272173	12362450	15795367	18902752	24585034	28517239	31371854	34538855
天津	Tianjin	262581	507093	866122	1054611	1193390	1693819	2323275	2761575	3885631	5034369
河北	Hebei	94143	103827	165906	172112	192931	262471	378178	315581	292228	395438
山西	Shanxi	5258	47980	128425	162068	184911	224825	306088	527681	484595	512007
内蒙古	Inner Mongolia	60287	109939	94423	147651	271464	226719	1060962	387390	139393	153872
辽宁	Liaoning	347817	865167	997290	1197095	1306811	1596633	2306648	1733775	2174648	2674927
吉林	Jilin	71390	122261	196066	197598	188090	262614	251180	347167	285756	264697
黑龙江	Heilongjiang	152382	142585	412565	488550	529123	620682	1004473	1017747	1202776	1272637
上海	Shanghai	738952	2317328	3861695	4354108	4314374	4807491	5187473	5316804	5924481	6637838
江苏	Jiangsu	449568	1008296	940246	1082184	2493406	3334316	4009141	5275020	5431585	5729178
浙江	Zhejiang	276275	386954	589189	564581	603478	718968	813079	814958	872527	980966
安徽	Anhui	61012	142553	324865	356174	461470	650337	861592	1308253	1698313	1904669
福建	Fujian	172601	171959	179690	232594	356569	345712	500920	446885	391913	521448
江西	Jiangxi	69299	111227	77641	97893	230479	341861	397796	430552	507593	648484
山东	Shandong	288135	983614	660126	719391	1006769	1263778	1400153	1793981	2492942	3075545
河南	Henan	211621	263737	254425	263046	272002	387602	399435	402406	407919	450442
湖北	Hubei	276000	501823	628971	770329	907218	1256876	1963922	3976158	5806801	7893407
湖南	Hunan	286833	417394	477024	440432	400940	353901	422420	772098	979342	1050578
广东	Guangdong	482104	1124740	2016319	1709850	2358949	2750647	3649384	5293936	4132478	6625775
广西	Guangxi	17741	94059	26996	17662	41362	56377	25238	73449	115833	73132
海南	Hainan		10007	35602	5556	32651	34584	5666	38693	6525	21861
重庆	Chongqing	296594	357059	621884	383158	794410	681453	540188	902760	1562007	572366
四川	Sichuan	104150	190823	435313	545977	547393	678330	1112438	1485752	1990506	2823202
贵州	Guizhou	620	10488	20356	17806	77191	136483	96743	183972	200392	259626
云南	Yunnan	187742	159175	50547	102469	108827	117144	454779	420003	479233	518364
西藏	Tibet										
陕西	Shaanxi	92560	188977	438300	698074	1024140	2153664	3348153	5332787	6400198	7218211
甘肃	Gansu	26413	172736	297560	356287	430845	526386	730619	999936	1145162	1296958
青海	Qinghai		11812	77033	84967	114051	168443	192989	268863	291001	468849
宁夏	Ningxia	6402	14131	8898	8982	9972	39447	29135	14289	31823	35202
新疆	Xinjiang	66168	80029	73963	12078	45188	43783	53853	29953	28223	30322
港澳台	Hongkong, Macao & Taiwan			49309	124063	126750	249756	353197	67307	91608	158797
国外	Abroad			1373366	1660227	2645234	2747738	5606534	3434284	4946503	4515877

7-34 技术市场技术流向地域(合同数)
Contract Inflows to Domestic Technical Markets by Region

单位：项 (item)

地 区	Region	2000	2005	2008	2009	2010	2011	2012	2013	2014	2015
全 国	**National Total**	**241008**	**265010**	**226343**	**213752**	**229601**	**256428**	**282242**	**294929**	**297037**	**307132**
东部地区	Eastern Region	151815	173205	140503	131410	141227	157529	173601	182269	182559	191166
中部地区	Middle Region	41206	42698	28491	26975	27844	31362	35249	34442	37241	42246
西部地区	Western Region	23905	26203	28978	28971	34011	40509	47414	53572	53777	51096
东北地区	Northeast Region	23279	19647	20766	18839	19044	20758	20605	19634	18226	17490
北 京	Beijing	16998	24206	32583	32341	33370	36021	43513	45408	47015	50140
天 津	Tianjin	6297	8719	7285	7246	7291	8750	9084	10934	11594	9439
河 北	Hebei	5230	5719	5683	5420	5664	5871	6071	6124	6115	5989
山 西	Shanxi	1693	2112	2493	2372	2627	3222	3225	3374	3228	2999
内蒙古	Inner Mongolia	3907	2426	2565	2398	2901	3399	3428	2785	2840	2609
辽 宁	Liaoning	9631	12677	14242	12576	12691	14573	13769	12446	11377	10883
吉 林	Jilin	5257	3655	3859	3419	3529	3200	3226	3473	3537	3446
黑龙江	Heilongjiang	8391	3315	2665	2844	2824	2985	3610	3715	3312	3161
上 海	Shanghai	21036	28606	25735	24180	24162	27158	27857	25943	25378	22689
江 苏	Jiangsu	25957	22675	15556	14771	19463	23772	27594	32139	27196	36607
浙 江	Zhejiang	29197	23639	19765	15204	15313	16220	16726	15331	16097	14999
安 徽	Anhui	3276	5299	6078	6389	5318	6073	7393	7064	8146	12687
福 建	Fujian	6532	7729	6087	5454	5305	5379	6356	6196	5332	5629
江 西	Jiangxi	5772	4014	2774	2648	2774	2716	2916	2673	2523	2356
山 东	Shandong	30909	34362	9237	9551	9993	11391	13216	16124	19835	21874
河 南	Henan	5312	5382	5560	5070	5410	6298	5680	5556	5343	5082
湖 北	Hubei	6166	8419	6256	5415	6591	7289	9616	9758	12852	14831
湖 南	Hunan	18987	17472	5330	5081	5124	5764	6419	6017	5149	4291
广 东	Guangdong	9277	16930	17995	16595	19910	21845	22213	23034	23016	22396
广 西	Guangxi	1566	1382	1327	1192	1351	1784	1979	2198	4108	3299
海 南	Hainan	382	620	577	648	756	1122	971	1036	981	1404
重 庆	Chongqing	1639	2416	1930	2205	2310	2854	2988	4564	3960	3340
四 川	Sichuan	4330	5483	6665	7226	8331	9281	10631	11729	11267	11195
贵 州	Guizhou	806	1294	1627	2028	1849	2131	2306	2304	2658	2346
云 南	Yunnan	2754	3493	2219	2366	2824	3043	3907	4854	4564	4278
西 藏	Tibet	41	87	173	236	211	269	271	553	294	382
陕 西	Shaanxi	2582	3427	4630	5293	6775	8370	12448	14135	14713	12657
甘 肃	Gansu	3590	2106	2534	2707	2462	4032	3362	4735	3640	4869
青 海	Qinghai	280	606	762	813	882	1140	1367	1489	1538	1997
宁 夏	Ningxia	488	603	786	854	1012	1200	1313	1279	1283	1451
新 疆	Xinjiang	1922	2880	3760	1653	3103	3006	3414	2947	2912	2673
港澳台	Hongkong, Macao & Taiwan	203	383	1015	977	1106	1179	1084	1044	1083	1017
其 它	Others	600	2874	6590	6580	6369	5091	4289	3968	4151	4117

7-35 技术市场技术流向地域(合同金额)
Value of Contract Inflows to Domestic Technical Markets by Region

单位：万元 (10 000 yuan)

地 区	Region	2000	2005	2008	2009	2010	2011	2012	2013	2014	2015
全 国	**National Total**	**6507519**	**15513694**	**26652288**	**30390024**	**39065753**	**47635589**	**64370683**	**74691254**	**85771790**	**98357896**
东部地区	Eastern Region	4000110	9042086	13565353	15488372	19282530	22183631	34348252	36376682	44605101	47863593
中部地区	Middle Region	790834	1661532	2430125	2693098	3534114	3498201	5649679	7560956	9801393	11487804
西部地区	Western Region	898411	1912047	3357871	3426466	4799891	5477800	11135307	15700458	15102150	17041209
东北地区	Northeast Region	560979	1144779	1937263	1638186	2816954	4948851	5177322	3792662	4098653	3934676
北 京	Beijing	1031906	2468704	3951167	4824978	4979527	6793373	9743475	9454098	12347134	11475286
天 津	Tianjin	231158	381307	876416	1381934	1038486	1739671	2047915	2360529	3407686	3307079
河 北	Hebei	163950	301803	801095	490164	1291728	690142	1152465	964907	1528309	1453071
山 西	Shanxi	49350	215430	546856	601473	509161	707459	1112606	990082	2076794	972417
内 蒙 古	Inner Mongolia	79600	301516	910601	655260	862605	721485	2176971	1583403	1564933	1885989
辽 宁	Liaoning	326885	855864	1434258	977954	1840608	3966798	3978888	2482137	2504925	2312705
吉 林	Jilin	78926	134995	288587	271104	413970	337303	462966	469842	507987	545214
黑 龙 江	Heilongjiang	155168	153920	214417	389128	562376	644749	735468	840683	1085741	1076757
上 海	Shanghai	633736	1746358	3086825	2727538	3291200	3403479	4085673	4319822	4472396	5101282
江 苏	Jiangsu	411821	849194	1036150	1105730	3277882	3754843	5149287	5979775	7001906	10163396
浙 江	Zhejiang	303584	589430	736267	806561	1064031	953168	2933985	1697663	1985478	2019061
安 徽	Anhui	66604	204344	358785	525582	516323	496209	858507	1135658	1279109	1696694
福 建	Fujian	193767	250239	322565	555523	442214	590676	1897947	3655125	3573583	3675993
江 西	Jiangxi	66104	132315	133240	240457	315103	420569	575279	1077970	745702	1077100
山 东	Shandong	345610	1143692	844896	1034863	1269040	1877483	1825538	2497618	4031552	3865607
河 南	Henan	190434	358430	445256	366858	440535	622590	620636	1095852	1185520	1276013
湖 北	Hubei	190942	393847	530303	618523	1370448	863390	1914445	2164285	3283726	4949463
湖 南	Hunan	227400	357167	415685	340204	382544	387986	568206	1097109	1230541	1516117
广 东	Guangdong	669783	1217999	1759485	2476809	2435401	2249581	4215379	4838314	5607249	6521066
广 西	Guangxi	38736	116309	121540	107819	148141	185302	329823	1285552	1150461	576560
海 南	Hainan	14795	93360	150486	84272	193023	131215	1296589	608832	649806	281751
重 庆	Chongqing	164500	322759	261018	310811	884903	842699	2264447	1624915	1911585	1843373
四 川	Sichuan	128590	231663	579322	602196	723340	809442	1406276	2705993	2305204	2932644
贵 州	Guizhou	16522	53871	152744	283737	218775	319684	445839	368679	1258372	1761018
云 南	Yunnan	228497	294254	223981	268621	377203	346495	805864	1010724	977835	1735786
西 藏	Tibet	2994	7989	13218	19295	32390	32012	37319	72180	101985	169821
陕 西	Shaanxi	84188	189469	362321	469572	597518	1005119	1725711	3620612	2796772	2985237
甘 肃	Gansu	54557	173761	288985	228703	307727	394750	590801	1232183	1238125	1181036
青 海	Qinghai	7628	29174	114843	233476	245232	283464	436531	558259	500928	471049
宁 夏	Ningxia	9752	35262	78513	65651	126095	166053	314191	330580	285501	286118
新 疆	Xinjiang	82847	156021	250781	181325	275961	371294	601534	1307378	1010449	1212578
港 澳 台	Hongkong, Macao & Taiwan	47241	142287	344019	389146	319517	338794	621777	1314675	1473992	1038655
其 它	Others	209944	1610964	5017657	6754756	8312746	11188312	7438346	9945820	10690502	16991958

7-36 按合同类别分技术市场技术流向地域(合同数)(2015年)
Contract Inflows to Domestic Technical Markets by Region (2015)

单位：项 (item)

地区	Region	合计 Total	技术开发 Technology Development	技术转让 Technology Transfer	技术咨询 Technology Consultation	技术服务 Technology Service
全国	**National Total**	**307132**	**153433**	**12787**	**33559**	**107353**
东部地区	Eastern Region	191166	100048	7506	23293	60319
中部地区	Middle Region	42246	18229	1947	3714	18356
西部地区	Western Region	51096	22847	1753	4623	21873
东北地区	Northeast Region	17490	9031	872	1858	5729
北京	Beijing	50140	25857	829	3246	20208
天津	Tianjin	9439	4078	375	1331	3655
河北	Hebei	5989	2811	329	312	2537
山西	Shanxi	2999	1336	161	226	1276
内蒙古	Inner Mongolia	2609	859	96	271	1383
辽宁	Liaoning	10883	5766	581	1165	3371
吉林	Jilin	3446	1902	126	398	1020
黑龙江	Heilongjiang	3161	1363	165	295	1338
上海	Shanghai	22689	9742	823	2443	9681
江苏	Jiangsu	36607	18347	1670	11070	5520
浙江	Zhejiang	14999	8960	732	1224	4083
安徽	Anhui	12687	4521	301	1894	5971
福建	Fujian	5629	2863	347	581	1838
江西	Jiangxi	2356	1215	226	144	771
山东	Shandong	21874	11645	1417	2030	6782
河南	Henan	5082	2285	390	309	2098
湖北	Hubei	14831	6818	645	931	6437
湖南	Hunan	4291	2054	224	210	1803
广东	Guangdong	22396	15029	951	940	5476
广西	Guangxi	3299	1736	153	167	1243
海南	Hainan	1404	716	33	116	539
重庆	Chongqing	3340	1650	187	296	1207
四川	Sichuan	11195	6778	361	543	3513
贵州	Guizhou	2346	1117	135	179	915
云南	Yunnan	4278	2354	143	355	1426
西藏	Tibet	382	178	9	31	164
陕西	Shaanxi	12657	5527	285	506	6339
甘肃	Gansu	4869	844	158	1477	2390
青海	Qinghai	1997	446	104	386	1061
宁夏	Ningxia	1451	553	39	144	715
新疆	Xinjiang	2673	805	83	268	1517
港澳台	Hongkong, Macao & Taiwan	1017	701	137	13	166
其它	Others	4117	2577	572	58	910

7-37 按合同类别分技术市场技术流向地域(合同金额)(2015年)
Value of Contract Inflows to Domestic Technical Markets by Region (2015)

单位：万元 (10 000 yuan)

地区	Region	合计 Total	技术开发 Technology Development	技术转让 Technology Transfer	技术咨询 Technology Consultation	技术服务 Technology Service
全国	**National Total**	**98357896**	**30471820**	**14665294**	**2631180**	**50589603**
东部地区	Eastern Region	47863593	15985353	8927327	1375187	21575725
中部地区	Middle Region	11487804	3256172	932139	303292	6996202
西部地区	Western Region	17041209	4688557	1596660	623093	10132899
东北地区	Northeast Region	3934676	1548519	362483	126268	1897406
北京	Beijing	11475286	5016340	416908	427526	5614512
天津	Tianjin	3307079	703455	477473	124243	2001908
河北	Hebei	1453071	372197	177082	30857	872936
山西	Shanxi	972417	495135	35218	25650	416413
内蒙古	Inner Mongolia	1885989	235010	333684	22161	1295133
辽宁	Liaoning	2312705	720391	293173	94437	1204703
吉林	Jilin	545214	161429	31718	14687	337380
黑龙江	Heilongjiang	1076757	666699	37591	17144	355323
上海	Shanghai	5101282	1932256	2091888	86370	990767
江苏	Jiangsu	10163396	2794975	3729355	338790	3300275
浙江	Zhejiang	2019061	829259	184096	97845	907861
安徽	Anhui	1696694	543392	230168	124867	798267
福建	Fujian	3675993	354206	804575	30874	2486338
江西	Jiangxi	1077100	263557	123387	10358	679798
山东	Shandong	3865607	1986334	519118	139392	1220763
河南	Henan	1276013	228882	61612	28019	957501
湖北	Hubei	4949463	1374422	424541	91849	3058651
湖南	Hunan	1516117	350783	57215	22548	1085571
广东	Guangdong	6521066	1891606	514397	84103	4030960
广西	Guangxi	576560	150222	43225	47771	335343
海南	Hainan	281751	104725	12434	15187	149405
重庆	Chongqing	1843373	357089	777100	165612	543572
四川	Sichuan	2932644	824930	223198	44523	1839993
贵州	Guizhou	1761018	203820	36502	47205	1473492
云南	Yunnan	1735786	483047	40377	22389	1189973
西藏	Tibet	169821	34818	1288	1627	132088
陕西	Shaanxi	2985237	1568335	74756	72952	1269194
甘肃	Gansu	1181036	109279	17770	69548	984440
青海	Qinghai	471049	103627	8986	85649	272786
宁夏	Ningxia	286118	65277	16450	28923	175468
新疆	Xinjiang	1212578	553103	23325	14734	621416
港澳台	Hongkong, Macao & Taiwan	1038655	529388	77904	30717	400647
其它	Others	16991958	4463831	2768781	172623	9586723

7-38 按地区分的国外技术引进合同(2015年)
Technology Contracts Imported by Region (2015)

地区	Region	合同数(项) Number of Contracts (item)	合同金额(万美元) Value of Contracts (USD 10 000)	技术费 for Technology
全国	**National Total**	**7676**	**2815388**	**2726691**
东部地区	Eastern Region	5881	2331420	2254247
中部地区	Middle Region	664	221105	220701
西部地区	Western Region	691	155420	144374
东北地区	Northeast Region	440	107443	107369
北京	Beijing	634	272312	258394
天津	Tianjin	245	115048	114656
河北	Hebei	68	12728	12728
山西	Shanxi	17	2874	2874
内蒙古	Inner Mongolia	5	3707	3574
辽宁	Liaoning	306	71802	71759
吉林	Jilin	119	25485	25454
黑龙江	Heilongjiang	15	10156	10156
上海	Shanghai	1792	374749	367494
江苏	Jiangsu	754	532680	532150
浙江	Zhejiang	644	97515	95249
安徽	Anhui	203	71181	70871
福建	Fujian	134	32728	32616
江西	Jiangxi	132	17085	17085
山东	Shandong	849	96039	77276
河南	Henan	53	5359	5359
湖北	Hubei	212	113043	112954
湖南	Hunan	47	11563	11559
广东	Guangdong	720	790221	757439
广西	Guangxi	38	2389	2389
海南	Hainan	41	7400	6243
重庆	Chongqing	280	101924	92010
四川	Sichuan	278	36127	36127
贵州	Guizhou	14	1666	1666
云南	Yunnan	39	1926	1923
西藏	Tibet			
陕西	Shaanxi	10	3060	2942
甘肃	Gansu	3	116	116
青海	Qinghai	2	654	654
宁夏	Ningxia	2	1284	1284
新疆	Xinjiang	18	1625	746
新疆建设兵团	The Xinjiang Production and Construction Corps	2	943	943

注：国外技术引进合同有一部分无法按地区分类，所以分地区之和不等于全国总计。

7-39 按行业分的国外技术引进合同(2015年)
Technology Contracts Imported by Industry (2015)

行业	Industry	合同数(项) Number of Contracts (item)	合同金额(万美元) Value of Contracts (USD 10 000)	#技术费 for Technology
总计	**Total**	**7676**	**2815388**	**2726691**
农、林、牧、渔业	Farming, Forestry, Animal Husbandry and Fishery	63	4673	4673
采矿业	Mining	53	13773	6542
制造业	Manufacturing	5338	2462065	2384450
电力、煤气及水的生产和供应业	Production and Distribution of Electricity, Gas and Water	27	7529	7505
建筑业	Construction	82	8272	7599
交通运输、仓储和邮政业	Traffic,Transport, Storage and Post	38	20059	19413
信息传输、软件和信息技术服务业	Information Transfer, Software and Information Technology Services	408	148000	148000
批发和零售业	Wholesale and Retail Trade	88	9261	9261
住宿和餐饮业	Accommodation and Restaurants	14	3277	3277
金融业	Finance	10	5468	5468
房地产业	Real Estate	959	50565	50565
租赁和商务服务业	Tenancy and Business Services	86	7705	7705
科学研究和技术服务业	Scientific Research, Technical Service	320	50643	50279
水利、环境和公共设施管理业	Management of Water Conservancy, Environment and Public Establishment	17	1673	1673
居民服务、修理和其他服务业和其他服务业	Resident Services and Other Services	166	18162	16019
教育	Education	2	47	47
卫生和社会工作	Resident Services and Other Services	3	3701	3701
文化、体育和娱乐业	Culture, Sports and Entertainment		479	479
公共管理、社会保障和社会组织	Public Management and Social Organization	2	29	29

7-40 国外技术引进合同按引进方式分(2015年)
Technology Contracts Imported by Type of Import (2015)

项　　目	Item	合同数(项) Number of Contracts (item)	合同金额(万美元) Value of Contracts (USD 10 000)	#技术费 for Technology
总　　计	**Total**	**7676**	**2815388**	**2726691**
专利技术的许可或转让（包括专利申请权的转让）	Patent Technology License and Transfer	403	310398	280657
专有技术的许可或转让	Technology License and Transfer	2245	1477876	1476638
技术咨询、技术服务	Technology Consultation and Service	4368	776206	735868
计算机软件的进口	Import of Computer Software	258	88554	88549
商标许可	Trade Mark License	73	25431	25431
合资生产、合作生产等	Joint-venture Production and Cooperative Production	93	74037	74003
为实施以上内容而进口的成套设备、关键设备、生产线等	Comolete Set of Equipment, Key Equipment and Production Line	52	19520	2903
其它方式的技术进口	Others	184	43365	42644

7-41　按引进国别或地区分的国外技术引进合同(2015年)
Technology Contracts Imported by Country or Area (2015)

国别或地区	Country or Area	合同数(项) Number of Contracts (item)	合同金额(万美元) Value of Contracts (USD 10 000)	#技术费 for Technology
总　计	**Total**	**7676**	**2815388**	**2726691**
阿拉伯酋长国	UAE	3	229	142
中国澳门	Macao, China	3	299	299
塞浦路斯	Cyprus	1	52	47
韩国	South Korea	1	21	21
泰国	Thailand	625	274499	272989
印度尼西亚	Indonesia	24	1244	1244
老挝	Laos	12	133	111
文莱	Brunei			
中国台湾	Taiwan,China	3	288	288
马来西亚	Malaysia	284	64171	64170
越南	Vietnam	18	851	836
以色列	Israel	5	35	35
尼泊尔	Nepal	32	6617	6612
日本	Japan			
新加坡	Singapore	1836	538094	530059
蒙古	Mongolia	240	11935	11711
土耳其	Turkey	10	10004	10004
伊朗	Iran	3	1017	1017
菲律宾	Philippines	1	186	186
中国香港	Hongkong, China	669	60491	60475
沙特阿拉伯	Saudi Arabia			
巴基斯坦	Pakistan			
印度	India	21	11529	11508
埃及	Egypt	2	213	213
南非	South Africa			
毛里求斯	Mauritius	1	278	278
塞舌尔	Seychelles	3	374	351
匈牙利	Hungary	2	604	604
英国	United Kingdom	232	41209	40677
捷克共和国	Czech Republic	27	5606	5547
俄罗斯	Russia	23	3158	3148
卢森堡	Luxemburg	15	11686	11686
荷兰	Netherlands	99	67994	67984
瑞士	Switzerland	120	72275	70688
法国	France	191	67420	67095
德国	Germany	971	361371	330721
意大利	Italy	161	28298	26272
斯洛文尼亚共和国	The Republic of Slovenia	3	102	102
哈萨克	Kazakhstan			
爱沙尼亚	Estonia		123	123
瑞典	Sweden	65	74768	74354
丹麦	Danmark	49	26545	26062
比利时	Belgium	51	14349	14082
保加利亚	Bulgaria			
葡萄牙	Portugal	1	3	3
希腊	Greece	3	74	74
克罗地亚共和国	Republika Hrvatska	2	12	12
波兰	Poland	2	101	101
西班牙	Spain	33	5393	5084

7-41 续表 continued

国别或地区	Country or Area	合同数(项) Number of Contracts (item)	合同金额(万美元) Value of Contracts (USD 10 000)	#技术费 for Technology
白俄罗斯	Belarus	1	100	98.98
斯洛伐克共和国	The Republic of Slovakia	2	133.88	133.88
罗马尼亚	Romania	3	90.34	90.34
乌克兰	Ukraine	1	9.58	8.08
爱尔兰	Ireland	78	21442.12	21442.12
奥地利	Austria	77	18532.42	16113.18
芬兰	Finland	29	6191.51	6149.67
挪威	Norway	16	4367.31	3468.99
列支敦士登	Liechtenstein	3	1444.79	1444.79
英属维尔京	British Virgin	23	12821.46	12816.72
巴哈马	Bahamas			
开曼群岛	Cayman Islands	38	7480.05	7480.05
伯利兹	Belize		153.69	153.69
委内瑞拉	Venezuela			
圣其茨尼维	St the Bates			
阿根廷	Argentina		9.21	9.21
墨西哥	Mexico	3	72.03	72.03
巴西	Brazil	7	1597.12	1597.12
古巴	Cuba			
巴拿马	Panama	3	44.61	44.61
加拿大	Canada	89	22765.47	17294.39
百慕大	Bermuda	1	275.87	275.87
美国	United States	1292	939076.76	906567.13
澳大利亚	Australia	85	5056.7	4343.58
马绍尔群岛共和国	The Republic of the Marshall Islands	2	554.72	554.72
新西兰	New Zealand	6	291.84	291.84
萨摩亚	Samoa	8	692.15	692.15

八、科技服务

Scientific and Technologic Services

8-1 全国非油气地质勘查分地区情况(2015年)
Basic Statistics on Geological Work by Region (2015)

地　区	Region	年末从业人员 (人) Year-end Employed Persons (person)	#技术人员 Technical Personnel	地质勘查工作费用 (万元) Expenditure on Geological Work (10 000 yuan)
全　国	**National Total**	**480315**	**168425**	**13342002**
北　京	Beijing	30876	8598	1199328
天　津	Tianjin	3010	1440	74330
河　北	Hebei	33306	12068	930644
山　西	Shanxi	20128	7078	249832
内蒙古	Inner Mongolia	12271	4236	279155
辽　宁	Liaoning	21304	7298	288613
吉　林	Jilin	13337	4343	176866
黑龙江	Heilongjiang	18499	6818	341224
上　海	Shanghai	2602	805	74037
江　苏	Jiangsu	15000	5959	284383
浙　江	Zhejiang	7247	1860	322467
安　徽	Anhui	15705	6439	779162
福　建	Fujian	11015	3710	212452
江　西	Jiangxi	23513	8600	815326
山　东	Shandong	29797	8165	956870
河　南	Henan	14288	5941	271354
湖　北	Hubei	16948	6236	644172
湖　南	Hunan	27654	8008	540956
广　东	Guangdong	11826	5515	494402
广　西	Guangxi	13620	5005	229098
海　南	Hainan	1897	1096	30158
重　庆	Chongqing	6713	3044	219215
四　川	Sichuan	31388	12152	661209
贵　州	Guizhou	16519	4456	278944
云　南	Yunnan	16872	5460	1448399
西　藏	Tibet	3270	713	35544
陕　西	Shaanxi	25031	8410	630544
甘　肃	Gansu	13508	5069	276377
青　海	Qinghai	6294	3174	172117
宁　夏	Ningxia	4448	1205	102711
新　疆	Xinjiang	12429	5524	322113

注：统计范围为具有地质勘查资质的中央管理的地勘单位、属地化管理的地勘单位(包含各局级地勘单位局机关)和其他地勘单位(含拥有地质勘查资质的矿业公司、科研院所、高等院校、勘查公司和勘查技术服务公司)。

Note: The statistical range is central geological prospecting units with geological survey qualifications, geological prospecting units of territorial management and other geological prospecting units.

8-2 全国气象部门基本情况
Basic Statistics on Meteorological Units

项　目	Item	2000	2005	2008	2009	2010	2011	2012	2013	2014	2015
一、气象观测业务台站(个)	**Operating Station (Unit)**										
1. 地面观测	Surface Observation Stations	2819	2405	2438	2416	2418	2419	2423	2424	2423	2422
2. 高空探测	Upper-air Observation Stations	156	120	121	118	120	120	120	120	120	120
3. 自动气象站	Automatic Weather Stations	550	7813	28235	31553	30693	33259	45926	53184	55488	57405
4. 天气雷达观测	Weather Radar Observation Stations	238	253	313	330	342	259	230	212	224	233
5. 大气成分观测	Atmospheric Composition Observation Stations		21	35	35	28	28	28	28	28	28
6. 太阳辐射观测	Solar Radiation Observation Stations	99	105	142	157	100	100	100	100	100	100
7. 农业气象观测	Agro-Meteorological Observation Stations	1125	769	635	653	653	653	653	653	653	653
8. 生态与农业气象观测试验	Ecological & Agro-Meteorological Observation Stations	68	67	67	68	68	68	68	68	68	70
9. 卫星云图接收	Satellite Cloud Images Receiving Stations	319	435	621	311	361	363	363	364	364	364
10.大气本底站	Atmospheric Background Stations	4	6	7	7	7	7	7	7	7	7
11.闪电定位监测	Lightning Location Monitoring Stations		234	387	417	425	319	334	334	391	490
12.沙尘暴监测	Sand and Dust Storm Monitoring		85	194	182	29	29	29	29	29	29
13.紫外线观测	UV Observation		178	203	149	164	160	153	157	168	158
14.风廓线雷达观测	The Wind Profile Radar Observations									61	31
15.空间天气观测	Space Weather Observation									17	44
16.酸雨观测	Acid Rain Observation	82	299	330	337	342	342	365	365	365	376
17.臭氧观测	Ozone Observation	3	14	20	17	22	36	36	41	48	71
二、气象科学数据共享服务数据量(GB)	**Quantity of Meteorological Data (GB)**		**2089**	**51985**	**245740**	**358319**	**398134**	**440988**	**505077**	**348736**	**901068**
三、装备	**Equipment**										
1. 拥有计算机数(台)	Number of Computers (unit)	27724	50683	72137	79349	90040	98101	108370	113208	108521	126982
#高性能计算机	High-powered Computers		62	61	72	106	108	143	96	100	233
服务器及工作站	Servers and Workstations		768	1196	1751	2428	3124	4249	5005	6169	7584
个人计算机(含个人服务器)	Personal Computers (PC Servers)		47950	67859	73750	82744	89530	97250	100368	102252	119165
2. 云图接收机数(台)	Number of Cloud Images Receiving Stations (unit)	354	506	453	407	421	453	453	542	698	812
3. 电视会商系统设备(套)	TV Conference Facilities (set)		729	1296	1805	1895	2071	2208	2529		
4. 人工影响天气作业	Facilities for Conducting Weather Modification Operations										
设备高炮(门)	Cloud Seeding Guns (unit)		6393	6311	6973	6902	6636	6654	6761	6593	6542
火箭发射系统(部)	Cloud Seeding Rocket Launchers (unit)		4129	4862	6355	7034	7109	7213	7632	7507	8209
四、人员(人)	**Number of Personnel (Person)**										
全国气象部门职工总数	Total Staff and Workers	59113	53214	53265	53180	53606	53665	53956	54426	54155	53587

注：从2006年开始气象科学数据共享服务数据量是全国气象部门利用网络向社会提供气象资料的数据量，2005年及以前是国家气象信息中心气象科学数据共享服务网的数据量。

Note: Data from the year 2006 are provided by national meteorological units using network and data before 2006 are provided by data sharing serrice network of national meteorological information center.

8-3 地震台、网基本情况（2015年）
Statistics of Earthquake Monitoring Stations and Networks (2015)

单位：个 (unit)

地区	Region	国家地震观测台、网 National Seismic Observation Stations, Networks			国家地震遥测台、网	市、县地震台 Municipality/County-level Seismic Stations		
		国家级台 Number of National Stations	省级台 Number of Provincial Stations	强震观测点 Number of Strong Motion Observation Spots	National Seismic Telemetric Stations, Networks	市、县级台 Municipality/County-level Seismic Stations	企业台 Number of Enterprise Stations	宏观观测点 Macro-Observation Spots
全　国	**National Total**	**188**	**205**	**2353**	**1191**	**1826**	**237**	**32198**
北　京	Beijing	10	2	266	21	90	1	229
天　津	Tianjin	5	5	120	34			125
河　北	Hebei	6	26	113	61	55	12	2901
山　西	Shanxi	7	4	51	54	78	27	2734
内蒙古	Inner Mongolia	6	17	47	40	35		486
辽　宁	Liaoning	7	11	90	44	27	3	932
吉　林	Jilin	5	6	15	39	34		1303
黑龙江	Heilongjiang	9	2	122	41	45	1	5019
上　海	Shanghai	2			34	7		9
江　苏	Jiangsu	9	7	109	27	76	2	1086
浙　江	Zhejiang	5	1	16	4	63	6	176
安　徽	Anhui	3	9	20	27	53	2	724
福　建	Fujian	4	10	39	39	28	8	313
江　西	Jiangxi	2	6	6	28			1131
山　东	Shandong	6	20	146	138	121	7	2127
河　南	Henan	3	8	20	17	87	8	1880
湖　北	Hubei	5	8	28	39	12	33	576
湖　南	Hunan	4	3		27	26	4	369
广　东	Guangdong	6	7	122	75	500	5	185
广　西	Guangxi	5	4	33	31	53	30	981
海　南	Hainan	2	3	14	25	21		552
重　庆	Chongqing	1	2		27			9
四　川	Sichuan	13	13	8	72	80	5	2756
贵　州	Guizhou							
云　南	Yunnan	15	5	324	15	114	46	2487
西　藏	Tibet	8		4	10			
陕　西	Shaanxi	6	5	135	53	74	7	1329
甘　肃	Gansu	9	12	239	50	67	7	763
青　海	Qinghai	5	2	55	42	12	20	106
宁　夏	Ningxia	4	3	59	15	11		295
新　疆	Xinjiang	16	4	152	62	57	3	615

8-4 海洋观测预报单位机构、人员情况
Institutions and Personnel in Ocean Observation and Forecasting

项　目 Item	中心站 Central Station	观测站点 Observing Station	海洋预报机构 Marine Forecasting Institute
一、机构数（个） Institutions (unit)			
1997	10	60	4
1998	10	56	4
1999	12	60	4
2000	12	60	4
2001	12	60	4
2002	12	63	4
2003	12	63	4
2004	12	63	4
2005	12	63	4
2006	12	63	4
2007	12	63	4
2008	12	67	4
2009	14	73	4
2010	14	73	4
2011	15	73	4
2012	16	74	4
2013	16	74	4
2014	17	73	5
2015	17	73	5
二、人员数（人） Personnel (person)			
1997	531	592	932
1998	395	525	617
1999	362	468	621
2000	362	468	621
2001	362	468	621
2002	530	427	734
2003	530	427	734
2004	530	427	734
2005	530	427	734
2006	696	469	655
2007	696	469	657
2008	696	523	657
2009	948	444	601
2010	932	446	587
2011	968	431	588
2012	978	436	574
2013	989	435	617
2014	1343	427	1143
2015	1263	487	1143

8-5 海洋观测调查情况（2015年）
Basic Statistics on Ocean Observation (2015)

项　目	Item	合计 Total	志愿船观测 Volunteer Observation Ship	断面观测 Survey Section	台站观测 Station Observation	浮标观测 Buoy Monitoring
站点数(个)	Stations(unit)	11206	49	119	11000	38
观测数据(MB)	Data(MB)	12096	30	374	11250	442

8-6 国家标准、

Basic Statistics on National

项　目	Item	1997	1998	1999	2000	2001	2002
本年度制、修订 标准合计(个)	**Number of Standards on Formulation and Redaction (unit)**	**1162**	**990**	**900**	**1087**	**1045**	**1049**
制　定	Formulation	658	587	477	605	497	514
修　订	Redaction	504	403	423	482	548	535
国标标准采用程度合计(个)	**Number of International Standards used on Diffirent Levels (unit)**	**688**	**600**	**526**	**538**	**492**	**608**
等　同	Same	281	249	194	230	213	222
修　改	Modified	267	235	194	220	167	269
非等效	Non-equivalent	140	116	138	88	112	117
计量基准和社会公用计量标准建立情况	**Establsihed on Social Public Standards and Measurement**						
项　别	Items	87	88	133	133	133	133
计量仪器检定按类别分(台、件)	**Measuring Instrument Examined on Diffirent Category (set)**						
合　计	**Total**	**29374465**	**27597670**	**31004284**	**40058507**	**38935133**	**44993208**
长　度	Length	2358173	2086995	2283278	2990725	3033660	3475520
温　度	Temperature	689446	669758	745406	5019420	1294382	1881378
力　学	Mechanics	20153072	17955936	18393406	20325728	20623794	23679332
电　磁	Electromagnetism	4997291	5231026	7569615	8565969	10885992	11827159
光　学	Optics	173046	254095	322881	336359	397073	410101
声　学	Acoustics	24641	25778	32937	46625	43058	67133
化　学	Chemistry	221255	210298	224892	294201	317330	484879
电离辐射	Radioactivity	28914	40257	43377	49763	53111	115578
无线电	Radio	97672	107467	156113	688232	731195	813242
时间频率	Time Frequency	84747	145744	252201	401238	407959	380299
其　他	Others	546208	870316	980178	1340247	1156036	1858587

注：2013及以前年份，计量基准和社会公用计量标准建立情况不包含社会公用计量标准。

8-7 地方标准、质量

Basic Statistics on Local

项　目	Item	1997	1998	1999	2000	2001
本年末标准累计(个)	Number of Standards (unit)	10793	10965	12156	11464	11914
本年度制、修订标准合　计(个)	Number of Standards for Formulation or Redaction (unit)	738	678	1151	921	722
制　定	Formulation	637	644	1021	873	689
修　订	Redaction	101	34	130	48	33
产品质量监督检验企业数(家)	Number of Enterprises Supervised and Checked for Product Quality (unit)	422153	395015	401089	389675	355119
检验批次数(批次)	Inspection Batch-time (batch-time)	633563	508191	501121	484581	445044
批次合格率(%)	Rate of Batch-time Qualified (%)	80.00	79.40	79.92	81.00	81.07

计量基本情况
Standards and Measurement

2003	2004	2005	2006	2007	2008	2009	2010	2011	2012	2013	2014	2015
1653	**893**	**1320**	**1909**	**1410**	**6373**	**3158**	**2860**	**1993**	**1986**	**1870**	**1530**	**1931**
734	458	690	1080	745	2714	2102	2123	1559	1375	1161	1067	1330
919	435	630	829	665	3659	1056	737	434	611	709	463	601
661	**365**	**711**	**955**	**651**				**622**	**605**	**600**	**427**	**500**
361	151	417	518	360				265	301	324	204	283
192	147	220	327	200				263	242	223	182	171
108	67	74	110	91				94	62	53	41	46
130	130	130	130	130	130	130	130	130	130	130	44157	45991
41587596	**40006798**	**36210234**	**39050639**	**34777777**	**36954296**	**37999532**	**43437070**	**51151024**	**55001642**	**52031328**	**58057667**	**60240027**
3476880	2885297	2632844	2700486	3078905	3337733	3572267	3296362	3406829	3857597	3934322	3868962	3520497
1421727	1182162	1385405	1558850	1520869	1674392	1845849	2062803	5366533	5125507	3064670	2873155	2826021
21153580	19729179	18116433	20427899	18600652	19963861	20605492	22257869	26036802	29638182	30381043	37140108	39355887
11610007	13204391	10797067	10263954	6735195	6964295	6001671	9327164	10296959	9730208	8368795	6842314	6841406
381681	418509	449592	421163	382068	410157	419131	320365	413121	420977	425794	368723	341663
52472	48714	69376	82233	96329	131987	107800	105781	152308	167696	151884	160162	159549
477352	406095	479283	515981	573885	759964	868235	879199	1038417	1108692	1321679	1368580	1604892
65886	80627	101392	102664	157063	126900	162839	149528	185267	212194	267123	228491	266499
832157	191300	224285	283346	256213	251293	312823	343661	293743	326525	338771	366877	367556
396674	313220	475873	466726	454633	486494	406320	363550	318013	277787	275605	397103	409720
1719179	1547304	1478684	2227337	2921963	2847020	3698772	4330788	3659126	4136277	3917240	4443192	4546337

监督基本情况
Standards and Measurements

2002	2003	2004	2005	2006	2007	2008	2009	2010	2011	2012	2013	2014	2015
12269	12877	13166	16005	18128	20263	22396	25054	28147	32642	36307	37206	37650	41551
1388	2109	2134	2679	2377	2805	2809	3110	3192	3718	3728	4204	4387	4174
1255	1976	1992	2532	2198	2639	2594	2988	2993	3490	3564	3971	3960	3783
133	133	142	147	179	166	215	122	199	228	164	233	427	391
351882	319492	181820	218612	188093	337613	175980	234724	202095	229912	205491	136478	100301	99836
448718	392712	226334	295663	246007	503758	212153	275688	294678	317559	297578	169007	148037	145620
83.59	86.07	83.62	84.59	81.74	86.20	86.91	87.64	88.32	91.42	92.46	91.69	91.92	92.75

8-8 各地区测绘地理信息部门生产完成情况（2015年）
Statistics on Projects Completed by Geographic Information Department of Surveying and Mapping by Region (2015)

地 区	Region	大地测量 Geodesy		地理信息数据生产	地图编制 Cartography		
		GNSS测量（点）Global Navigation Satelite System Survey (point)	水准测量（公里）Leveling (kilometer)	（幅）Geographic Information Data Production (unit)	地形图（幅）Topographic Map (unit)	专题地图（种）Thematic Map (category)	地图集（种）Atlas (category)
全 国	**National Total**	**2113**	**21865**	**1531184**	**196803**	**1977**	**245**
北 京	Beijing			18299		14	1
天 津	Tianjin	236	790	21342	587	7	3
河 北	Hebei			46278	1580	7	3
山 西	Shanxi			70932	5111	30	8
内蒙古	Inner Mongolia	100	1000	29747	1638	21	2
辽 宁	Liaoning		456	68527	1362		
吉 林	Jilin	133	2850	5393	190	3	
黑龙江	Heilongjiang			188066	21913	151	5
上 海	Shanghai			54186	34526		3
江 苏	Jiangsu		1450	7972		8	2
浙 江	Zhejiang			54086	12286	34	11
安 徽	Anhui			35021	772	2	1
福 建	Fujian	136	2455	5712	3985		
江 西	Jiangxi	40	3500	17487	992	28	1
山 东	Shandong			18081		152	4
河 南	Henan	648	109	15033	6819	11	1
湖 北	Hubei			7397	6528		
湖 南	Hunan			94277	10776	51	
广 东	Guangdong			21145	1825	485	2
广 西	Guangxi			38197	2014	13	3
海 南	Hainan			9717	1390		
重 庆	Chongqing	56	66	2028		72	11
四 川	Sichuan			78220	17013	203	166
贵 州	Guizhou			42509	19992		
云 南	Yunnan			17752	1775	6	1
西 藏	Tibet			9684			
陕 西	Shaanxi			30774	10501	525	9
甘 肃	Gansu	257	5600	49139	5599	10	
青 海	Qinghai	243	3458	15498	6262	18	
宁 夏	Ningxia			8816	1988		1
新 疆	Xinjiang	70	131	24893	1922	35	6
青 岛	Qingdao	194		7687			
大 连	Dalian				230		
宁 波	Ningbo			2908	5789	10	1
深 圳	Shenzhen			4965			
厦 门	Xiamen			2378			
重庆测绘院	Chongqing Institute of Surveying and Mapping			8434	3622		
中国地图出版集团	China Map Publishing Group			41116		81	
中国测绘科学研究院	Chinese Academy of Surveying and Mapping			154461	7816		
国家基础地理信息中心	National Geomatics Center of China			203027			
卫星测绘应用中心	Satellite Surveying and Mapping Application Center						

8-9 各地区测绘地理信息部门资料提供情况(2015年)
Statistics on Geographic Information Department of Surveying and Mapping Materials by Region (2015)

地区	Region	地形图合计(张) Topographic Map (piece)	1:10000	1:50000	测绘基准成果(点) Surveying and Mapping Datum Product (point)	航摄成果(平方千米) Aerial Photograph (Square kilometers)	专题地图(张) Thematic Map (piece)
全国	**National Total**	**1415284**	**67030**	**1190135**	**114822**	**1230861**	**48399**
北京	Beijing	5742	79		12447		21440
天津	Tianjin				7		
河北	Hebei	1332	1131	109	1134	43240	
山西	Shanxi	3711	3007	655	343		520
内蒙古	Inner Mongolia	5676	3891	1479	5827	24270	1500
辽宁	Liaoning	1469	1134	335	891		119
吉林	Jilin	3767			4923	180000	2127
黑龙江	Heilongjiang	3688	1554	1393	4197		
上海	Shanghai	132158	20		5426		51
江苏	Jiangsu	1703	1302	401	8029	8643	
浙江	Zhejiang	543	382	109	1208	14069	
安徽	Anhui	7263	4674	721	3406	1611	1
福建	Fujian	2490	2273	184	917	10969	
江西	Jiangxi	6592	5328	1080	5282	364834	
山东	Shandong	1571	1268	76	429	2403	
河南	Henan	2956	2676	276	329	18460	
湖北	Hubei	695	396	294	2098	40045	
湖南	Hunan	2141	1838	281	1002	156886	
广东	Guangdong	3893	3511	319	2018	1242	
广西	Guangxi	5660	4449	1207	8379	30000	
海南	Hainan	111	3	103	600	42065	714
重庆	Chongqing	1692	1128	540	382	3649	626
四川	Sichuan	1337	706	515	6091	17764	
贵州	Guizhou	4983	3913	956	6837	247611	
云南	Yunnan	7383	6008	1324	7867		
西藏	Tibet	1561	109	1169	491		17637
陕西	Shaanxi	7143	5750	1287	2222	102	
甘肃	Gansu	8288	6247	2022	1864		10
青海	Qinghai	1383	106	1235	1259	900	769
宁夏	Ningxia	1658	1159	490	75	8620	
新疆	Xinjiang	9092	2988	5055	11452		2085
青岛	Qingdao				33		
大连	Dalian	139					
宁波	Ningbo	5580			122		
深圳	Shenzhen	846			187		
厦门	Xiamen	2051			20		800
国家基础地理信息中心	National Geomatics Center of China	1168987		1166520	7028	13478	

8-10 国际科技合作项目
International Cooperation Exchange for Science and Technology

单位：项 (item)

项　目	Item	1995	2005	2008	2009	2010	2011	2012	2013	2014	2015
按出国项目分	**by Type of Project Going Abroad**										
合　计	**Total**	**18845**	**19132**	**34408**	**44531**	**40572**	**48965**	**53928**	**56047**	**68159**	**72103**
考察访问	Field Trip	6133	6218	6977	8506	8316	8654	11395	9743	9773	11136
国际会议	International Conference	5170	6565	14910	19102	17549	21077	23368	26173	31810	34794
合作研究	Cooperative Research	3052	2341	5270	6346	5575	6854	7753	8522	11809	12123
培　训	Training	2687	1593	1750	1928	2635	2771	2943	3202	4496	2954
展览会	Exhibition	496	577	411	375	487	610	651	533	688	472
其　他	Others	1307	1838	5090	8274	6010	8999	7818	7874	9583	10624
按来华项目分	**by Type of Project Coming to China**										
合　计	**Total**	**8940**	**15829**	**24897**	**26539**	**26065**	**27414**	**26735**	**26517**	**30369**	**28061**
考察访问	Field Trip	5050	6081	8817	11791	10382	11113	11359	11722	9751	9595
国际会议	International Conference	1212	3729	8007	5019	5342	4564	4076	4834	4211	3548
合作研究	Cooperative Research	1522	3470	5044	6592	6655	7842	7547	6865	10696	9751
培　训	Training	363	695	988	1174	1425	1069	1154	1252	1995	1199
展览会	Exhibition	149	447	373	116	116	100	255	261	139	99
其　他	Others	644	1407	1668	1847	2145	2726	2344	1583	3577	3869

8-11 国际科技合作项目参加人数
Personnel Participated in International Cooperation Exchange for Science and Technology

单位：人次 (person-time)

项 目	Item	1995	2005	2008	2009	2010	2011	2012	2013	2014	2015
按出国项目分	**by Type of Project Going Abroad**										
合 计	**Total**	**58883**	**54347**	**69125**	**103744**	**103972**	**124142**	**139701**	**128669**	**135335**	**135550**
考察访问	Field Trip	21578	23335	18543	23220	24891	29111	33026	26175	22800	21590
国际会议	International Conference	10937	10476	21848	34730	36047	39578	50561	46972	52323	56407
合作研究	Cooperative Research	6873	4884	8053	12385	10617	12464	16429	14766	20024	20117
培 训	Training	12127	7520	6056	7818	10151	10179	11577	9937	12689	6273
展览会	Exhibition	3729	3086	2330	2701	3080	3467	9932	9108	3441	5633
其 他	Others	3639	5046	12295	22890	19186	29343	18176	21711	24058	25530
按来华项目分	**by Type of Project Coming to China**										
合 计	**Total**	**35098**	**70900**	**99955**	**130019**	**118747**	**133278**	**117221**	**156907**	**114384**	**110741**
考察访问	Field Trip	15587	21192	35201	63086	52259	54247	44129	42326	33080	31124
国际会议	International Conference	9101	28765	29507	36460	35798	43820	39622	41870	40915	35860
合作研究	Cooperative Research	4029	8470	10583	14911	13139	18882	15751	15530	18538	16375
培 训	Training	1376	2506	4865	4097	5857	6560	7306	3201	10918	5221
展览会	Exhibition	3271	6822	14332	5211	3477	1979	2929	44446	2923	5506
其 他	Others	1734	3145	5467	6254	8217	7790	7484	6534	8010	16655

8-12 中国科协系统
Basic Statistics on Scientific and Technological Activities

指　　标	Item
机构和人员	**Associations or Academic Societies and Personnel**
机构数(个)	Number of Associations or Academic Societies(unit)
从业人员(人)	Number of Persons Engaged(person)
学会数(个)	Number of Academic Societies(unit)
学会个人会员(万人)	Number of Individual Members of Academic Societies(10 000 persons)
学会从业人员(人)	Number of Persons Engaged of Academic Societies(person)
#社会聘用人员(人)	Number of External Employees(person)
企业科协(个)	Number of Enterprises Association for Science and Technology(unit)
个人会员(万人)	Number of Individual Members(10 000 persons)
高等院校科协(个)	Number of Institutions of Higher Learning for Science and Technology(unit)
个人会员(万人)	Number of Individual Members(10 000 persons)
街道科普协会(人)	Number of Science Associations of Street Communities(person)
个人会员(人)	Number of Individual Members(10 000 persons)
乡镇科普协会(人)	Number of Science Associations of Towns(person)
个人会员(人)	Number of Individual Members(10 000 persons)
农技协(个)	Number of Rural Professional and Technical Associations(unit)
个人会员(万人)	Number of Individual Members(10 000 persons)
学术交流活动	**Academic Exchange**
学术交流活动(次)	Number of Academic Exchanges(time)
参加人数(万人次)	Number of Participants(10 000 person-time)
#企业科技工作者	Number of Enterprise Technology Workers
科学技术普及活动	**S&T Popularization Activities**
举办科普宣讲活动(次)	Number of S&T Popularization Propaganda activity(time)
宣讲活动受众人数(万人次)	Number of Participants(10 000 person-time)
实用技术培训人数(万人次)	Number of Persons Trained for Practical Technologies(10 000 persons)
推广新技术、新品种(项)	Promotions of New Technology and New Varieties(item)
参加活动科技人员(万人次)	Number of Scientific and Technical Personnel Participating in Activities(10 000 person-time)
青少年科技教育	**Science and Technology Education for Youth**
举办青少年科普宣讲活动(次)	Science Preaches for Youth(time)
受众人数(万人次)	Number of audiences(10 000 persons)
举办青少年科技竞赛(次)	Competitions of Science and Technology for Youth(time)
参加人数(万人次)	Number of participants(10 000 persons)
举办青少年科学营(次)	Science Camp for Youth(time)
参加人数(万人次)	Number of participants(10 000 persons)

科技活动情况（2015年）
of China Associations for Science and Technology (2015)

总计 Total	科协小计 Total Number of Associations	学会小计 Total Number of Academic Societies	全国学会 National Learned Societies	省级学会 Provincial Learned Societies
3215	3215			
38512	38512			
3949		3949	204	3745
1363		1363	495	868
30686		30686	3546	27140
5954		5954	1222	4732
23929	23929			
374	374			
831	831			
66	66			
13636	13636			
70	70			
29911	29911			
213	213			
110476	110476			
1487	1487			
29105	6873	22232	5253	16979
503	99	404	134	270
114	36	78	28	50
380770	280966	99804	8449	91355
32180	18529	13651	9100	4551
3178	3007	171	25	146
67358	57228	10130	914	9216
408	288	120	20	100
43753	27519	16234	2362	13872
3552	3031	521	184	337
12577	11622	955	169	786
4956	4087	869	218	651
3010	2057	953	58	895
50	42	8	1	7

8-12 续表

指　标	Item
科技开放与交流	**Openness and Communication Technology**
参加国外科技活动人数(人次)	Number of Participating Foreign Scientific and Technological Activities (person-time)
接待国外专家学者(人次)	Number of Reception Foreign Experts and Scholars(person-time)
科技服务	**S&T Service**
提供决策咨询报告(篇)	Number of Provided Policy Decision Consultation Report(piece)
科技评价(项)	Number of Technology Evaluation(item)
科普惠农兴村奖补资金(万元)	Bonus for Rural Areas and Farmers Benefited by Science
科普惠农兴村表彰的先进单位和个人(个)	Commended Advanced Agencies for Rural Areas and Farmers Benefited by Science(unit or person)
开展"讲、比"活动企业数(个)	Number of Carrying out "ideal and contribution" Competition Enterprises (unit)
参与"讲、比"活动的科技人员(万人次)	Number of "ideal and contribution" Competition S&T Staffs(10 000 person-time)
为科技工作者服务	**Services for the Scientific and Technological Workers**
反映科技工作者建议(条)	Number of S&T Workers Proposals(item)
走访看望(慰问)科技工作者(人次)	Number of Visiting (Condolence)S&T Workers(person-time)
表彰奖励科技工作者(人次)	Number of Recognition and Award S&T Workers (person-time)
#女性科技工作者	Number of Recognition and Award Female S&T Workers
科技期刊与科技传播	**Scientific Journals and Science and Technology Communication**
主办科技期刊(种)	Number of Scientific & Technological Journals(kind)
总印数(万册)	Printed Copies(10 000 copies)
主办科技报纸(种)	Number of Scientific & Technological Newspapers(kind)
总印数(万份)	Printed Copies(10 000 copies)
编著科技图书(种)	Number of Scientific & Technological Books(kind)
总印数(万册)	Printed Copies(10 000 copies)
主办科技网站(个)	Number of Science and Technology Sites(unit)
浏览人数(万人次)	Number of Visitors(10 000 person-time)
科普基础设施建设	**S&T Popularization Infrastructure Construction**
科技馆(个)	Number of Science and Technology Museum(unit)
#建筑面积8000平方米以上	#Floorage of More Than 8000 Square Meters
全年参观人数(万人次)	Number of Participants(10 000 person-time)
#少儿参观人数	Number of Participants for Children
农村科普示范基地(个)	Demonstrate Bases of Popular Science in Rural Areas(unit)
科普画廊建筑面积(宣传栏、橱窗)(平方米)	Building Area of Popular Science Galleries(Boards, Showcase)(square meters)
科普画廊展示面积(平方米)	Display Area of Popular Science Galleries(square meters)
科普大篷车行驶里程(公里)	Mileage of Popular Science Caravan(kilometers)

continued

总计 Total	科协小计 Total Number of Associations	学会小计 Total Number of Academic Societies	全国学会 National Learned Societies	省级学会 Provincial Learned Societies
19701	1311	18390	9760	8630
28146	5008	23138	11745	11393
11895	7479	4416	641	3775
10372	2091	8281	3241	5040
50120	50120			
10247	10247			
30637	30115			
194	191			
27970	22626	5344	329	5015
82413	59392	23021	3996	19025
126191	55799	70392	28342	42050
36638	17972	18666	6794	11872
2670	468	2202	1064	1138
12425	4227	8198	4929	3269
220	139	81	10	71
11517	11210	307	119	188
4325	2526	1799	490	1309
2579	1744	835	176	659
2631	1481	1150	358	729
211790	30326	181463	154408	27055
445	445			
76	76			
4218	4218			
2371	2371			
37354	37354			
2761871	2761871			
6334833	6334833			
6423117	6423117			

8-13 各地区科学普及
Main Indicators of Science and Technology

地 区	Region	科普专职人员 Full Time S&T Popularization Personnel	科普兼职人员 Part Time S&T Popularization Personnel	科技馆数量 (个) S&T Museums (unit)	科技馆建筑面积 (万平方米) Construction Area (10 000 m²)	科技馆展厅面积 (万平方米) Exhibition Area (10 000 m²)
全 国	**National Total**	**221511**	**1832309**	**444**	**3138406**	**1542017**
东部地区	Eastern Region	75781	731130	205	1646565	836030
中部地区	Middle Region	60282	364353	106	529747	247703
西部地区	Western Region	73023	629239	100	653190	316329
东北地区	Northeast Region	12425	107587	33	308904	141955
北 京	Beijing	7324	40939	25	215659	125166
天 津	Tianjin	3039	34902	1	18000	10000
河 北	Hebei	6771	55983	10	61212	27858
山 西	Shanxi	4941	38012	5	11350	4570
内 蒙 古	Inner Mongolia	5671	39460	18	147607	41392
辽 宁	Liaoning	7425	70734	16	215988	83587
吉 林	Jilin	1501	14680	9	13300	8090
黑 龙 江	Heilongjiang	3499	22173	8	79616	50278
上 海	Shanghai	8090	43151	32	232444	132412
江 苏	Jiangsu	13516	150179	13	119429	66687
浙 江	Zhejiang	7523	110913	26	250851	106020
安 徽	Anhui	11589	59997	14	131702	62118
福 建	Fujian	5074	114819	35	193344	112663
江 西	Jiangxi	6113	46816	7	36981	19242
山 东	Shandong	14286	105943	24	211460	110156
河 南	Henan	11630	76622	12	90915	44934
湖 北	Hubei	12564	69294	60	201749	88068
湖 南	Hunan	13445	73612	8	57050	28771
广 东	Guangdong	8410	64147	34	322720	138823
广 西	Guangxi	5506	42246	3	51877	29472
海 南	Hainan	1748	10154	5	21446	6245
重 庆	Chongqing	4252	46952	10	70288	42935
四 川	Sichuan	9391	206771	8	57063	33675
贵 州	Guizhou	3041	40103	7	29252	16200
云 南	Yunnan	14877	80603	8	38801	24400
西 藏	Tibet	609	3908			
陕 西	Shaanxi	11527	68366	12	84770	39575
甘 肃	Gansu	9751	51404	7	18150	9148
青 海	Qinghai	1531	7164	4	37101	15710
宁 夏	Ningxia	1348	12163	4	48503	26181
新 疆	Xinjiang	5519	30099	19	69778	37641

基本情况（2015年）
Popularization by Region (2015)

科技馆 当年参观人数 (万人次) Visitors (10 000 person-time)	年度科普经费筹集额 (万元) Annual Funding for S&T Popularization (10 000 yuan)	科普图书 Popular Science Books 出版种数 (种) Types of Publications (kind)	科普图书 Popular Science Books 出版总册数 (万册) Total Copies (10 000 copies)	科技活动周 Science & Technology Week 科普专题活动次数 (次) Number of S&T Week Held (time)	科技活动周 Science & Technology Week 参加人数 (万人次) Number of Participants (10 000 person-time)
4695	**1412010**	**16740**	**13491**	**117506**	**15753**
2624	791341	8524	9664	51157	10821
647	191821	2206	1315	19085	1529
1060	374332	5379	2218	39238	2862
363	54517	631	294	8026	542
456	212622	4595	7334	6662	6406
47	21284	211	63	7921	347
63	28212	62	39	5174	324
5	7382	260	164	955	73
74	18136	754	207	2061	168
246	41038	216	234	4155	394
8	4575	128	21	707	32
110	8904	287	39	3164	116
700	136441	1074	758	5480	680
154	104307	504	192	9049	942
273	85674	593	450	5478	444
179	26360	188	131	2736	141
289	43069	346	89	4434	226
54	27735	557	589	3082	235
221	51511	375	308	3796	1003
142	26155	261	128	3318	296
205	66613	815	244	5405	468
62	37576	125	58	3589	317
324	98724	646	399	2127	374
143	35991	378	336	4552	535
100	9498	118	29	1036	76
253	60310	248	226	2205	239
151	44951	825	396	5701	474
54	43285	83	53	3670	229
37	68804	469	204	4470	329
	8103	76	15	311	5
63	28395	759	347	5215	258
2	16022	188	61	4148	230
69	16143	288	103	661	71
87	5490	338	179	1164	58
126	28701	973	92	5080	267

8-14 全国生产力促进中心主要经济指标
Main Economic Indicators of Productivity Promotion Centers(PPCs) in China

年 份	中心总数（个）Number of Productivity Promotion Centers (unit)	总资产（亿元）Total Assets (100 million yuan)	服务企业总数（万个）Total Number of Serviced Enterprises (10 000 units)	中心年总服务收入（亿元）Total Service Income (100 million yuan)	为企业增加销售额（亿元）Enterprises Sales Income Increased by PPCs Service (100 million yuan)	增加利税（亿元）Profits and Taxes Added (100 million yuan)	为社会增加就业（万人）Employment for Society Added (10 000 persons)
1998	254	13.5	1.9	2.2	177.0	18.0	5.7
1999	491	17.6	4.9	4.5	155.0	26.7	11.3
2000	581	27.8	3.4	8.9	388.0	57.0	28.0
2001	701	31.2	5.0	11.3	407.0	69.0	34.5
2002	865	61.4	7.8	10.3	300.0	45.0	48.1
2003	1070	67.0	6.5	13.6	477.0	66.0	150.2
2004	1218	77.1	9.2	18.7	642.0	88.1	175.3
2005	1270	90.6	9.7	18.4	1078.0	112.0	86.7
2006	1331	109.9	10.3	24.8	752.0	107.0	108.9
2007	1425	116.4	15.5	40.6	1299.0	193.6	110.6
2008	1532	162.5	19.0	30.4	1202.0	175.5	134.1
2009	1808	209.2	24.5	30.8	1796.8	208.2	165.8
2010	2032	157.1	24.5	38.4	1578.6	203.9	165.6
2011	2274	260.8	30.7	62.8	1918.2	284.0	180.0
2012	2281	295.1	38.0	89.0	2535.2	341.7	186.2
2013	2581	351.0	38.7	139.1	5282.8	397.1	193.7
2014	2152	325.0	42.7	68.2	2480.7	447.1	153.8
2015	2688	284.4	44.2	57.6	1794.4	275.0	127.9

九、国际比较

International Comparison

9-1 研究与试验发展(R&D)经费及占国内生产总值的比重
R&D Expenditure and as a Percentage of GDP

单位：10亿本国货币单位 (billion of national currency)

国 家(地区)	Country (Area)	R&D经费 R&D Expenditure											
		1995	1996	1997	1998	1999	2000	2001	2002	2003	2004	2005	2006
中 国	China	34.9	40.4	50.9	55.1	67.9	89.6	104.3	128.8	154.0	196.6	245.0	300.3
美 国	USA	184.1	197.8	212.7	226.9	245.5	269.5	280.2	279.9	293.9	305.6	328.1	353.3
日 本	Japan	13369.1	14155.1	14794.0	15169.2	15032.7	15304.4	15542.8	15551.5	15683.4	15782.7	16672.6	17273.5
英 国	UK	14.0	14.3	14.7	15.5	16.9	17.7	18.3	19.2	19.9	20.2	21.7	23.2
法 国	France	27.3	27.8	27.8	28.3	29.5	31.0	32.9	34.5	34.6	35.7	36.2	37.9
德 国	Germany	40.5	41.2	42.9	44.6	48.2	50.6	52.0	53.4	54.5	55.0	55.7	58.8
澳大利亚	Australia		8.8		8.9		10.4		13.2		16.0		21.8
加拿大	Canada	13.8	13.8	14.6	16.1	17.6	20.6	23.1	23.5	24.7	26.7	28.0	29.1
意大利	Italy	9.2	9.9	10.8	11.4	11.5	12.5	13.6	14.6	14.8	15.3	15.6	16.8
瑞 典	Sweden	59.0		67.0		76.6		97.0		96.8	95.1	98.5	108.5
瑞 士	Switzerland		10.0				10.7				13.1		
土耳其	Turkey	0.0	0.1	0.1	0.3	0.5	0.8	1.3	1.8	2.2	2.9	3.8	4.4
奥地利	Austria	2.7	2.9	3.1	3.4	3.8	4.0	4.4	4.7	5.0	5.2	6.0	6.3
比利时	Belgium	3.5	3.7	4.1	4.3	4.6	5.0	5.4	5.2	5.2	5.4	5.6	5.9
捷 克	Czech	14.0	16.3	19.5	22.9	23.6	26.5	28.3	29.6	32.2	35.1	38.1	43.3
丹 麦	Denmark	18.5	19.7	21.7	23.8	26.4		31.9	34.4	36.1	36.4	38.0	40.4
芬 兰	Finland	2.2	2.5	2.9	3.4	3.9	4.4	4.6	4.8	5.0	5.3	5.5	5.8
希 腊	Greek	0.4		0.5		0.8		0.9		1.0	1.0	1.2	1.2
冰 岛	Iceland	7.0		9.7	11.8	14.5	18.3	22.8	24.1	23.7		28.4	35.0
爱尔兰	Ireland	0.7	0.8	0.9	1.0	1.1	1.2	1.3	1.4	1.6	1.8	2.0	2.2
墨西哥	Mexico	5.7	7.8	10.9	14.5	19.7	20.5	22.9	27.3	29.9	34.3	38.1	39.3
荷 兰	Netherlands	6.0	6.3	6.8	6.9	7.6	8.1	8.7	8.7	9.1	9.5	9.8	10.2
新西兰	New Zealand	0.9		1.1		1.1		1.4		1.7		1.8	
挪 威	Norway	15.9		18.2		20.3		24.4	25.4	27.2	27.5	29.5	32.3
葡萄牙	Portugal	0.5	0.5	0.6	0.7	0.8	0.9	1.0	1.0	1.0	1.1	1.2	1.6
西班牙	Spain	3.6	3.9	4.0	4.7	5.0	5.7	6.2	7.2	8.2	8.9	10.2	11.8
韩 国	South Korea	9440.6	10878.1	12185.8	11336.6	11921.8	13848.5	16110.5	17325.1	19068.7	22185.3	24155.4	27345.7
中国台北	Taipei	125.0	138.0	156.3	176.5	190.5	197.6	205.0	224.4	242.9	263.3	281.0	307.0
新加坡	Singapore	1.4	1.8	2.1	2.5	2.7	3.0	3.2	3.4	3.4	4.1	4.6	5.0
匈牙利	Hungary	41.2	44.9	61.7	68.6	78.2	105.4	140.6	171.5	175.8	181.5	207.8	238.0
波 兰	Poland	2.1	2.8	3.4	4.0	4.6	4.8	4.9	4.5	4.6	5.2	5.6	5.9
俄罗斯联邦	Russian Federation	12.1	19.4	24.4	25.1	48.1	76.7	105.3	135.0	169.9	196.0	230.8	288.8
巴 西	Brazil	5.6	6.0				10.9	12.2	14.6	16.3	17.5	20.9	23.6
印 度	India	74.8	89.1	106.1	129.0	150.9	176.6	180.3	170.4	180.0	197.3	216.4	287.8

9-1 续表 1 continued

单位：10亿本国货币单位，% (billion of national currency,%)

国 家（地区）	Country (Area)	R&D经费 R&D Expenditure								R&D / GDP				
		2007	2008	2009	2010	2011	2012	2013	2014	1995	1996	1997	1998	1999
中 国	China	371.0	461.6	580.2	706.3	868.7	1029.8	1184.7	1301.6	0.57	0.56	0.64	0.65	0.75
美 国	USA	380.3	407.2	406.4	410.1	428.7	436.1	457.0		2.40	2.44	2.47	2.50	2.54
日 本	Japan	17756.2	17377.2	15817.7	15696.5	15945.1	15883.6	16680.1	17472.9	2.92	2.81	2.87	3.00	3.02
英 国	UK	25.0	25.6	25.9	26.4	27.4	27.0	28.9	30.9	1.79	1.71	1.66	1.67	1.75
法 国	France	39.3	41.1	42.8	43.5	45.1	46.5	47.5	48.1	2.29	2.27	2.19	2.14	2.16
德 国	Germany	61.5	66.5	67.1	70.0	75.6	79.1	79.7	84.5	2.13	2.14	2.18	2.21	2.33
澳大利亚	Australia		28.3		30.9	31.7		33.5			1.61		1.44	
加拿大	Canada	30.0	30.8	30.1	30.6	31.8	32.7	32.0	31.8	1.66	1.61	1.62	1.72	1.76
意大利	Italy	18.2	19.0	19.2	19.6	19.8	20.5	21.0	20.8	0.97	0.99	1.03	1.05	1.02
瑞 典	Sweden	107.4	118.4	113.4	113.2	118.8	120.9	124.6	123.8	3.28		3.47		3.57
瑞 士	Switzerland		16.3				18.5				2.65			
土耳其	Turkey	6.1	6.9	8.1	9.3	11.2	13.1	14.8	17.6	0.38	0.45	0.49	0.50	0.63
奥地利	Austria	6.9	7.5	7.5	8.1	8.3	9.3	9.6	10.1	1.53	1.58	1.66	1.74	1.85
比利时	Belgium	6.4	6.8	6.9	7.5	8.2	9.2	9.5	9.9	1.64	1.73	1.79	1.82	1.89
捷 克	Czech	50.0	49.9	50.9	53.0	62.8	72.4	77.9	85.1	0.95	0.97	1.08	1.15	1.14
丹 麦	Denmark	43.7	50.0	52.6	52.8	54.4	56.5	58.2	59.3	1.82	1.84	1.92	2.04	2.18
芬 兰	Finland	6.2	6.9	6.8	7.0	7.2	6.8	6.7	6.5	2.20	2.45	2.62	2.79	3.06
希 腊	Greek	1.3	1.6	1.5	1.4	1.4	1.3	1.5	1.5	0.43		0.45		0.60
冰 岛	Iceland	35.1	39.2	42.2		42.4		35.2	37.6	1.50		1.79	1.96	2.25
爱尔兰	Ireland	2.4	2.6	2.7	2.7	2.7	2.7	2.8	2.8	1.22	1.27	1.24	1.21	1.15
墨西哥	Mexico	42.0	49.5	52.1	60.3	61.8	67.4	80.6	92.6	0.28	0.28	0.31	0.34	0.38
荷 兰	Netherlands	10.3	10.5	10.4	10.9	12.2	12.5	12.7	13.3	1.85	1.86	1.87	1.76	1.84
新西兰	New Zealand	2.2		2.4		2.6		2.7		0.95		1.09		1.00
挪 威	Norway	36.8	40.5	41.9	42.8	45.4	48.0	50.7	53.9	1.65		1.59		1.61
葡萄牙	Portugal	2.0	2.6	2.8	2.8	2.6	2.3	2.3	2.2	0.52	0.55	0.56	0.62	0.68
西班牙	Spain	13.3	14.7	14.6	14.6	14.2	13.4	13.0	12.8	0.77	0.79	0.78	0.85	0.84
韩 国	South Korea	31301.4	34498.1	37928.5	43854.8	49890.4	55450.1	59300.9	63734.1	2.20	2.26	2.30	2.16	2.07
中国台北	Taipei	331.8	351.9	367.8	395.8	414.4	433.5	457.6	483.5	1.69	1.72	1.79	1.88	1.94
新加坡	Singapore	6.3	7.1	6.0	6.5	7.4	7.2	7.6	8.5	1.10	1.32	1.42	1.74	1.82
匈牙利	Hungary	245.7	266.4	299.2	310.2	336.5	363.7	420.1	441.1	0.71	0.63	0.70	0.66	0.67
波 兰	Poland	6.7	7.7	9.1	10.4	11.7	14.4	14.4	16.2	0.62	0.64	0.64	0.66	0.68
俄罗斯	Russian	371.1	431.1	485.8	523.4	610.4	699.9	749.8	847.5	0.85	0.97	1.04	0.95	1.00
联邦	Federation									0.87	0.77			
巴 西	Brazil	28.6	32.8	37.8	45.1	49.9	54.3	63.7						
印 度	India	315.8	473.5	530.4	620.5	726.2	894.9	990.3	1021.1	0.71	0.72	0.77	0.81	0.82

9-1 续表 2 continued

单位：% (%)

国家（地区）	Country (Area)	2000	2001	2002	2003	2004	2005	2006	2007	2008	2009	2010	2011	2012	2013	2014
中　国	China	0.89	0.94	1.06	1.12	1.21	1.31	1.37	1.37	1.44	1.66	1.71	1.78	1.91	1.99	2.02
美　国	USA	2.62	2.64	2.55	2.55	2.49	2.51	2.55	2.63	2.77	2.82	2.74	2.76	2.70	2.74	
日　本	Japan	3.04	3.12	3.17	3.20	3.17	3.32	3.41	3.46	3.47	3.36	3.25	3.38	3.34	3.48	3.59
英　国	UK	1.72	1.71	1.72	1.67	1.61	1.63	1.65	1.68	1.69	1.74	1.69	1.69	1.62	1.66	1.70
法　国	France	2.15	2.20	2.23	2.17	2.15	2.10	2.11	2.08	2.12	2.26	2.25	2.25	2.29	2.23	2.26
德　国	Germany	2.39	2.39	2.42	2.46	2.42	2.42	2.46	2.45	2.60	2.73	2.71	2.80	2.87	2.83	2.90
澳大利亚	Australia	1.48		1.65		1.73		2.00		2.25		2.19	2.12		2.11	
加拿大	Canada	1.86	2.03	1.98	1.97	2.00	1.98	1.95	1.91	1.86	1.92	1.84	1.80	1.79	1.69	1.61
意大利	Italy	1.01	1.04	1.08	1.06	1.05	1.05	1.09	1.13	1.16	1.22	1.22	1.21	1.27	1.31	1.29
瑞　典	Sweden		4.18		3.85	3.62	3.60	3.68	3.40	3.70	3.60	3.40	3.37	3.41	3.30	3.16
瑞　士	Switzerland	2.53				2.90				2.99				2.97		
土耳其	Turkey	0.64	0.72	0.66	0.48	0.52	0.59	0.58	0.72	0.73	0.85	0.84	0.86	0.92	0.95	1.01
奥地利	Austria	1.89	2.00	2.07	2.18	2.17	2.38	2.37	2.43	2.59	2.61	2.74	2.68	2.93	2.96	3.07
比利时	Belgium	1.92	2.02	1.89	1.83	1.81	1.78	1.81	1.84	1.92	1.99	2.05	2.16	2.36	2.43	2.47
捷　克	Czech	1.21	1.20	1.20	1.25	1.25	1.41	1.49	1.48	1.41	1.48	1.56	1.85	1.88	1.91	2.00
丹　麦	Denmark		2.39	2.51	2.58	2.48	2.45	2.48	2.58	2.85	3.06	3.06	3.09	2.98	3.06	3.05
芬　兰	Finland	3.25	3.20	3.26	3.30	3.31	3.33	3.34	3.35	3.55	3.75	3.73	3.64	3.42	3.29	3.17
希　腊	Greek		0.58		0.55	0.53	0.58	0.56	0.58	0.66	0.63	0.60	0.67	0.70	0.81	0.84
冰　岛	Iceland	2.60	2.88	2.87	2.74		2.70	2.92	2.58	2.54	2.66		2.49		1.87	1.89
爱尔兰	Ireland	1.09	1.05	1.06	1.12	1.18	1.19	1.20	1.23	1.39	1.61	1.61	1.53	1.56	1.54	1.49
墨西哥	Mexico	0.33	0.35	0.39	0.39	0.39	0.40	0.37	0.37	0.40	0.43	0.45	0.43	0.43	0.50	0.54
荷　兰	Netherlands	1.81	1.82	1.77	1.81	1.81	1.79	1.76	1.69	1.64	1.69	1.72	1.90	1.94	1.96	2.00
新西兰	New Zealand		1.10		1.15		1.12		1.16		1.25		1.23		1.15	
挪　威	Norway		1.56	1.63	1.68	1.55	1.48	1.46	1.56	1.56	1.72	1.65	1.63	1.62	1.65	1.71
葡萄牙	Portugal	0.72	0.76	0.72	0.70	0.73	0.76	0.95	1.12	1.45	1.58	1.53	1.46	1.38	1.33	1.29
西班牙	Spain	0.88	0.89	0.96	1.02	1.04	1.10	1.17	1.23	1.32	1.35	1.35	1.33	1.28	1.26	1.23
韩　国	South Korea	2.18	2.34	2.27	2.35	2.53	2.63	2.83	3.00	3.12	3.29	3.47	3.74	4.03	4.15	4.29
中国台北	Taipei	1.91	2.02	2.10	2.22	2.26	2.32	2.43	2.47	2.68	2.84	2.80	2.90	2.95	3.00	3.00
新加坡	Singapore	1.82	2.02	2.07	2.03	2.10	2.16	2.13	2.34	2.62	2.16	2.01	2.15	2.00	2.00	2.20
匈牙利	Hungary	0.79	0.91	0.98	0.92	0.86	0.93	0.99	0.96	0.99	1.14	1.15	1.20	1.27	1.40	1.37
波　兰	Poland	0.64	0.62	0.56	0.54	0.56	0.57	0.55	0.56	0.60	0.67	0.72	0.75	0.88	0.87	0.94
俄罗斯联邦	Russian Federation	1.05	1.18	1.25	1.29	1.15	1.07	1.07	1.12	1.04	1.25	1.13	1.09	1.13	1.13	1.19
巴　西	Brazil	0.99	1.02	0.95	0.88	0.83	0.97	1.02	1.07	1.09	1.18	1.16	1.14	1.15	1.24	1.26
印　度	India	0.86	0.82	0.82	0.80	0.78	0.61	0.88	0.76	0.89	0.80	0.79	0.85	0.91	0.91	0.82

9-2 研究与试验发展

International Comparison

项　目	Item	中国 China	澳大利亚 Australia	奥地利 Austria	比利时 Belgium	加拿大 Canada	捷克 Czech Republic
一、R&D人员	**R&D personnel**						
1.人力资源	**Human Resources**	**2015**	**2010**	**2014**	**2014**	**2013**	**2014**
从事R&D活动人员(千人年)	R&D Personnel(1 000 person-years)	3758.8	147.8	68.1	68.7	226.6	64.4
#研究人员	Researchers	1619.0	100.4	41.6	46.9	159.2	36.0
每万人就业人员中从事 R&D活动人员(人年)	R&D Personnel in 10 000 Labor Forces (person-year)	49	132	160	151	126	126
#研究人员	Researchers	21	90	97	103	88	71
2.从事R&D活动人员按执行部门分(%)	**R&D Personnel by Performing Sectors (%)**						
企业部门	Business Enterprise Sector	78.1	38.2	70.1	56.5	58.4	55.5
政府部门	Government Sector	10.1	12.4	3.8	8.8	8.0	18.4
高等教育部门	Higher Education Sector	9.0	46.9	25.4	34.3	33.0	25.6
其他部门	Other Sectors	2.8	2.5	0.6	0.4	0.6	0.5
二、R&D经费	**R&D Funds**						
1.按经费来源分(%)	**By sources of Funds (%)**	**2015**	**2008**	**2014**	**2013**	**2014**	**2014**
来源于企业资金	Financed by Industry	74.7	61.9	47.2	56.9	45.4	35.9
来源于政府资金	Financed by Government	21.3	34.6	36.2	28.5	34.6	32.9
来源于其他资金	Financed by Other Sources	4.0	3.5	16.5	14.6	20.0	31.1
2.按执行部门分(%)	**By Performing Sector (%)**	**2015**	**2013**	**2014**	**2014**	**2014**	**2014**
企业部门	Business Enterprise Sector	76.8	56.3	70.8	71.2	49.9	56.0
政府部门	Government Sector	15.1	11.2	4.4	8.2	9.2	18.2
高等教育部门	Higher Education Sector	7.0	29.6	24.3	20.2	40.4	25.4
其他部门	Other Sectors	1.1	2.8	0.4	0.3	0.5	0.4
3.按研究类型分(%)	**By types of Research (%)**	**2015**	**2008**	**2011**			**2012**
基础研究	Basic Research	5.1	20.1	19.0			30.0
应用研究	Applied Research	10.8	38.7	35.1			36.3
试验发展	Experimental Development	84.1	41.2	45.9			33.7

(R&D)活动的国际比较
of R&D Activities

丹麦 Denmark	法国 France	德国 Germany	意大利 Italy	日本 Japan	韩国 Korea	瑞典 Sweden	瑞士 Switzerland	土耳其 Turkey	英国 United Kingdom	美国 United States	俄罗斯联邦 Russian Federation
2014	**2014**	**2014**	**2014**	**2014**	**2014**	**2014**	**2012**	**2014**	**2014**	**2013**	**2014**
58.7	422.5	603.9	246.4	895.3	430.9	83.5	75.5	115.4	387.9		829.2
40.6	269.4	351.1	120.0	682.9	345.5	66.6	36.0	89.7	273.6	1308.0	444.9
212	155	141	101	137	168	176	158	45	126		116
147	99	82	49	105	135	141	75	35	89	89	62
61.4	59.7	61.5	51.5	68.2	72.9	68.7	63.3	53.7	48.7		51.0
2.6	12.0	16.7	16.3	6.9	8.3	4.1	1.0	10.6	4.3		34.1
35.5	26.4	21.7	29.9	23.4	17.4	26.8	35.7	35.7	45.8		14.7
0.5	1.8		2.4	1.6	1.5	0.4			1.2		0.2
2014	**2013**	**2014**	**2013**	**2014**	**2014**	**2013**	**2012**	**2014**	**2014**	**2013**	**2014**
57.9	55.0	65.8	45.2	77.3	75.3	61.0	60.8	50.9	46.5	60.9	27.1
30.4	35.2	28.8	41.4	16.0	23.0	28.3	25.4	26.3	28.8	27.7	69.2
11.7	9.8	5.3	13.4	6.7	1.7	10.8	13.8	22.9	24.7	11.4	3.7
2014	**2014**	**2014**	**2014**	**2014**	**2014**	**2014**	**2012**	**2014**	**2014**	**2013**	**2014**
64.0	64.8	67.5	55.7	77.8	78.2	67.0	69.3	49.8	64.4	70.6	59.6
2.3	13.1	14.8	14.5	8.3	11.2	3.7	0.8	9.7	7.8	11.2	30.5
33.2	20.6	17.7	26.9	12.6	9.0	29.0	28.1	40.5	26.1	14.2	9.8
0.4	1.5		2.9	1.3	1.5	0.2	1.8		1.7	4.1	0.1
2012	**2012**		**2012**	**2013**	**2013**		**2012**		**2012**	**2013**	
18.3	24.2		25.3	12.6	18.0		30.4		15.5	17.6	
27.6	37.4		48.9	20.9	19.1		40.7		47.0	19.9	
54.1	38.4		25.8	66.5	62.9		28.9		37.5	62.5	

9-3 按ESI论文数量排序的前20个国家*

The Top 20 Most-cited Countries Sorted by Papers in ESI

国家 (地区)	Country (Area)	位 次 Rank	论文数量(篇) Papers (piece)	被引用次数(次) Citations (time)	论文引用率(次/篇) Citations Per Paper (time/piece)
美国	USA	1	3618254	60914853	16.84
中国	CHINA MAINLAND	2	1692302	14206735	8.39
德国	GERMANY (FED REP	3	949901	14537644	15.30
英格兰	ENGLAND	4	861356	14457852	16.78
日本	JAPAN	5	794405	9090972	11.44
法国	FRANCE	6	669256	9732922	14.54
加拿大	CANADA	7	585801	8877485	15.15
意大利	ITALY	8	565310	7775674	13.75
西班牙	SPAIN	9	486409	6174822	12.69
印度	INDIA	10	467276	3560329	7.62
澳大利亚	AUSTRALIA	11	456888	6292071	13.77
韩国	SOUTH KOREA	12	446209	4019991	9.01
荷兰	NETHERLANDS	13	344474	2538270	7.37
巴西	BRAZIL	14	336574	6075114	18.05
俄罗斯	RUSSIA	15	292999	1670473	5.70
中国台湾	TAIWAN	16	252172	2326234	9.22
瑞士	SWITZERLAND	17	244503	4682295	19.15
土耳其	TURKEY	18	233632	1502505	6.43
瑞典	SWEDEN	19	223134	3619964	16.22
波兰	POLAND	20	215774	1689079	7.83

注：数据来源于 Essential Science Indicators（基本科学指标数据库），年限跨度从2004年1月至2014年4月30日。
Source: Essential Science Indicators covering a ten-year plus four-month period, January 2004-April 30, 2014.

9-4 按ESI论文被引用次数排序的前20个国家*
The Top 20 Most-cited Countries Sorted by Citations in ESI

国家 (地区)	Country (Area)	位 次 Rank	被引用次数(次) Citations (time)	论文数量(篇) Papers (piece)	论文引用率(次/篇) Citations Per Paper (time/piele)
美国	USA	1	60914853	3618254	16.84
德国	GERMANY (FED REP GER)	2	14537644	949901	15.30
英格兰	ENGLAND	3	14457852	861356	16.78
中国	CHINA MAINLAND	4	14206735	1692302	8.39
法国	FRANCE	5	9732922	669256	14.54
日本	JAPAN	6	9090972	794405	11.44
加拿大	CANADA	7	8877485	585801	15.15
意大利	ITALY	8	7775674	565310	13.75
澳大利亚	AUSTRALIA	9	6292071	456888	13.77
西班牙	SPAIN	10	6174822	486409	12.69
荷兰	NETHERLANDS	11	6075114	336574	18.05
瑞士	SWITZERLAND	12	4682295	244503	19.15
韩国	SOUTH KOREA	13	4019991	446209	9.01
瑞典	SWEDEN	14	3619964	223134	16.22
印度	INDIA	15	3560329	467276	7.62
比利时	BELGIUM	16	3004452	185163	16.23
巴西	BRAZIL	17	2538270	344474	7.37
苏格兰	SCOTLAND	18	2399778	132446	18.12
丹麦	DENMARK	19	2396166	137129	17.47
中国台湾	TAIWAN	20	2326234	252172	9.22

注：数据来源于 Essential Science Indicators（基本科学指标数据库),年限跨度从2004年1月至2014年4月30日。
Source: Essential Science Indicators covering a ten-year plus four-month period, January 2004-April 30, 2014.

指标解释

Explanatory Notes of Indicators

指 标 解 释

研究与试验发展（R&D）：指在科学技术领域，为增加知识总量、以及运用这些知识去创造新的应用而进行的系统的、创造性的活动，包括基础研究、应用研究、试验发展三类活动。

基础研究：指为了获得关于现象和可观察事实的基本原理的新知识（揭示客观事物的本质、运动规律，获得新发展、新学说）而进行的实验性或理论性研究，它不以任何专门或特定的应用或使用为目的。

应用研究：指为获得新知识而进行的创造性研究，主要针对某一特定的目的或目标。应用研究是为了确定基础研究成果可能的用途，或是为达到预定的目标探索应采取的新方法（原理性）或新途径。

试验发展：指利用从基础研究、应用研究和实际经验所获得的现有知识，为产生新的产品、材料和装置，建立新的工艺、系统和服务，以及对已产生和建立的上述各项作实质性的改进而进行的系统性工作。

R&D 人员：指调查单位内部从事基础研究、应用研究和试验发展三类活动的人员。包括直接参加上述三类项目活动的人员以及这三类项目的管理人员和直接服务人员。为研发活动提供直接服务的人员包括直接为研发活动提供资料文献、材料供应、设备维护等服务的人员。

R&D 人员中全时人员：在报告年度实际从事 R&D 活动的时间占制度工作时间 90%及以上的人员。

R&D 人员全时当量：是国际上通用的、用于比较科技人力投入的指标。指 R&D 全时人员（全年从事 R&D 活动累积工作时间占全部工作时间的 90%及以上人员）工作量与非全时人员按实际工作时间折算的工作量之和。例如：有 2 个 R&D 全时人员（工作时间分别为 0.9 年和 1 年）和 3 个 R&D 非全时人员（工作时间分别为 0.2 年、0.3 年和 0.7 年），则 R&D 人员全时当量＝1+1+0.2+0.3+0.7=3.2（人年）。

研究人员：指 R&D 人员中具备中级以上职称或博士学历（学位）的人员。

R&D 经费内部支出：指调查单位在报告年度用于内部开展 R&D 活动的实际支出。包括用于 R&D 项目（课题）活动的直接支出，以及间接用于 R&D 活动的管理费、服务费、与 R&D 有关的基本建设支出以及外协加工费等。不包括生产性活动支出、归还贷款支出以及与外单位合作或委托外单位进行 R&D 活动而转拨给对方的经费支出。

日常性支出：指调查单位在报告年度为开展 R&D 活动而发生的人员劳务费，及其各项管理费用和购买非资产性的材料、物资费用等他日常支出。

资产性支出：指调查单位在报告年度为开展 R&D 活动而进行建造、购置、安装、改建、扩建固定资产，以及进行设备技术改造和大修理等实际支出的费用。

政府资金：指调查单位 R&D 经费内部支出中来自各级政府部门的各类资金，包括财政科学技术拨款、科学基金、教育等部门事业费以及政府部门预算外资金的实际支出。

企业资金：指调查单位 R&D 经费内部支出中来自本企业的自有资金和接受其他企业委托而获得的经费，以及科研院所、高校等事业单位从企业获得的资金的实际支出。

R&D 经费外部支出合计：指报告年度调查单位

委托外单位或与外单位合作进行 R&D 活动而拨给对方的经费。

R&D 项目（课题）：指调查单位在当年立项并开展研究工作、以前年份立项仍继续进行研究的研究开发项目或课题，包括当年完成和年内研究工作已告失败的研发项目或课题。

科技进步贡献率：指广义技术进步对经济增长的贡献份额，它反映在经济增长中投资、劳动和科技三大要素作用的相对关系。其基本含义是扣除了资本和劳动后科技等因素对经济增长的贡献份额。

专业技术人员：指从事专业技术工作和专业技术管理工作的人员，即企事业单位中已经聘任专业技术职务从事专业技术工作和专业技术管理工作的人员，以及未聘任专业技术职务，现在专业技术岗位上的人员。包括工程技术人员，农业技术人员，科学研究人员，卫生技术人员，教学人员，经济人员，会计人员，统计人员，翻译人员，图书资料、档案、文博人员，新闻出版人员，律师、公证人员，广播电视播音人员，工艺美术人员，体育人员，艺术人员及企业政治思想工作人员，共十七个专业技术职务类别。

新产品：指采用新技术原理、新设计构思研制、生产的全新产品，或在结构、材质、工艺等某一方面比原有产品有明显改进，从而显著提高了产品性能或扩大了使用功能的产品。

专利：是专利权的简称，是发明创造经审查合格后，由国务院专利行政部门依据专利法授予申请人对该项发明创造享有的专有权。发明创造是指发明、实用新型和外观设计。

发明专利：指对产品、方法或者其改进所提出的新的技术方案。

实用新型专利：指对产品的形状、构造或者其结合所提出的适于实用的新的技术方案。

外观设计专利：指对产品的形状、图案或者其结合以及色彩与形状、图案的结合所作出的富有美感并适于工业应用的新设计。

职务发明：指执行本单位的任务或者主要是利用本单位的物质条件所完成的发明创造，申请专利的权利属于本单位。

有效发明专利数：指调查单位作为专利权人在报告年度拥有的、经国内外知识产权行政部门授权且在有效期内的发明专利件数。

专利所有权转让及许可数：指报告年度调查单位向外单位转让专利所有权或允许专利技术由被许可单位使用的件数。

专利所有权转让与许可收入：指报告年度调查单位向外单位转让专利所有权或允许专利技术由被许可单位使用而得到的收入。包括当年从被转让方或被许可方得到的一次性付款和分期付款收入，以及利润分成、股息收入等。

集成电路布图设计登记数：指报告年度调查单位向知识产权行政部门提出登记申请并被受理登记的集成电路布图设计的件数。

形成国家或行业标准数：指报告年度调查单位在自主研发或自主知识产权基础上形成的国家或行业标准。形成国家或行业标准须经有关部门批准。

发表科技论文：指在学术刊物上以书面形式发表的最初的科学研究成果。应具备以下三个条件：（1）首次发表的研究成果；（2）作者的结论和试验能被同行重复并验证；（3）发表后科技界能引用。

出版科技著作：指经过正式出版部门编印出版的论述科学技术问题的理论性论文集或专著以及大专院校教科书、科普著作。但不包括翻译国外的著作。由多人合著的科技著作，由第一作者所在单位统计。

《SCI》：美国《科学引文索引》（Science Citation Index），是由美国科学情报研究所于 1961 年创立，报道生命科学、医学、生物、物理、化学、农业、工程技术领域内的科技文献。是目前国际上最具权威性的用于基础研究和应用研究科研成果的评价体系。

《EI》： 美国《工程索引》（The Engineering Index），创刊于 1884 年，由美国工程信息公司编辑

出版。作为世界著名的工程技术领域的文献检索系统，其收录文献的内容包括以下工程技术领域；生物工程、土木、地质、环境、矿业、石油、冶金、机械、燃料工程、核能、汽车、宇航工程、电气、电子、控制工程、化工、食品、农业、工业管理、数学、物理、仪表等。

《CPCI-S》：（Conference Proceedings Citation Index - Science），原名 ISTP。ISTP 是美国科学情报研究所出版的科学技术会议录索引。该索引收录生命科学、物理与化学科学、农业、生物和环境科学、工程技术和应用科学等学科的会议文献，包括一般性会议、座谈会、研究会、讨论会、发表会等。

东部地区：包括北京，天津，河北，上海，江苏，浙江，福建，山东，广东和海南 10 个省市。

中部地区：包括山西，安徽，江西，河南，湖北和湖南 6 个省市。

西部地区：包括内蒙古，广西，重庆，四川，贵州，云南，西藏，陕西，甘肃，青海，宁夏和新疆 12 个省区市。

东北地区：包括辽宁，吉林和黑龙江 3 个省。